エネルギー管理士試験講座

編 一般財団法人省エネルギーセンター

熱と流体の流れの基礎

熱分野 II

一般財団法人 省エネルギーセンター

はしがき

　国家資格であるエネルギー管理士の資格取得の方法には，例年，夏季に実施される「国家試験」（受験資格を問わない）に合格するか，冬季に実施される１週間の認定研修（集中講義を受けたあと「研修修了試験」がある）に合格するか，の２つがある（研修では実務経験３年の受講資格が必要）。

　2005年8月，「省エネルギー法」が改正され，熱と電気の総合管理がうたわれたことにより，これまでの試験制度が変更されることになった。従来「熱管理士」と「電気管理士」に分かれていた試験課目が，試験課目Ⅰに限って，共通の試験内容に変わった。そのほかの課目については基本的に今までと同じ内容だが，この課目Ⅰの変更については「研修修了試験」も同様に適用される。また，「国家試験」・「研修修了試験」に合格し免状を取得した場合，熱と電気の区別はなくなった。

　エネルギー管理士の資格取得は，国家資格試験のなかでも難関の１つといわれている。しかし，この試験は，合格者数の枠がある大学入試などとは異なり「適格性」を判断するもので，国が認める一定の水準に達していれば合格できる。

　過去の試験制度の変更について振り返ると，1999年４月，改正「省エネルギー法」の施行に伴い，エネルギー管理士試験も受験しやすいように変更された。夏季の「国家試験」では，試験日が２日間から１日だけになり（試験課目が６課目から４課目に変更），課目別の合格（３年間の合格課目試験免除）が認められるようになった。また，冬季の「研修修了試験」においても同様に６課目から４課目に変更され，受講資格が一部緩和された。

　『エネルギー管理士試験講座［熱分野］』（全４巻）は，こうした制度の変更に対応して，エネルギー管理士試験の受験者が学習しやすいように企画編集したものである。

『エネルギー管理士試験講座［熱分野］』の構成は，試験課目に対応して学習できるように，Ⅰ巻「エネルギー総合管理及び法規」，Ⅱ巻「熱と流体の流れの基礎」，Ⅲ巻「燃料と燃焼」，Ⅳ巻「熱利用設備及びその管理」となっている*。また，本講座の内容としては，エネルギー管理士試験の目的が「現場のエネルギー管理技術を担うに足る知識を有しているかどうか判定する」ところにあり，そうした目的にかなう必要事項をできるだけ平易に解説することを目指した。したがって，本講座は受験のための参考書という役割ばかりでなく，エネルギー管理に関わる実際業務において直面する技術的問題に対して，それらを解決するための有効な手段（技術書）としての役割を担うものと考えている。

　本講座の編集にあたっては，試験に出題される内容とそのレベル，これまでの傾向などを十分に分析したうえでとりまとめた。また，本文の理解を助けるために例題を設け，エネルギー管理士として修得しておくべきポイントや試験の難易度がわかるよう章の末尾に演習問題を設けてある。

　最後に，本講座で学習された読者のみなさんが，一人でも多くエネルギー管理士の資格を取得されることを祈念してやまない。

2016年5月

一般財団法人　省エネルギーセンター

---

*　本『試験講座』は従来，『熱管理士試験講座』（Ⅰ～Ⅳ巻）として発刊してきましたが，2005年8月，「省エネ法」改正に基づく試験制度の変更に伴い名称を改め，『エネルギー管理士試験講座［熱分野］』（Ⅰ～Ⅳ巻）として刊行したものです。また，Ⅰ巻につきましては［熱分野］／［電気分野］共通の試験内容に対応すべく全面的な改訂を行っています。したがいまして，Ⅱ～Ⅳ巻については従来の内容と基本的に変わらないことにご注意ください。

エネルギー管理士試験講座 [熱分野]
[執筆者一覧]

【Ⅰ巻 エネルギー総合管理及び法規】
臼井千雄　　　　　元, ㈶省エネルギーセンター　調査第一部部長
加藤　寧　　　　　前, ㈱日立製作所電力事業本部　主管技師長
宮本康弘　　　　　前, 省エネルギーセンター　専門員
山崎定徳　　　　　前, 省エネルギーセンター　専門員

【Ⅱ巻 熱と流体の流れの基礎】
高村淑彦　　　　　東京電機大学　名誉教授
（1編, 2編担当）

山崎正和　　　　　独立行政法人　産業技術総合研究所
（3編担当）　　　　名誉リサーチャー　元理事

【Ⅲ巻 燃料と燃焼】
大屋正明　　　　　独立行政法人　産業技術総合研究所
（1編担当）　　　　特別研究員

山崎正和　　　　　独立行政法人　産業技術総合研究所
（2編担当）　　　　名誉リサーチャー　元理事

【Ⅳ巻 熱利用設備及びその管理】
松山　裕　　　　　松山技術コンサルタント事務所　所長
（1編担当）

谷口　博　　　　　北海道大学　名誉教授
（2編1章担当）　　 中国浙江大学　名誉教授

高田秋一　　　　　前, ㈱荏原製作所　技術顧問
（2編2章担当）

村上弘二　　　　　元, 中外炉工業㈱　技師長
（2編3章担当）

内海義隆　　　　　山九プラントテクノ㈱　顧問
（2編4章担当）　　（元, 三菱化学㈱四日市事業所　設備技術部長）

エネルギー管理士試験講座 [熱分野]

[Ⅱ巻]

1編　熱力学の基礎

1章　熱力学の基礎 ··········· 3
　1.1　熱量と比熱 ··········· 3
　1.2　顕熱・潜熱・反応熱 ··········· 4
　1.3　温度 ··········· 5
　1.4　系 ··········· 5
　1.5　状態量 ··········· 6
　1.6　熱力学における諸量と単位 ··········· 7
　　1.6.1　基本単位 ··········· 7
　　1.6.2　誘導単位 ··········· 8
　1章の演習問題 ··········· 11

2章　熱力学の第一法則 ··········· 13
　2.1　熱力学の第一法則 ··········· 13
　2.2　内部エネルギー ··········· 15
　2.3　可逆変化と仕事 ··········· 16
　2.4　定常流れ系のエネルギー式 ··········· 18
　2.5　気体の比熱 ··········· 20
　2章の演習問題 ··········· 23

3章　理想気体 ··········· 25
　3.1　理想気体の状態式 ··········· 25
　3.2　理想気体の内部エネルギー ··········· 27
　3.3　理想気体の状態変化（可逆変化） ··········· 30
　　3.3.1　等容変化 ··········· 30
　　3.3.2　等圧変化 ··········· 32
　　3.3.3　等温変化 ··········· 34
　　3.3.4　断熱変化 ··········· 36
　　3.3.5　ポリトロープ変化 ··········· 39
　3.4　理想気体の状態変化（不可逆変化） ··········· 44

  3.4.1　不可逆断熱変化⋯⋯44
  3.4.2　気体の混合⋯⋯45
  3.4.3　絞り膨張⋯⋯47
 3.5　混合気体の性質⋯⋯48
 3章の演習問題⋯⋯53

4章　熱力学の第二法則⋯⋯55
 4.1　熱力学の第二法則⋯⋯55
 4.2　サイクルとその評価法⋯⋯56
 4.3　カルノーサイクル⋯⋯59
 4.4　エントロピー⋯⋯62
  4.4.1　エントロピーの定義⋯⋯62
  4.4.2　不可逆変化とエントロピー⋯⋯64
  4.4.3　エントロピーの計算⋯⋯66
  4.4.4　エントロピー線図⋯⋯72
 4.5　有効エネルギーと最大仕事⋯⋯74
  4.5.1　熱の有効エネルギー⋯⋯74
  4.5.2　閉鎖系の最大仕事⋯⋯75
  4.5.3　開放系の最大仕事⋯⋯77
  4.5.4　エクセルギー⋯⋯77
 4章の演習問題⋯⋯80

5章　実在気体⋯⋯81
 5.1　蒸気の一般的性質⋯⋯81
 5.2　飽和蒸気の性質⋯⋯83
 5.3　蒸気表と蒸気線図⋯⋯85
 5.4　蒸気の状態変化⋯⋯87
  5.4.1　等圧変化⋯⋯87
  5.4.2　等容変化⋯⋯89
  5.4.3　断熱変化⋯⋯92
  5.4.4　絞り⋯⋯95
 5章の演習問題⋯⋯98

6章　湿り空気⋯⋯101
 6.1　湿り空気⋯⋯101

contents・II

 6.2 湿度 ·· 101
  6.2.1 絶対湿度 ·· 102
  6.2.2 相対湿度 ·· 102
  6.2.3 相対湿度と絶対湿度の関係 ·· 103
 6.3 湿り空気の状態量 ·· 104
 6.4 湿度の測定 ·· 106
  6.4.1 露点 ·· 106
  6.4.2 断熱飽和温度 ·· 106
 6.5 湿り空気線図 ·· 107
 6章の演習問題 ·· 112

7章 熱機関 ·· 113
 7.1 理論サイクル ·· 113
 7.2 ガスサイクル ·· 114
  7.2.1 オットーサイクル ·· 114
  7.2.2 ディーゼルサイクル ·· 118
  7.2.3 サバテサイクル ·· 119
  7.2.4 ブレイトンサイクル ·· 120
  7.2.5 エリクソンサイクル ·· 122
  7.2.6 スターリングサイクル ·· 125
 7.3 蒸気サイクル ·· 126
  7.3.1 ランキンサイクル ·· 126
  7.3.2 再生サイクル ·· 131
  7.3.3 再熱サイクル ·· 132
  7.3.4 実際の蒸気原動所サイクル ·· 134
 7.4 冷凍サイクルとヒートポンプサイクル ·· 135
  7.4.1 蒸気圧縮冷凍サイクル ·· 136
  7.4.2 吸収冷凍サイクル ·· 140
 7章の演習問題 ·· 143
 1編の演習問題解答 ·· 145

2編 流体工学の基礎

1章 流れの基礎 ··· 167
 1.1 流体の物理的性質 ·· 167

       1.1.1　密度および比重 ································· 167
       1.1.2　粘度 ··· 167
　　1.2　流体の静力学 ··· 170
       1.2.1　圧力 ··· 170
       1.2.2　ヘッド ··· 171
       1.2.3　液体の深さと圧力の関係 ····················· 172
　　1.3　層流と乱流 ··· 174
　　1章の演習問題 ·· 175

2章　流れの力学 ·· 177
　　2.1　流れの基礎式 ··· 177
       2.1.1　質量保存則 ······································· 177
       2.1.2　エネルギー保存則 ······························· 178
       2.1.3　運動量保存則 ···································· 182
　　2.2　管内の流れ ··· 184
       2.2.1　円管内層流境界層 ······························· 186
       2.2.2　円管内乱流境界層 ······························· 189
　　2.3　管路の圧力損失 ·· 189
       2.3.1　直管の圧力損失 ·································· 189
       2.3.2　各種管路要素の圧力損失 ····················· 193
       2.3.3　断面が円形以外の管路 ························ 202
　　2.4　流量測定 ·· 203
       2.4.1　ヘッドタンクからの流れ ······················ 203
       2.4.2　ベンチュリー管の流れ ························ 208
       2.4.3　オリフィスの流れ ······························· 211
　　2.5　圧縮性流体の流れ ······································· 212
       2.5.1　全圧と全温度 ···································· 212
       2.5.2　ノズルを通る流れ ······························· 214
       2.5.3　オリフィスを通る流れ ························ 219
　　2.6　単相流と混相流 ·· 221
       2.6.1　気液二相流 ······································· 222
       2.6.2　固気二相流 ······································· 225
　　2章の演習問題 ·· 228

3章　流体輸送 ·· 229

contents・II

- 3.1　液体の輸送　229
  - 3.1.1　ポンプの種類と用途　229
  - 3.1.2　ポンプの特性　234
  - 3.1.3　運転上の注意　239
- 3.2　気体の輸送　240
  - 3.2.1　送風機の種類と用途　240
  - 3.2.2　送風機の動力　245
  - 3.2.3　送風機の特性　248
  - 3.2.4　運転上の注意　251
  - 3.2.5　煙突の通風作用　253
- 3章の演習問題　258
- 2編の演習問題解答　260

3編　伝熱工学の基礎

- 序章　伝熱の基本様式および主要な単位　269
- 1章　伝導伝熱　274
  - 1.1　熱伝導の基本方式と熱伝導率　275
  - 1.2　平板の熱伝導　277
  - 1.3　積層平板の熱伝導　283
  - 1.4　円筒の熱伝導　287
  - 1.5　球殻の熱伝導　293
  - 1.6　内部発熱のある円柱の熱伝導　297
  - 1.7　非定常熱伝導の基礎式　301
  - 1章の演習問題　309

- 2章　対流伝熱　312
  - 2.1　境界層と熱伝達　314
  - 2.2　管内流れにおける混合平均温度，対数平均温度差　318
  - 2.3　熱伝達率を支配する無次元数　322
  - 2.4　代表的な熱伝達関係式　327
  - 2.5　相変化を伴う熱伝達　332
    - 2.5.1　沸騰熱伝達　332
    - 2.5.2　凝縮熱伝達　335

3 章　放射伝熱 338
　3.1　熱放射の基本法則 340
　　3.1.1　熱放射，黒体放射 340
　　3.1.2　放射率，灰色体 340
　　3.1.3　熱放射の吸収，キルヒホッフの法則 345
　3.2　物体間の放射伝熱量 346
　　3.2.1　黒体表面間の放射伝熱 349
　　3.2.2　2つの灰色体表面間の放射伝熱 352
　3.3　気体の熱放射 360
　3章の演習問題 364

4 章　熱交換 366
　4.1　熱通過 368
　　4.1.1　熱通過抵抗，熱通過率 368
　　4.1.2　拡大伝熱面（フィン付き面） 375
　　4.1.3　伝熱面の汚れの影響 382
　4.2　熱交換器 384
　　4.2.1　熱交換器の種類 384
　　4.2.2　交換熱量と対数平均温度差 384
　　4.2.3　熱交換器の性能，評価 386
　4章の演習問題 398
　3編の演習問題解答 400

索引 409

II 熱と流体の流れの基礎
熱分野

1編 熱力学の基礎

1章
熱力学の基礎

1.1 熱量と比熱

　ある物質を加熱したり冷却するとき，出入りする熱量はその物質の質量および温度変化に比例する。例えば，質量 m〔kg〕の物質の温度を t_1〔°C〕から t_2〔°C〕まで変化させるのに必要な熱量 Q〔J〕は，

$$Q = c \cdot m(t_2 - t_1)$$

で表せる。ここで，比例定数 c は物質の種類によって異なる値をもち，比熱とよばれている。比熱は 1〔kg〕の物質の温度を 1〔°C〕だけ上昇させるのに必要な熱量であり，J/(kg·K) の単位をもつ。これに対し，ある物質の温度を 1〔°C〕だけ温度上昇させるのに必要な熱量を熱容量とよび，C で表す。熱容量と比熱には次のような関係がある。

$$C = mc \quad 〔\text{J/K}〕$$

　このように，物質を加熱したり冷却するときの熱量あるいはある温度の物質がもつ熱量は，その物質の比熱がわかれば計算できる。
　比熱の値は温度や圧力および加熱や冷却する際の条件によって異なる。固体や液体では，これらの差が小さいためほぼ一定と考えてよいが，気体では大きく異なるため注意しなければならない。このため，気体の場合には，加熱や冷却の条件を明示する必要がある。一般には圧力一定の場合と体積一定の場合がよく使用され，それぞれ定圧比熱，定容比熱とよばれている。

[例題 1.1]

> 質量1〔kg〕の鉄製容器に温度20〔℃〕の水が5〔L〕入っている。この中に質量1〔kg〕のアルミニウムの塊を150〔℃〕に加熱して投入したところ，温度が25.2〔℃〕になって，それ以上変化しなかった。この結果からアルミニウムの比熱を求めよ。ただし，鉄の比熱を0.444〔kJ/(kg・K)〕，水の比熱を4.19〔kJ/(kg・K)〕とし，容器から外部への放熱は無視できるものとする。

【解　答】

容器，水，アルミニウムの質量をm_c, m_w, m_a, 比熱をc_c, c_w, c_aとし，はじめの温度をt_c, t_w, t_a，最終温度をt_mとすれば，投入の前後において熱量が変化しないことから次式が成り立つ。

$$m_c c_c t_c + m_w c_w t_w + m_a c_a t_a = (m_c c_c + m_w c_w + m_a c_a) t_m$$

この式を変形してアルミニウムの比熱を求める。

$$c_a = \frac{m_w c_w (t_m - t_w) + m_c c_c (t_m - t_c)}{m_a (t_a - t_m)}$$

$$= \frac{5 \times 4.19 \times 10^3 \times (25.2 - 20) + 1 \times 0.444 \times 10^3 \times (25.2 - 20)}{1 \times (150 - 25.2)}$$

$$= 891 〔\mathrm{J/(kg \cdot K)}〕 \quad (= 0.891 〔\mathrm{kJ/(kg \cdot K)}〕)$$

1.2　顕熱・潜熱・反応熱

　物質に熱が出入りすると物質の温度は変化するが，熱の出入りがあるにもかかわらず温度が変化しないことがある。このようなとき，この熱量を潜熱とよぶ。標準大気圧のもとでの0〔℃〕における氷から水への相変化や，100〔℃〕における水から水蒸気への相変化がこれに相当し，それぞれ融解熱，蒸発熱とよんでいる。

　これに対し，熱が出入りしても相変化が起こらず，出入りした熱量がすべて物質の温度変化となるとき，このような熱量を顕熱とよんでいる。

　一方，化学反応によっても熱が発生するが，このような熱を反応熱とよんで

いる。燃焼によって燃料の熱量を取り出すのは，この反応熱を利用していることになる。

1.3 温度

物体の温かさや冷たさの程度を表すのが温度である。一般に使用されている温度はセルシウス温度とよばれるものであり，「℃」（セルシウス度）で表す。セルシウス温度は標準大気圧のもとで純粋な水が沸騰して水蒸気になる温度（水蒸気点）を 100〔℃〕とし，水が凍る温度（氷点）を 0〔℃〕と定義したものである。物体の温度を測定したり，熱量を計算するときにはこのセルシウス温度が使われる。

これに対し，気体の体積変化などを計算するときには，絶対温度を使用したほうが便利である。気体は温度や圧力によって体積が大きく変化するが，どのような気体でも変化の割合は一定である。すなわち，圧力一定のもとでの体積膨張の割合あるいは体積一定のもとでの圧力変化の割合は，1〔℃〕の温度変化に対して 1/273 でほぼ一定である。このため，一定体積の容器に入った気体の温度を下げていくと，それにつれて圧力は減少し -273〔℃〕では気体の圧力は 0 になってしまう。このような温度は理論的に到達できる最低の温度であるため，この温度を起点として測った温度が気体の状態変化では使用される。

この温度を絶対温度とよんでおり，セルシウス温度 t と区別するために T で表し，単位として〔K〕（ケルビン）を使用する。セルシウス温度 t と絶対温度 T の関係は次のようになる。

$$T = t + 273.15$$

1.4 系

熱力学では，対象とする範囲を明確にしておく必要があるが，この範囲を系とよんでいる。また系の中の物質が入れ替わるかどうかによって，系は大きく 2 つに分けられる。系の内部の物質が出入りせず，外部とは熱と仕事の出入りだけを行うような系を閉鎖系（閉じた系）とよぶ（図 1.1(a)）。しかし，仕事

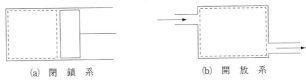

図 1.1　閉鎖系と開放系

や熱の出入りを連続的に行うには，系の内部の物質も連続的に出入りする必要がある。このように，系の内部の物質も出入りする系を開放系（開いた系）とよぶ（図 1.1(b)）。

1.5 状態量

　ある物質がどのような状態にあるのかを示すのに，熱力学では圧力や温度を使用するが，このように物質の状態を表すのに使用する量を状態量とよぶ。
　状態量は次のような重要な 2 つの性質をもっている。
　①任意の 2 つの状態量が決まれば，他の状態量はすべて決められる。
　②その状態になるまでの道筋によらず，その状態のみによって決まる。
　状態量はこのような性質をもっているため，物質の状態を表すのに任意の 2 つの状態量を与えればよい。2 つの状態量として，圧力と温度を使用することが多い。この 2 つの状態量により物質の状態は完全に決まり，他の状態量もこれらの値を使って計算できる。
　また，熱量や仕事が変化の道筋によって異なる値をとるのに対し，状態量は現在の状態のみによって決まるという重要な性質をもっている。
　状態量はその内容によってさらに 2 つに分けられる。圧力や温度のように，物質の量が変わってもその値が変化しない状態量を強度性状態量，体積のように物質の量に比例する状態量を容量性状態量とよぶ。
　容量性状態量では m〔kg〕当たりの量と 1〔kg〕当たりの量を区別するのに，大文字と小文字を使用する。また，1〔kg〕当たりの状態量をよぶのに，状態量の名称の前に「比」をつける。例えば，m〔kg〕当たりの体積を V〔m³〕とすれば比体積 v は

$$v = \frac{V}{m} \quad [\mathrm{m^3/kg}]$$

となる。

1.6 熱力学における諸量と単位

1.6.1 基本単位

　従来から単位系として2つのものが使用されており，学術研究方面で絶対単位系が，工学および工業方面では工学単位系が使用されてきた。また，それぞれの単位系に対し，世界各国でいろいろな名称の単位を使用しており，国際的な交流が多くなるにつれ不便を感じるようになった。そこで，これらの不便を解消するために，国際的に共通な単位系がつくり出され，この単位系をSI単位系とよんでいる。

　SI単位系は**表1.1**に示すような7個の基本単位と，2個の補助単位およびそれらを組み合わせてつくられた組立単位で構成されている。

　組立単位のうちの19個については，固有の名称が決められている。また，大きな量や小さな量を，有効数字を考慮しながら表記するのに，従来は単位はそのままで数値の後ろに10の整数乗をかけていたが，SI単位系では単位名の前に**表1.2**に示すような接頭語をつけて表すことになった。

表1.1　基本単位

分類	量	名称	記号
基本単位	長さ	メートル	m
	質量	キログラム	kg
	時間	秒	s
	電流	アンペア	A
	熱力学温度	ケルビン	K
	物質量	モル	mol
	光度	カンデラ	cd
補助単位	平面角	ラジアン	rad
	立体角	ステラジアン	sr

表1.2 SI単位の接頭語

単位に乗ぜられる倍数	名称	記号
10^{24}	ヨタ	Y
10^{21}	ゼタ	Z
10^{18}	エクサ	E
10^{15}	ペタ	P
10^{12}	テラ	T
10^{9}	ギガ	G
10^{6}	メガ	M
10^{3}	キロ	k
10^{2}	ヘクト	h
10	デカ	da
10^{-1}	デシ	d
10^{-2}	センチ	c
10^{-3}	ミリ	m
10^{-6}	マイクロ	μ
10^{-9}	ナノ	n
10^{-12}	ピコ	p
10^{-15}	フェムト	f
10^{-18}	アト	a
10^{-21}	ゼプト	z
10^{-24}	ヨクト	y

1.6.2 誘導単位

(1) 圧力

圧力は単位面積当たりに作用する力であるため,圧力の単位は$[N/m^2]$となるが,この組立単位を$[Pa]$で表しパスカルとよぶ。圧力の基本的な単位はPaであるが,比較的低い圧力を表すのに水柱や水銀柱が使われる。水柱や水銀柱で測った圧力は,Paで表すと次のようになる。

$$1\,[mH_2O] = 9.807 \times 10^3\,[Pa] = 9.807\,[kPa]$$

$$1\,[mHg] = 133.3 \times 10^3\,[Pa] = 133.3\,[kPa]$$

大気圧は日々変化するが,水銀柱で760$[mm]$のときを標準的な大気圧とすることに決められており,これを標準気圧とよび$[atm]$で表す。

$$1\,[atm] = 760\,[mmHg] = 1.013\,25 \times 10^5\,[Pa]$$
$$= 101.325\,[kPa] = 0.101\,325\,[MPa]$$

圧力を測定するとき,一般には大気圧を基準にして測定する。しかし,大気

圧は変化しているため，圧力を正確に表すには，真空からの圧力を使用する必要がある．大気圧から測った圧力と真空から測った圧力を区別するため，それぞれをゲージ圧力および絶対圧力とよんでいる．熱力学の計算では，すべて絶対圧力を使用する．圧力の値がゲージ圧力で与えられたときには，その値に大気圧を加えればよい．

（2） 密度と比体積

単位体積当たりの質量を密度とよび ρ 〔kg/m³〕で表す．また，この反対に単位質量当たりの体積を比体積とよび v 〔m³/kg〕で表す．すなわち，比体積は密度の逆数である．

$$v = \frac{1}{\rho}$$

（3） 仕事と動力

仕事は加えた力とその方向への距離をかけたものであるため，仕事の単位は〔N·m〕となるが，この組立単位を〔J〕で表しジュールとよぶ．

一方，動力は単位時間当たりの仕事量であるため，動力の単位は〔J/s〕となるが，この組立単位を〔W〕で表し，ワットとよぶ．

$$1 \, 〔W〕 = 1 \, 〔J/s〕$$

［例題 1.2］

> 組立単位である圧力の単位〔Pa〕と動力の単位〔W〕を，基本単位で表すとどうなるか．

【解 答】

圧力は単位面積当たりの力であり，力の単位は組立単位である〔N〕(ニュートン)であるため，圧力の単位〔Pa〕は〔N/m²〕と表すことができる．

力は質量と加速度の積で表され，基本単位では質量が〔kg〕，加速度が〔m/s²〕となるため，組立単位〔Pa〕を基本単位で表すと次のようになる．

$$\mathrm{Pa} = \frac{\mathrm{N}}{\mathrm{m}^2} = \frac{\mathrm{kg} \cdot \dfrac{\mathrm{m}}{\mathrm{s}^2}}{\mathrm{m}^2} = \frac{\mathrm{kg}}{\mathrm{m} \cdot \mathrm{s}^2}$$

10　1編　熱力学の基礎

動力は単位時間当たりの仕事量であり，仕事の単位は組立単位である〔J〕であるため，動力の単位Wは〔J/s〕と表すことができる。仕事は力と長さの積で表されるが，力は組立単位〔N〕で表され，基本単位では質量〔kg〕と加速度〔m/s²〕の積になるため，組立単位〔W〕を基本単位で表すと次のようになる。

$$W = \frac{J}{s} = \frac{N \cdot m}{s} = \frac{kg \frac{m}{s^2} \cdot m}{s} = \frac{kg \cdot m^2}{s^3}$$

[例題　1.3]

> ある容器の圧力を測定したところ，水銀柱で300〔mm〕であった。水柱では何〔m〕になるか。また，大気圧が770〔mmHg〕であれば，この容器の絶対圧力は何〔kPa〕か。

【解　答】

水銀の密度は水の13.6倍（比重が13.6）であるため，
$$300 \text{〔mmHg〕} = 13.6 \times 300$$
$$= 4.08 \times 10^3 \text{〔mmH}_2\text{O〕} = 4.08 \text{〔mH}_2\text{O〕}$$

絶対圧力はゲージ圧力に大気圧を加えたものであるため，
$$P = 300 + 770 = 1\,070 \text{〔mmHg〕}$$
$$= 1.070 \text{〔mHg〕}$$

となる。これをPaに換算すれば次のようになる。
$$P = 1.070 \times 133.3 \times 10^3 \text{〔Pa〕}$$
$$= 1.426 \times 10^5 \text{〔Pa〕} = 142.6 \text{〔kPa〕}$$

1章の演習問題

＊解答は，編の末尾 (p.145) 参照

[演習問題 1.1]

内容積が 500 〔L〕の容器に酸素が入っており，ゲージ圧力が 850 〔kPa〕，質量が 5.60 〔kg〕であった。この状態における酸素の絶対圧力，比体積，密度はいくらか。ただし，大気圧を 750 〔mmHg〕とする。

[演習問題 1.2]

出力が 10 〔kW〕の電気ヒータを使って 200 〔L〕の重油を 10 〔°C〕から 40 〔°C〕に加熱するのに必要な時間はいくらか。ただし，外部への放熱はなく，加えた熱量はすべて重油の温度上昇に使用されるものとする。また，重油の比重を 0.90，比熱を 1.88 〔kJ/(kg・K)〕とする。

2章
熱力学の第一法則

2.1 熱力学の第一法則

　人間は熱を動力に変換し大量のエネルギーを自由に使っているが，熱と仕事が同等であり，互いに変換できることを知ったのは，19世紀に入ってからのことである。それまで熱は質量をもたない熱素という物質からなり，熱素が物体間を自由に動き回ることにより，物体間を熱が移動すると考えられていた。その後，ランフォードやマイヤーにより摩擦仕事から熱が発生することが確かめられ，ジュールにより熱と仕事の関係が定量的に確かめられた。

　ジュールは図2.1に示すような熱量計を使用し，おもりの落下による仕事と水の温度上昇との関係を調べた。

　この結果，水の温度上昇とおもりの仕事との間には一定の関係があり，熱と仕事は互いに変換できることを示した。この結果を法則化したものが熱力学の

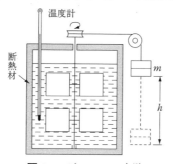

図2.1　ジュールの実験

第一法則であり，次のように表される。

「熱は本質的に仕事と同じくエネルギーの一つの形であり，熱を仕事に変換することも，仕事を熱に変換することも可能である」

このことを逆にいえば，仕事をするためには外部からエネルギーを加えることが必要であり，外部からエネルギーを加えることなく永久に作動を続ける装置はあり得ないことになる。外部からエネルギーを供給することなく，永久に運動を続ける装置を第一種永久機関というが，熱力学の第一法則を別の言葉でいえば「第一種の永久機関は不可能である」ということになる。

[例題 2.1]

> ジュールの実験において，物体の質量を5.0〔kg〕，落下させる高さを10〔m〕，容器の水を1.0〔L〕とすれば，水の温度上昇はいくらか。ただし，水の比熱を4.19〔kJ/(kg・K)〕，容器と攪拌棒を合わせた熱容量を0.10〔kJ/K〕とし，容器から外部への放熱は無視できるものとする。

【解　答】

物体のした仕事

$$W = mgh = 5.0 \times 9.81 \times 10 = 491 \text{〔J〕}$$

熱量と温度上昇の関係は，水の質量をm_w，比熱をc_w，容器と攪拌棒の熱容量をC_cとすれば，

$$Q = (m_w c_w + C_c)(t_2 - t_1)$$

となり，熱量が物体のした仕事と等しいことから，温度上昇は次のようになる。

$$t_2 - t_1 = \frac{W}{m_w c_w + C_c} = \frac{491}{1.0 \times 4.19 \times 10^3 + 0.10 \times 10^3} = 0.114 \text{〔K〕(〔℃〕)}$$

2.2 内部エネルギー

熱力学の第一法則の内容を式の形で表すことを考える。物体はその温度に相当する熱量を保有しているため，物体がもっている熱量の大きさを示す量が必要になる。そこで，物体がもつ種々のエネルギーのうちで，熱に関するエネルギーを内部エネルギーとよぶことにする。m〔kg〕の物体に対する内部エネルギーをU，1〔kg〕の物体に対する内部エネルギーすなわち比内部エネルギーをuで表す。単位はそれぞれ〔J〕，〔J/kg〕である。内部エネルギーは熱力学において重要な状態量のうちの1つである。

図 2.2 に示すような閉じた系を考える。m〔kg〕の物体に対し，系の外からQ_{12}の熱量が加えられたとき，物体の内部エネルギーはU_1からU_2に変化し，このとき外部にW_{12}の仕事をしたとすれば，熱力学の第一法則は次のように表せる。

$$Q_{12} = U_2 - U_1 + W_{12} \tag{2.1}$$

ただし，この式において熱量Qと仕事Wは正負の方向まで含めて考え，Qは系に入るとき，Wは系から出るときを＋としている。すなわち，熱力学では外部から熱を加え，気体の膨張により仕事を発生する場合が多いため，このような場合に仕事と熱量が＋になるように符号を定めている。

式（2.1）を微小変化について表すと，

$$dQ = dU + dW \tag{2.2}$$

となる。

なお，これらの式を物体1〔kg〕に対して使用するときには，次のように熱

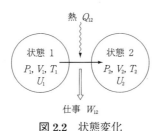

図 2.2 状態変化

量，仕事ともに小文字を使って表す。

$$q_{12} = u_2 - u_1 + w_{12} \tag{2.1}'$$

$$dq = du + dw \tag{2.2}'$$

2.3 可逆変化と仕事

　熱的にも力学的にも平衡を保ちながら物体の状態を変化させると，変化の途中から元に戻した場合にも，変化前とまったく同じ状態に戻すことができる。実際には，このようなことは不可能であるが，このような理想的な変化すなわち可逆変化を考えると仕事量が計算できる。

　図 2.3 に示すようなシリンダ・ピストン系を考え，シリンダ内の気体が膨張してピストンを動かす場合の仕事を計算する。シリンダ内の圧力を P とすれば，ピストンに作用する外力 F は，

$$F = PA \tag{2.3}$$

となる。

　次に，このような外力の作用のもとでピストンが dx だけ移動したとすれば，このときの仕事は次のようになる。

$$dW = Fdx = (PA)dx = P(Adx) = PdV \tag{2.4}$$

すなわち，気体が膨張するときの仕事は気体の圧力に体積変化をかけたものに等しくなる。この関係はシリンダ・ピストン系だけでなく一般的な場合についても成り立つ。

　実際の膨張過程は不可逆変化であり，ここで計算した可逆変化の式をそのまま使用することはできないが，不可逆変化における仕事は可逆変化で計算した

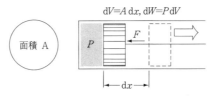

図 2.3　気体の可逆膨張による仕事

ものより小さくなることがわかっている。

　気体がある状態から別の状態まで膨張したときの仕事は，この式を積分すれば求められる。ただし，この式を積分するためには，体積と圧力の関係を関数の形で表す必要がある。一般の状態変化を関数の形で表すのは困難であるため，変化の様子を線図の形で表すことが多い。関数の形で表せなくても線図で表せれば，何らかの方法により積分の値は計算できる。このような線図をPV線図とよぶ。圧力と体積の関係が何らかの形で与えられると，状態1から状態2までの仕事は次のように計算できる。

$$W_{12} = \int_1^2 P\,dV \tag{2.5}$$

　圧力と体積の関係がPV線図で与えられたときには，PV線図上の経路を表す曲線の下方の面積がその変化における仕事の量と等しくなる（図2.4）。

　なお，圧縮の場合には，外部から仕事を加えることになるため，仕事の値は－になる。一方，PV線図上で計算すると，圧縮過程は変化の方向が右から左になり，積分の値は－になる。このように，PV線図上の積分値の符号は，系に対する仕事の出入りに対する符号の定義とも一致する。

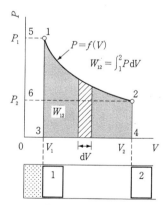

図2.4　PV線図と可逆変化の際の仕事量

[例題　2.2]

　自由に移動できるピストンを備えた，断面積0.070〔m²〕のシリンダに，標準大気圧の空気が0.045〔kg〕入っている。この空気に外部か

ら10.0〔kJ〕の熱量を加え，圧力一定のまま膨張させたところ，ピストンは0.40〔m〕だけ移動した。このとき，比内部エネルギーの変化量はいくらか。

【解　答】
圧力一定であるため仕事は次のようになる。
$$W_{12} = P(V_2 - V_1) = PA(x_2 - x_1)$$
$$= 101.3 \times 10^3 \times 0.070 \times 0.40 = 2.84 \times 10^3 〔J〕 = 2.84〔kJ〕$$
熱力学の第一法則にこの値を代入すれば，内部エネルギーの変化量は計算できる。
$$U_2 - U_1 = Q_{12} - W_{12} = 10.0 \times 10^3 - 2.84 \times 10^3$$
$$= 7.16 \times 10^3 〔J〕$$
これより，比内部エネルギーの変化量は次のようになる。
$$u_2 - u_1 = \frac{U_2 - U_1}{m}$$
$$= \frac{7.16 \times 10^3}{0.045} = 1.59 \times 10^5 〔J/kg〕 = 159〔kJ/kg〕$$

2.4　定常流れ系のエネルギー式

開放系における熱力学の第一法則を考える。開放系では系の内部の物体が変化するが，系に流入する物体の量が時間的に変化しないような系を定常流れ系とよぶ。定常流れ系では，単位時間に系に流入する熱や仕事についての関係を考える（図2.5）。

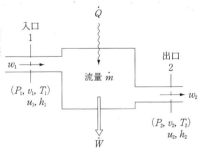

図2.5　定常流れ系

単位時間当たりの量に対して，記号の上に「・」をつけて示すと，流入するエネルギーと流出するエネルギーは等しいことから次の関係が成り立つ。

$$\dot{m}\left(u_1+\frac{w_1^2}{2}\right)+\dot{Q}=\dot{m}\left(u_2+\frac{w_2^2}{2}\right)+\dot{W}+P_2\dot{V_2}-P_1\dot{V_1} \tag{2.6}$$

この式で $P_1\dot{V_1}$ は物体が系に入るときにする仕事であり，$P_2\dot{V_2}$ は物体が系から出るときにする仕事である。また，$\dot{W}$ は実際に気体の状態変化により発生する仕事から，系に出入りするときに必要な仕事を差し引きしたもので，外部に取り出せる仕事に相当する。このような仕事を閉鎖系での仕事と区別して工業仕事とよんでいる。

式 (2.6) において，系の入口における状態量に関するものを左辺に，系の出口における状態量に関するものを右辺にまとめると次のようになる。

$$\dot{m}\left(u_1+P_1v_1+\frac{w_1^2}{2}\right)+\dot{Q}=\dot{m}\left(u_2+P_2v_2+\frac{w_2^2}{2}\right)+\dot{W} \tag{2.7}$$

ここで，$u+Pv$ は全体として状態量となり，流れ系では必ず現れる量であるため，これを1つの状態量で表す。この状態量をエンタルピーとよび，m〔kg〕当たりのエンタルピーを H，1〔kg〕当たりのエンタルピーすなわち比エンタルピーを h で表す。

$$H=U+PV \tag{2.8}$$
$$h=u+Pv \tag{2.9}$$

エンタルピーおよび比エンタルピーの単位は内部エネルギーと同じであり，それぞれ〔J〕，〔J/kg〕となる。

エンタルピーを使うと，式 (2.7) は次のようになる。

$$\dot{m}\left(h_1+\frac{w_1^2}{2}\right)+\dot{Q}=\dot{m}\left(h_2+\frac{w_2^2}{2}\right)+\dot{W} \tag{2.10}$$

これが開放系に対して熱力学の第一法則を適用した式であり，エネルギー式とよんでいる。

20　1編　熱力学の基礎

[例題　2.3]

> ある気体が水平管内を毎分 100〔kg〕の流量で流れている。この気体に 0.75〔MW〕の熱量を加えたところ比エンタルピーが 300〔kJ/kg〕だけ上昇した。加熱前の速度を 50〔m/s〕とすると，加熱後の速度はいくらになるか。

【解　答】

エネルギー式において $\dot{W}=0$ であるため，

$$w_2 = \sqrt{2\left\{(h_1-h_2)+\frac{\dot{Q}}{\dot{m}}\right\}+w_1^2}$$

となる。

$(h_1-h_2) = -300 \,〔\text{kJ/kg}〕 = -3.00\times10^5 \,〔\text{J/kg}〕$
$\dot{Q} = 0.75 \,〔\text{MW}〕 = 7.5\times10^5 \,〔\text{W}〕$
$\dot{m} = \dfrac{100}{60} = 1.667 \,〔\text{kg/s}〕$
$w_1 = 50 \,〔\text{m/s}〕$

を代入すれば次のようになる。

$$w_2 = \sqrt{2\left(-3.00\times10^5+\frac{7.5\times10^5}{1.667}\right)+50^2}$$
$$= 550 \,〔\text{m/s}〕$$

2.5　気体の比熱

　単位量の物体の温度を，1〔℃〕だけ温度上昇させるのに必要な熱量を比熱とよぶが，式で表すと次のようになる。

$$c = \frac{dq}{dT} \tag{2.11}$$

　固体や液体では，加熱条件によって比熱の値は変化しないが，気体の場合には加熱条件により比熱の値はまったく異なる。このため，気体では多数の比熱が存在することになるが，一般に使われるのは，体積一定のもとで加熱した場合の比熱である定容比熱と，圧力一定のもとでの比熱である定圧比熱の2つで

ある。これらを式で表す場合には，一定にするものを括弧の外に添え字として書き，次のように表す。

$$c_v = \left(\frac{\partial q}{\partial T}\right)_v \tag{2.12}$$

$$c_p = \left(\frac{\partial q}{\partial T}\right)_p \tag{2.13}$$

一方，1〔kg〕の気体に対して熱力学の第一法則を適用すると次のようになる。

$$dq = du + Pdv \tag{2.14}$$

内部エネルギーとエンタルピーは一定の関係にあるため，この式はエンタルピーを使って表すこともできる。比エンタルピーと比内部エネルギーの関係は，

$$h = u + Pv \tag{2.15}$$

となることから，この式を微分すると，

$$dh = du + (Pdv + vdP) \tag{2.16}$$

となり，比内部エネルギーについて整理すると，

$$du = dh - (Pdv + vdP) \tag{2.17}$$

が得られる。この式を式 (2.14) に代入すると次のようになり，熱力学の第一法則の式を比エンタルピーによって表すことができる。

$$dq = dh - (Pdv + vdP) + Pdv$$
$$= dh - vdP \tag{2.18}$$

式 (2.12) に式 (2.14) を代入すると，体積一定の変化では $dv = 0$ となることから，

$$c_v = \left(\frac{\partial q}{\partial T}\right)_v = \left(\frac{\partial u}{\partial T}\right)_v \tag{2.19}$$

同様に，圧力一定の変化では $dP = 0$ となることから，式 (2.13) に式 (2.18) を代入して，

$$c_p = \left(\frac{\partial q}{\partial T}\right)_p = \left(\frac{\partial h}{\partial T}\right)_p \tag{2.20}$$

となる。このように，定容比熱および定圧比熱は，それぞれ比内部エネルギーと比エンタルピーを温度で微分したものに等しくなる。この関係は非常に重要

であり，内部エネルギーやエンタルピーを計算するときに使用される。

また，熱量 q は状態量でないため，式 (2.11) からわかるように比熱は状態量ではない。これに対し，内部エネルギーとエンタルピーは状態量であるため，定容比熱 c_v と定圧比熱 c_p も状態量になる。すなわち，一般に比熱は状態量ではないが，容積一定とか圧力一定というように，加熱条件を規定したときの比熱は，状態量になることを示している。

[例題 2.4]

> 標準大気圧において蒸気を発生するとき，必要な潜熱（蒸発潜熱）は 2 256.54 kJ/kg であり，蒸発によって比体積は水の状態の 0.001 043 44 m³/kg から蒸気の状態の 1.673 30 m³/kg に変化する。蒸発過程における比内部エネルギー及び比エンタルピーの変化量はいくらか。

【解 答】

蒸発過程は圧力および温度が一定の変化である。圧力一定の変化では式 (2.18) からわかるように

$$dq = dh$$

となり，エンタルピーの変化量は加えられた熱量に等しくなる。このため，比エンタルピーの変化量は次のようになる。

$$h_2 - h_1 = q_{12} = 2\,256.54 \text{ kJ/kg}$$

比内部エネルギーは比エンタルピーの定義式 (2.9) から次のように表される。

$$u = h - Pv$$

与えられた数値をこの式に代入すれば，比内部エネルギーの変化量は次のように求められる。

$$\begin{aligned}
u_2 - u_1 &= h_2 - h_1 - P(v_2 - v_1) \\
&= 2\,256.54 \times 10^3 - 101.325 \times 10^3 \times (1.673\,30 - 0.001\,043\,44) \\
&= 2\,087.1 \times 10^3 \text{ J/kg} = 2\,087.1 \text{ kJ/kg}
\end{aligned}$$

2章の演習問題

*解答は，編の末尾 (p.145) 参照

[演習問題 2.1]

圧力 4.0 [MPa] の気体 5 [kg] に，圧力一定のままで 940 [kJ] の熱を加えたところ，温度は 20 [℃] から 200 [℃] になり，体積は 0.070 [m³] 増加した。このとき，(1)気体の定圧比熱，(2)比内部エネルギーの変化，(3)比エンタルピーの変化，を求めよ。

[演習問題 2.2]

圧力 5.0 [MPa]，体積 0.2 [m³] の気体 3 [kg] を，体積 2.0 [m³] まで膨張させたところ，比内部エネルギーが 220 [kJ/kg] 減少した。膨張の過程が PV 線図上で $PV=$ 一定の曲線に従うとき，膨張の際に外部から加えた熱量は何 [kJ] か。

[演習問題 2.3]

圧縮機により毎分 100 [kg] の空気を圧縮している。圧縮機の出口で比エンタルピーが 80 [kJ/kg] だけ増加し，圧縮機から外部への放熱量が空気 1 [kg] 当たり 10 [kJ] であるとき，この圧縮機を駆動するのに必要な動力は何 [kW] か。

3章 理想気体

3.1 理想気体の状態式

　気体は圧力と温度によりその体積が大きく変化するが，変化の仕方には一定の関係がある。温度一定のもとでは，圧力と体積は反比例し（ボイルの法則またはマリオットの法則），圧力一定のもとでは，温度と体積は比例する（シャールの法則またはゲイリュサックの法則）。これら2つの法則を組み合わせると，気体の状態変化は次式で表せる。

$$PV = mRT \tag{3.1}$$

$$Pv = RT \tag{3.2}$$

　ここで，P は気体の圧力〔Pa〕，V は体積〔m³〕，v は比体積〔m³/kg〕，m は質量〔kg〕，T は温度〔K〕である。また，R は気体の種類によって決まる定数で，ガス定数とよばれ，〔J/(kg·K)〕の単位をもつ。

　代表的な気体に対するガス定数等の値を**表3.1**に示してある。

　この関係は，実際に存在する気体に対し，厳密には成り立たない。しかし，常温常圧で気体の状態にあるものについては，この式を適用しても工学的に問題となるほどの誤差は生じない。そこで，一般には気体の状態量の間の関係を示す式としてこの式を使用し，この式が成り立つような気体を理想気体（完全気体）とよび，この式を理想気体に対する状態式という。

　気体の量を表すのに，化学の計算では質量の代わりにモル数を使用することが多い。モル数 n は分子量 M を使えば次のように書き表せる。

表 3.1　主要気体の性質

気体	化学記号	原子数	分子量 炭素12スケール	分子量 概略値	ガス定数 R $\left[\dfrac{\text{J}}{\text{kg}\cdot\text{K}}\right]$	標準密度[*1] ρ_0 $[\text{kg/m}^3]$	定圧比熱[*2] c_p $\left[\dfrac{\text{kJ}}{\text{kg}\cdot\text{K}}\right]$	定容比熱[*2] c_v $\left[\dfrac{\text{kJ}}{\text{kg}\cdot\text{K}}\right]$	比熱比 $\kappa = c_p/c_v$
単原子気体									
アルゴン	Ar	1	39.948	40	208.21	1.783 771	0.523	0.315	1.66
ヘリウム	He	1	4.002 6	4	2 078.0	0.178 50	5.238	3.16	1.66
クリプトン	Kr	1	83.80	84	99.249	3.749 3	0.248	0.149	1.67
2原子気体									
一酸化炭素	CO	2	28.011	28	296.93	1.250 48	1.041	0.743 2	1.400
水素	H_2	2	2.015 7	2	4 126.4	0.089 885	14.25	10.12	1.409
窒素	N_2	2	28.013	28	296.91	1.250 46	1.040	0.743	1.400
酸素	O_2	2	31.889	32	260.83	1.429 00	0.913 6	0.654	1.399
多原子気体									
二酸化炭素	CO_2	3	44.010	44	188.99	1.977 00	0.819 4	0.630	1.301
空気	—	—	28.967	29	287.13	1.293 04	1.005	0.717	1.402
アンモニア	NH_3	4	17.301	17	488.38	0.771 26	2.06	1.57	1.313
メタン	CH_4	5	16.043	16	518.46	0.716 8	2.16	1.63	1.319
エタン	C_2H_6	8	30.070	30	276.60	1.356 2	1.73	1.44	1.20
エチレン	C_2H_4	6	28.054	28	296.48	1.260 36	1.61	1.29	1.248
水蒸気	H_2O	3	18.015	18	461.70	—	—	—	—

[*1] ここでいう標準密度とは101.325〔kPa〕, 273.15〔K〕の状態における気相の密度をいう。
[*2] 273.15〔K〕における比熱であり，温度によって変化する。

$$n = \frac{m}{M} \tag{3.3}$$

この関係を式 (3.1) に代入すれば，モル数を使った理想気体の状態式が得られ，次のようになる。

$$PV = nMRT \tag{3.4}$$

気体の一般的な性質として，同じ温度，圧力のもとでは一定体積内の気体のモル数は気体の種類によらず一定になる（アボガドロの法則）。そこで，この関係を式 (3.4) に適用すると，MR すなわち気体の分子量とガス定数の積が，あらゆる気体に対して一定になることがわかる。この値は一般ガス定数とよばれ，R_0 で表される。一般ガス定数の値は次のようになる。

$$R_0 = MR = 8\,314.4 \quad [\text{J}/(\text{kmol}\cdot\text{K})] \tag{3.5}$$

一般ガス定数を使用すると，理想気体の状態式は次のようになる。

$$PV = nR_0T \tag{3.6}$$

また，気体のガス定数は一般ガス定数と分子量から次のようになる。

$$R = \frac{R_0}{M} \tag{3.7}$$

身近な例として，温度 273.15〔K〕，圧力 101.325〔kPa〕の標準状態における気体の体積を計算すると，1〔kmol〕当たりの体積は気体の種類によらず次のようになる。

$$V_0 = \frac{R_0 T}{P}$$
$$= \frac{8\,314.4 \times 273.15}{101.325 \times 10^3} = 22.414 \;〔\mathrm{m^3/kmol}〕 \tag{3.8}$$

3.2 理想気体の内部エネルギー

　理想気体の内部エネルギーを求めるため，ジュールは次のような実験を行った。

　図 3.1 に示すように，外部と断熱した熱量計の中に 2 個の容器を置き，これらをコックのついた導管で接続する。これらの容器の一方には気体を満たし，他方は真空にしておく。熱量計の内部の温度が安定したのち，コックを開いて容器 A の気体を容器 B の内部に膨張させる。膨張した当初は容器 A 内の温度は低下し，容器 B 内の温度は上昇するが，一定の時間後には容器 A と容器 B の圧力，温度は同じになる。このときの温度を測定すると膨張前の温度と同じであった。すなわち，膨張により気体の体積が変化しても温度は変化しないことがわかった。

　この実験において熱量計は外部と断熱されているため $Q_{12}=0$ であり，気体は真空中に膨張しているため $W_{12}=0$ となる。したがって，熱力学の第一法則

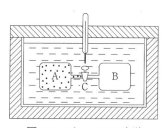

図 3.1　ジュールの実験

から $U_2-U_1=0$ となる．すなわち，実験の結果は内部エネルギーが一定という条件で体積を変化させても温度は変化しないことを示している．このことから，温度一定で体積変化させても内部エネルギーは変化しないことになり，理想気体の内部エネルギーは体積に無関係であり，温度のみの関数で表せることがわかる．理想気体の内部エネルギーに対するこのような性質をジュールの法則とよんでいる．

ジュールの法則を使えば，理想気体の内部エネルギーは次のようにして計算できる．

$$c_v=\left(\frac{\partial q}{\partial T}\right)_v=\left(\frac{\partial u}{\partial T}\right)_v=\frac{du}{dT} \tag{3.9}$$

となり，定容比熱 c_v は温度のみの関数となる．

この式を書き直すと，

$$du=c_v dT \tag{3.10}$$

となり，積分すれば比内部エネルギーは計算できる．

$$u=c_v T+u_0 \tag{3.11}$$

ここで，u_0 は基準点における比内部エネルギーの値であり任意に選ぶことができる．一般にはある2点間の内部エネルギーの差を求めることが多いが，このような場合には次のように u_0 の値には無関係となる．

$$u_2-u_1=c_v(T_2-T_1) \tag{3.12}$$

一方，エンタルピーと内部エネルギーは一定の関係があるため，理想気体のエンタルピーは内部エネルギーと同様の方法で計算できる．すなわち，

$$h=u+Pv \tag{3.13}$$

であり，理想気体であるため $Pv=RT$ が成り立つことから，

$$h=u+RT \tag{3.14}$$

となる．この式で内部エネルギーが温度のみの関数であるため，エンタルピーも温度のみの関数となる．

以下，比内部エネルギーの場合と同様に比エンタルピーは次のようになる．

$$c_p=\left(\frac{\partial q}{\partial T}\right)_p=\left(\frac{\partial h}{\partial T}\right)_p=\frac{dh}{dT} \tag{3.15}$$

$$dh=c_p dT \tag{3.16}$$

$$h = c_p T + h_0 \tag{3.17}$$

　理想気体の内部エネルギーやエンタルピーが定容比熱と定圧比熱によって計算できることがわかったため，理想気体に対する熱力学の第一法則は次のように表せる。

$$dq = c_v dT + P dv \tag{3.18}$$

$$dq = c_p dT - v dP \tag{3.19}$$

これら2式を使うと，定圧比熱と定容比熱の間の重要な関係式が導かれる。2式を等置して整理すると次のようになる。

$$(c_p - c_v) dT = v dP + P dv \tag{3.20}$$

ここで，

$$v dP + P dv = d(Pv)$$

であり，理想気体であることから $Pv = RT$ が成り立つため，

$$d(Pv) = d(RT) = R dT$$

となる。この関係を式 (3.20) に代入すると，

$$(c_p - c_v) = R \tag{3.21}$$

が得られる。この式はまったく別個に定義した比熱とガス定数の間に，一定の関係があることを示す非常に重要な関係式である。

　一方，定圧比熱と定容比熱の比の値も，実際の計算でよく使われる。これは比熱比とよばれ，次のように定義されている。

$$\kappa = \frac{c_p}{c_v} \tag{3.22}$$

比熱比を使って定圧比熱と定容比熱を表すと式 (3.21)，(3.22) より次のようになる。

$$c_v = \frac{1}{\kappa - 1} R \tag{3.23}$$

$$c_p = \frac{\kappa}{\kappa - 1} R \tag{3.24}$$

　比熱比の値は分子運動論から理論的に計算でき，気体を構成する原子の数によって一定値をとることがわかっている。その結果，単原子気体に対して1.667，2原子気体では1.400，3原子以上の気体に対しては1.333という値となる。

　実際の気体の比熱比は理論計算どおりにならないが，表3.1 からわかるよう

3.3 理想気体の状態変化（可逆変化）

理想気体が各種の状態変化を行う場合，その変化において成り立つべき状態量の間の関係式，出入りする仕事および熱の計算式を導く。理想気体の状態変化には非常に多くのものが考えられるが，一般的には次の5つに分けて考えると便利である。すなわち，基本的な状態量である体積，圧力，温度のうちのどれか1つを一定とする等容変化，等圧変化，等温変化と，状態変化の間に熱の出入りがない断熱変化，これらのどれにも属さないポリトロープ変化である。

3.3.1 等容変化

体積が一定の容器内で，気体を加熱したり冷却するときの変化がこれに相当する。

理想気体の状態式，

$$PV = mRT$$

において V, m, R が一定であるため，一定となるものを右辺に移すと，

$$\frac{P}{T} = m\frac{R}{V} = 一定 \tag{3.25}$$

となり，圧力と温度は比例することがわかる。

状態1から状態2までの変化では，

$$\frac{P}{T} = \frac{P_1}{T_1} = \frac{P_2}{T_2} \tag{3.26}$$

となる。

この変化における仕事は，

$$W_{12} = \int_1^2 P\,\mathrm{d}V$$

から計算できるが，$\mathrm{d}V = 0$ であるため $W_{12} = 0$ となる。

この変化の間に出入りする熱量は熱力学の第一法則から計算できる。$W_{12} = 0$ であることから，

$$Q_{12} = U_2 - U_1 + W_{12}$$
$$= U_2 - U_1 = mc_v(T_2 - T_1) \tag{3.27}$$

となり，外部から加えた熱量は，内部エネルギーの増加にのみ使用されることがわかる．

[例題 3.1]

内容積が 2.0 [m³] の容器に窒素が入っており，圧力は 0.30 [MPa]，温度は 20 [℃] である．この容器を加熱して温度を 100 [℃] にするとき，加熱後の圧力および窒素の加熱に必要な熱量を求めよ．

ただし，窒素のガス定数を 296.9 [J/(kg·K)]，定圧比熱を 1 042 [J/(kg·K)] とする．

[解 答]

理想気体の状態式から窒素の質量は，

$$m = \frac{PV}{RT}$$
$$= \frac{0.30 \times 10^6 \times 2.0}{296.9 \times (20+273)} = 6.90 \text{ [kg]}$$

となる．加熱後の圧力は，等容変化であることから，

$$\frac{P_1}{T_1} = \frac{P_2}{T_2}$$

の関係を使って次のようになる．

$$P_2 = P_1 \frac{T_2}{T_1}$$
$$= 0.30 \times 10^6 \times \frac{100+273}{20+273}$$
$$= 0.382 \times 10^6 \text{ [Pa]} = 0.382 \text{ [MPa]}$$

加熱に必要な熱量は，

$$Q_{12} = mc_v(T_2 - T_1)$$

となるが，c_v は c_p と R から，

$$c_v = c_p - R = 1\,042 - 296.9 = 745 \,[\text{J}/(\text{kg}\cdot\text{K})]$$

となるため，次のように計算できる。

$$Q_{12} = 6.90 \times 745 \times (373 - 293)$$
$$= 4.11 \times 10^5 \,[\text{J}] = 411 \,[\text{kJ}]$$

3.3.2 等圧変化

一般の燃焼器内での加熱のように，圧力一定での加熱および冷却がこれに相当する。理想気体の状態式においてm，P，Rが一定であるため，これらを右辺に移行すると，

$$\frac{V}{T} = m\frac{R}{P} = \text{一定} \tag{3.28}$$

となり，体積と温度は比例することがわかる。

仕事は圧力と体積の関係を積分すれば得られるが，圧力が一定であるため次式のようになる。

$$W_{12} = P(V_2 - V_1) \tag{3.29}$$

また，理想気体の状態式から，

$$PV_1 = mRT_1 \qquad PV_2 = mRT_2$$

となるため，

$$W_{12} = mR(T_2 - T_1) \tag{3.30}$$

と表すこともできる。

変化の間に出入りする熱量は，熱力学の第一法則より，

$$Q_{12} = U_2 - U_1 + W_{12}$$
$$= U_2 - U_1 + P(V_2 - V_1)$$
$$= m\{(u_2 + Pv_2) - (u_1 + Pv_1)\}$$
$$= m(h_2 - h_1) = mc_p(T_2 - T_1) \tag{3.31}$$

となり，等圧変化で出入りする熱量はエンタルピーの変化量と等しくなる。

[例題 3.2]

圧力 0.50 [MPa]，温度 27 [℃] の空気 5 [kg] を，圧力一定のも

とで膨張させたところ，体積がはじめの体積の2倍となった。このとき，(1)膨張後の体積，(2)膨張後の温度，(3)内部エネルギーの変化，(4)膨張による仕事，(5)加えた熱量，を求めよ。

ただし空気のガス定数を287〔J/(kg・K)〕，定圧比熱を1020〔J/(kg・K)〕とする。

【解　答】

(1) 理想気体の状態式から，
$$V_1 = \frac{mRT_1}{P}$$
$$= \frac{5 \times 287 \times (27+273)}{0.50 \times 10^6} = 0.861 \text{〔m}^3\text{〕}$$

膨張後はこの2倍であるため，
$$V_2 = 2V_1$$
$$= 2 \times 0.861 = 1.722 \text{〔m}^3\text{〕}$$

(2) 等圧変化であるため，
$$\frac{V_1}{T_1} = \frac{V_2}{T_2}$$

の関係を使うと，膨張後の温度は次のようになる。
$$T_2 = T_1 \frac{V_2}{V_1} = 2T_1$$
$$= 2 \times (27+273) = 600 \text{〔K〕} (=327 \text{〔℃〕})$$

(3) $U_2 - U_1 = m(u_2 - u_1) = mc_v(T_2 - T_1)$ において，c_vはc_pとRから，
$$c_v = c_p - R$$
$$= 1020 - 287 = 733 \text{〔J/(kg・K)〕}$$

となるため，
$$U_2 - U_1 = 5 \times 733 \times (600-300)$$
$$= 1.100 \times 10^6 \text{〔J〕} = 1.100 \text{〔MJ〕}$$

(4) 等圧変化であるから，
$$W_{12} = P(V_2 - V_1)$$

となり，$V_2 = 2V_1$であるため，
$$W_{12} = P(2V_1 - V_1) = PV_1$$

$$= 0.50 \times 10^6 \times 0.861 = 4.31 \times 10^5 \text{ [J]} = 431 \text{ [kJ]}$$

(5) 等圧加熱であるため，
$$Q_{12} = mc_p(T_2 - T_1)$$
$$= 5 \times 1\,020 \times (600 - 300) = 1.530 \times 10^6 \text{ [J]} = 1.530 \text{ [MJ]}$$

となる．また，熱力学の第一法則を使って，
$$Q_{12} = U_2 - U_1 + W_{12}$$
$$= 1.100 \times 10^6 + 4.31 \times 10^5 = 1.531 \times 10^6 \text{ [J]} = 1.531 \text{ [MJ]}$$

としてもよい．

3.3.3 等温変化

気体の温度を一定に保ちながら，ゆっくりと変化させるもので，理想気体の状態式において m，R，T が一定であるため，

$$PV = mRT = 一定 \tag{3.32}$$

となる．すなわち，等温変化では圧力と体積は反比例する．

変化の間の仕事は，この関係を積分することによって得られる．

状態1から状態2までの変化に対して，

$$PV = P_1 V_1 = P_2 V_2 \tag{3.33}$$

となるため，圧力 P は，

$$P = \frac{P_1 V_1}{V}$$

となり，仕事は次のようになる．

$$W_{12} = \int_1^2 P dV = P_1 V_1 \int_1^2 \frac{dV}{V} = P_1 V_1 [\ln V]_{V_1}^{V_2}$$
$$= P_1 V_1 \ln \frac{V_2}{V_1} = P_1 V_1 \ln \frac{P_1}{P_2}$$
$$= mRT \ln \frac{V_2}{V_1} = mRT \ln \frac{P_1}{P_2} \tag{3.34}$$

内部エネルギーおよびエンタルピーの変化は，温度が一定であるため0となる．変化の際に出入りする熱量は，熱力学の第一法則より次のように計算できる．

$$Q_{12} = U_2 - U_1 + W_{12} = W_{12}$$

$$= P_1 V_1 \ln \frac{V_2}{V_1} \tag{3.35}$$

このように,等温変化において出入りする熱量は,仕事の量と等しくなり,外部から熱を加えた場合には,その熱量のすべてが仕事に変換される。反対に,等温圧縮により外部から仕事を加える場合には,加えた仕事と同じ量の熱量を放出する必要がある。

[例題 3.3]

> 圧力 1.00 [MPa],温度 200 [℃] の空気 2 [kg] を,温度を一定に保ちながら膨張したところ,圧力が 0.10 [MPa] になった。このとき (1)膨張比, (2)膨張後の体積, (3)空気のする仕事, を求めよ。
> ただし,空気のガス定数を 287 [J/(kg・K)] とする。

[解 答]

(1) 等温変化であるため $P_1 V_1 = P_2 V_2$ となり,膨張比は次のように計算できる。

$$r = \frac{V_2}{V_1} = \frac{P_1}{P_2}$$
$$= \frac{1.00}{0.10} = 10$$

(2) 膨張比がわかっているため,はじめの体積がわかればよい。はじめの体積は理想気体の状態式から計算できる。

$$V_1 = \frac{mRT}{P_1}$$
$$= \frac{2 \times 287 \times (200 + 273)}{1.00 \times 10^6} = 0.272 \ [\text{m}^3]$$

これより,膨張後の体積は次のようになる。

$$V_2 = rV_1$$
$$= 10 \times 0.272 = 2.72 \ [\text{m}^3]$$

(3) 等温変化の仕事であるため次のようになる。

$$W_{12} = mRT \ln \frac{V_2}{V_1} = mRT \ln r$$

$$=2\times287\times(200+273)\times\ln10$$
$$=6.25\times10^5 \,[\text{J}]=625\,[\text{kJ}]$$

なお，等温変化では $Q_{12}=W_{12}$ となるため，膨張の過程において 625 [kJ] の熱量が加えられることになる．

3.3.4 断熱変化

シリンダ内の気体を急激に圧縮する場合のように，外部との熱交換がない状態で変化が起こるときには断熱変化となる．断熱という条件を表す式は，熱力学の第一法則より，

$$dQ = dU + dW = mc_v dT + PdV = 0 \tag{3.36}$$

となる．一方，理想気体の状態式を微分の形で表すと，

$$PdV + VdP = mRdT \tag{3.37}$$

が得られる．

この 2 式が同時に成り立つ条件が，断熱変化において状態量の間に成り立つべき関係である．

式 (3.37) より，

$$dT = \frac{PdV + VdP}{mR}$$

となるため，この式を式 (3.36) に代入して，

$$mc_v \frac{PdV + VdP}{mR} + PdV = 0$$

となり，整理すると次のようになる．

$$\frac{1}{R}[(c_v + R)PdV + c_v VdP] = 0$$

ここで，理想気体の定圧比熱と定容比熱の関係から，

$$c_v + R = c_p$$
$$\frac{c_p}{c_v} = \kappa$$

となることを利用するとともに，全体に R を掛けて $c_v PV$ で割れば，

$$\kappa\frac{\mathrm{d}V}{V}+\frac{\mathrm{d}P}{P}=0$$

が得られる．この式を積分すると次のようになる．

$$\kappa\ln V+\ln P=C$$
$$\ln(PV^\kappa)=C$$

C：積分定数

すなわち，圧力と体積の関係は次のようになる．

$$PV^\kappa=\text{一定} \tag{3.38}$$

状態1から状態2までの変化に対して，

$$PV^\kappa=P_1V_1^\kappa=P_2V_2^\kappa \tag{3.39}$$

となる．理想気体の状態式を使えば，T と V，P と T の間の関係式も求められる．$P=mRT/V$ として P を消去すれば，

$$\frac{mRT}{V}V^\kappa=mRTV^{\kappa-1}=\text{一定}$$

となり，m，R が一定であることから次式が得られる．

$$TV^{\kappa-1}=\text{一定} \tag{3.40}$$

また，$V=mRT/P$ として V を消去すれば，

$$P\left(\frac{mRT}{P}\right)^\kappa=\frac{(mRT)^\kappa}{P^{\kappa-1}}=\text{一定}$$

となり，R は定数であるため次のような関係式が得られる．

$$\frac{T}{P^{\frac{\kappa-1}{\kappa}}}=\frac{T_1}{P_1^{\frac{\kappa-1}{\kappa}}}=\frac{T_2}{P_2^{\frac{\kappa-1}{\kappa}}}=\text{一定} \tag{3.41}$$

これらの結果を等温変化の場合と比較すると，比熱比 κ は1より大きいため，PV 線図上の曲線は変化の割合が急になる．このため膨張の場合には温度が降下し，圧縮の場合には温度が上昇することがわかる（**図3.2**）．

仕事は圧力と温度の関係を積分すれば得られるが，ここでは熱力学の第一法則を使って計算する．

断熱変化であるため，熱力学の第一法則は次のようになる．

$$Q_{12}=U_2-U_1+W_{12}=0 \tag{3.42}$$

すなわち，

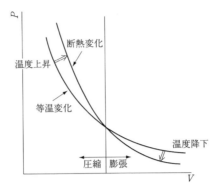

図 3.2 断熱変化と等温変化

$$W_{12} = U_1 - U_2$$
$$= mc_v(T_1 - T_2) \quad (3.43)$$

となり，外部との熱の出入りがないため，仕事は内部エネルギーの変化量と等しいことがわかる。この式は，理想気体の状態式を使えば，次のような種々の形で表すことができる。

$$W_{12} = m\frac{R}{\kappa - 1}(T_1 - T_2)$$
$$= \frac{1}{\kappa - 1}(P_1 V_1 - P_2 V_2)$$
$$= \frac{P_1 V_1}{\kappa - 1}\left[1 - \left(\frac{V_1}{V_2}\right)^{\kappa - 1}\right]$$
$$= \frac{P_1 V_1}{\kappa - 1}\left[1 - \left(\frac{P_2}{P_1}\right)^{\frac{\kappa - 1}{\kappa}}\right] \quad (3.44)$$

[例題 3.4]

圧力 0.10〔MPa〕，温度 20〔℃〕の空気 5〔kg〕を，可逆断熱変化により圧力 1.20〔MPa〕まで圧縮した。このとき，(1)圧縮比，(2)圧縮後の温度，(3)圧縮に必要な仕事，を求めよ。ただし，空気のガス定数を 287〔J/(kg・K)〕，定圧比熱を 1 020〔J/(kg・K)〕とする。

【解答】

(1) 可逆断熱変化であるため,比熱比が必要となる。比熱比は定圧比熱とガス定数から次のように計算できる。

$$\kappa = \frac{c_p}{c_v} = \frac{c_p}{c_p - R}$$

$$= \frac{1\,020}{1\,020 - 287} = 1.392$$

このため,圧縮比は次のようになる。

$$\varepsilon = \frac{V_1}{V_2} = \left(\frac{P_2}{P_1}\right)^{\frac{1}{\kappa}}$$

$$= \left(\frac{1.20}{0.10}\right)^{\frac{1}{1.392}} = 5.96$$

(2) 可逆断熱圧縮における温度と圧力の関係から次のように計算できる。

$$T_2 = T_1 \left(\frac{P_2}{P_1}\right)^{\frac{\kappa-1}{\kappa}}$$

$$= (20 + 273)\left(\frac{1.20}{0.10}\right)^{\frac{1.392-1}{1.392}} = 590 \text{ [K]} = 317 \text{ [℃]}$$

(3) 可逆断熱変化の仕事は,いろいろな式から計算できるが,内部エネルギー変化量が仕事に等しいことを利用すれば,比較的簡単に計算できる。

$$W_{12} = U_1 - U_2 = mc_v(T_1 - T_2)$$

ここで,定容比熱 c_v は c_p と R から計算すると,

$$c_v = c_p - R$$

$$= 1\,020 - 287 = 733 \text{ [J/(kg·K)]}$$

となるため,仕事は次のようになる。

$$W_{12} = 5 \times 733 \times (293 - 590)$$

$$= -1.089 \times 10^6 \text{ [J]} = -1.089 \text{ [MJ]}$$

なお,仕事の値が負になるのは,外部から仕事が加えられることを示している。

3.3.5 ポリトロープ変化

これまでに述べた4個の状態変化は,代表的な状態量である P, V, T のうちのどれか1つが一定であったり,外部との熱の出入りがないというものであった。これに対し,ポリトロープ変化では状態量の間の関係式を規定している。すなわち,状態量の間には断熱変化と同様の関係が成り立つが,その指数

が比熱比 κ ではなく，一般的な値となるような変化をポリトロープ変化とよんでいる．このため，ポリトロープ変化では，状態量の間の関係は次のような式で表せる．

$$PV^n = P_1 V_1^n = \text{一定} \tag{3.45}$$

$$TV^{n-1} = T_1 V_1^{n-1} = T_2 V_2^{n-1} = \text{一定} \tag{3.46}$$

$$\frac{T}{P^{\frac{n-1}{n}}} = \frac{T_1}{P_1^{\frac{n-1}{n}}} = \frac{T_2}{P_2^{\frac{n-1}{n}}} = \text{一定} \tag{3.47}$$

ここで，指数 n は任意の値をとることができ，ポリトロープ指数とよんでいる．ポリトロープ指数を 0 から無限大まで変化させると，いままで述べた 4 個の状態変化はすべてポリトロープ変化で表せることがわかる．すなわち，

$n = \kappa$ のとき　　$PV^\kappa = \text{一定}$　　断熱変化

$n = 1$ のとき　　$PV = \text{一定}$　　等温変化

$n = 0$ のとき　　$PV^0 = \text{一定}$ より

　　　　　　　　$P = \text{一定}$　　等圧変化

$n = \infty$ のとき　　$PV^\infty = \text{一定}$ より

　　　　　　$P^{\frac{1}{\infty}} V = \text{一定}$

　　　　　　　$V = \text{一定}$　　等容変化

また，PV 線図上に任意の 1 点をとり，この点から n の値を変化させながら曲線を描くと，図 3.3 のようになり，あらゆる方向の曲線を描くことができる．このため，この変化のことをポリ（多）トロープ（方向）変化とよんでい

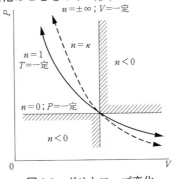

図 3.3　ポリトロープ変化

る。

　ポリトロープ変化の仕事は，圧力と体積の関係を積分すれば計算できる。状態量の関係式から圧力は，

$$P = P_1 \frac{V_1^n}{V^n}$$

と表せるため仕事は次のようになる。

$$W_{12} = \int_1^2 P \, dV = \int_1^2 P_1 \frac{V_1^n}{V^n} dV = P_1 V_1^n \int_1^2 \frac{1}{V^n} dV$$

$$= \frac{P_1 V_1^n}{n-1} (V_1^{1-n} - V_2^{1-n})$$

$$= \frac{1}{n-1} (P_1 V_1 - P_1 V_1^n V_2^{1-n}) \tag{3.48}$$

ここで，

$$P_1 V_1^n = P_2 V_2^n$$

を使えば次のようになる。

$$W_{12} = \frac{1}{n-1} (P_1 V_1 - P_2 V_2) \tag{3.49}$$

この式は種々の形に変形することができる。

　理想気体の状態式を状態1と状態2に適用すると，

$$P_1 V_1 = mRT_1$$
$$P_2 V_2 = mRT_2$$

となるため，これらを使えば，

$$W_{12} = m \frac{R}{n-1} (T_1 - T_2) \tag{3.50}$$

となり，さらに c_v と R の関係から，

$$R = c_v (\kappa - 1)$$

を代入すると次のようになる。

$$W_{12} = m c_v \frac{\kappa - 1}{n-1} (T_1 - T_2) \tag{3.51}$$

　一方，状態量の間の関係式から，

となることを使えば，次のような式が得られる．

$$W_{12} = \frac{P_1 V_1}{n-1}\left(1 - \frac{P_2}{P_1}\frac{V_2}{V_1}\right)$$

$$= \frac{P_1 V_1}{n-1}\left[1 - \left(\frac{V_1}{V_2}\right)^{n-1}\right]$$

$$= \frac{P_1 V_1}{n-1}\left[1 - \left(\frac{P_2}{P_1}\right)^{\frac{n-1}{n}}\right] \tag{3.52}$$

変化の間に出入りする熱量は，熱力学の第一法則から計算できる．

$$Q_{12} = U_2 - U_1 + W_{12}$$

$$= m\left\{c_v(T_2 - T_1) + c_v\frac{\kappa-1}{n-1}(T_1 - T_2)\right\}$$

$$= mc_v\left(1 - \frac{\kappa-1}{n-1}\right)(T_2 - T_1)$$

$$= mc_v\frac{n-\kappa}{n-1}(T_2 - T_1)$$

$$= mc_n(T_2 - T_1) \tag{3.53}$$

ただし，

$$c_n = c_v\frac{n-\kappa}{n-1} \tag{3.54}$$

であり，ポリトロープ比熱とよばれる．これは，固体や液体の比熱と同様の考え方で定義されたものであるが，一般の比熱とは異なり，ポリトロープ指数 n と比熱比 κ の大小関係により，正の値になったり負の値になったりする．

[例題 3.5]

圧力2.50〔MPa〕，温度727〔℃〕の空気2〔kg〕を，$PV^{1.45}=$一定のポリトロープ変化により圧力0.50〔MPa〕まで膨張させた．このとき，(1)膨張比，(2)膨張後の温度，(3)得られる仕事，(4)出入りする熱量，を求めよ．

ただし，空気のガス定数を 287〔J/(kg・K)〕，定圧比熱を 1 050〔J/(kg・K)〕とする。

【解　答】

(1) 膨張比 $r=V_2/V_1$ であり，$P_1V_1{}^n=P_1V_2{}^n=$ 一定であるため，

$$r=\frac{V_2}{V_1}=\left(\frac{P_1}{P_2}\right)^{\frac{1}{n}}$$

$$=\left(\frac{2.50}{0.50}\right)^{\frac{1}{1.45}}=3.03$$

(2) $\dfrac{T_1}{P_1^{\frac{n-1}{n}}}=\dfrac{T_2}{P_2^{\frac{n-1}{n}}}$ であるため，

$$T_2=T_1\left(\frac{P_2}{P_1}\right)^{\frac{n-1}{n}}$$

$$=(727+273)\left(\frac{0.50}{2.50}\right)^{\frac{1.45-1}{1.45}}=607〔\mathrm{K}〕$$

(3)
$$W_{12}=\frac{mR}{n-1}(T_1-T_2)$$

$$=\frac{2\times287}{1.45-1}(1\,000-607)=5.01\times10^5〔\mathrm{J}〕=501〔\mathrm{kJ}〕$$

(4) $Q_{12}=mc_n(T_2-T_1)=mc_v\dfrac{n-\kappa}{n-1}(T_2-T_1)$ において，c_v と κ は c_p と R から，

$$c_v=c_p-R$$

$$=1\,050-287=763〔\mathrm{J}/(\mathrm{kg}\cdot\mathrm{K})〕$$

$$\kappa=\frac{c_p}{c_v}$$

$$=\frac{1\,050}{763}=1.376$$

となるため，

$$Q_{12}=2\times763\times\frac{1.45-1.376}{1.45-1}(607-1\,000)$$

$$=-9.86\times10^4〔\mathrm{J}〕=-98.6〔\mathrm{kJ}〕$$

となる。熱量が負の値になるのは，膨張の過程で外部に熱が出ていくことを示

している．熱が入るか出るかは比熱比 κ とポリトロープ指数 n の大小関係によって決まる．

3.4 理想気体の状態変化（不可逆変化）

　状態変化が可逆であれば前述の方法で計算できるが，実際の変化は不可逆変化である．一般に，不可逆変化の場合に状態変化を計算から求めることはできないが，特定の不可逆変化については，変化の前後における状態量の変化から計算できるものもある．ここでは，それらのうちで代表的なものを示す．

3.4.1　不可逆断熱変化

　対象とする系の外部とは熱の出入りがなくても，気体と容器の壁との摩擦や，気体内部の乱れなどにより熱が発生するときには，気体に熱が加えられることになる．このような場合には，当然のことながら可逆断熱変化とは異なる結果となる．

　不可逆断熱変化に熱力学の第一法則を適用すると，
$$Q_{12} = U_2 - U_1 + W_{12} = 0$$
から
$$W_{12} = U_1 - U_2 \tag{3.55}$$
となり，可逆断熱変化の場合と同じ形となる．しかし，実際には変化後の状態量である U_2 の値が可逆変化と不可逆変化では異なる．可逆変化の場合と比較するため，可逆変化における値に対し添え字 ad をつけることにすれば次のようになる．

$$\text{可逆変化} \quad W_{12\text{ad}} = U_1 - U_{2\text{ad}} = mc_v(T_1 - T_{2\text{ad}}) \tag{3.56}$$
$$\text{不可逆変化} \quad W_{12} = U_1 - U_2 = mc_v(T_1 - T_2) \tag{3.57}$$

　この式で U_2 と $U_{2\text{ad}}$ すなわち T_2 と $T_{2\text{ad}}$ は異なる値となり，この差が大きいほど不可逆の程度が大きいことになる．

　このため，可逆断熱変化と不可逆断熱変化の仕事の差は次のようになる．

$$W_{12\text{ad}} - W_{12} = U_2 - U_{2\text{ad}} = mc_v(T_2 - T_{2\text{ad}}) \tag{3.58}$$

　このように，不可逆断熱膨張では，膨張仕事の一部が摩擦仕事として消費さ

れ，気体の温度を上昇させるのに使用される．このため，可逆断熱変化における膨張後の温度から，実際の温度まで加熱するのに必要な熱量の分だけ仕事が少なくなる．

また，可逆断熱変化における仕事に対する，実際に得られる仕事の比を断熱効率とよんでいるが，式で表すと次のようになる．

$$\eta_{ad} = \frac{W_{12}}{W_{12ad}} = \frac{T_1 - T_2}{T_1 - T_{2ad}} \quad (3.59)$$

一方，不可逆断熱変化をポリトロープ変化と近似して計算することもある．変化前の状態量と変化後の状態量からポリトロープ指数を計算し，このようなポリトロープ指数をもつポリトロープ変化として計算する．このときのポリトロープ指数は，膨張では $n<\kappa$，圧縮では $n>\kappa$ となる．

3.4.2 気体の混合

気体を混合する場合も代表的な不可逆過程である．

図 3.4 に示すように，仕切りを隔てて n 種類の気体が入っており，圧力 P_i，温度 T_i，体積 V_i，質量 m_i であるとする．仕切りを外して気体を混合させると，最終的には全体が一つの混合気体となり，圧力 P，温度 T，体積 V，質量 m になるとする．このような過程に対して熱力学の第一法則を適用すると，外部との熱の出入りがなく，仕事もしないため混合の前後において内部エネルギーは変化しないことになる．このため，混合前と混合後の内部エネルギーをそれぞれ計算し，それらを等置すれば混合後の状態量が計算できる．

混合後の内部エネルギーを求めるためには，混合気体の状態量を計算しなけ

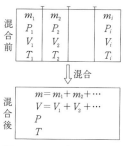

図 3.4 理想気体の混合

ればならないが，このときダルトンの法則を使用する．ダルトンの法則によれば，「理想気体の混合物は各成分気体が干渉することなく，あたかも混合室内に単独で存在するかのようにふるまう」ことになり，混合気体の状態量は各成分気体の状態量の和となる．このことを利用して，混合前と混合後の内部エネルギーを計算すると次のようになる．

混合前　$U_1 = \sum m_i c_{vi} T_i$

混合後　$U_2 = \sum m_i c_{vi} T = T \sum m_i c_{vi}$

これらを等置して，混合後の温度を求めると次のようになる．

$$T = \frac{\sum m_i c_{vi} T_i}{\sum m_i c_{vi}} \tag{3.60}$$

混合前の各成分気体に対して，理想気体の状態式を適用すれば，この式は次のように変形できる．

$$T = \frac{\sum m_i c_{vi} T_i}{\sum m_i c_{vi}} = \frac{\sum \frac{P_i V_i}{R_i T_i} c_{vi} T_i}{\sum \frac{P_i V_i}{R_i T_i} c_{vi}} = \frac{\sum P_i V_i \frac{c_{vi}}{R_i}}{\sum \frac{P_i V_i}{T_i} \frac{c_{vi}}{R_i}} \tag{3.61}$$

また，定容比熱の代わりに比熱比を使用すると次のようになる．

$$T = \frac{\sum \frac{P_i V_i}{R_i} \frac{R_i}{\kappa_i - 1}}{\sum \frac{P_i V_i}{R_i T_i} \frac{R_i}{\kappa_i - 1}} = \frac{\sum \frac{P_i V_i}{\kappa_i - 1}}{\sum \frac{P_i V_i}{T_i(\kappa_i - 1)}} \tag{3.62}$$

一方，混合後の圧力 P は，ダルトンの法則から，混合室中に各成分気体が単独で存在するときの圧力である分圧 P' の和となる．成分気体の分圧は理想気体の状態式より，

$$P_i' = m_i R_i \frac{T}{V}$$

となるため，混合後の圧力は次のようになる．

$$P = \sum P_i' = \sum m_i R_i \frac{T}{V} = \frac{T}{V} \sum \frac{P_i V_i}{T_i} \tag{3.63}$$

これらの結果からわかるように，混合前の各成分気体の温度がすべて等しければ，混合後の温度は変化しないが，混合後の圧力は，各成分気体の温度および圧力がすべて等しいときのみ変化しない．

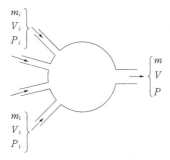

図 3.5 気体の流れの混合

定常流れ系における気体の混合についても，同様の考え方から計算できる。定常流れ系に対するエネルギー式から，混合の前後においてエンタルピーが変化しないことがわかり，混合後の温度は次のようになる（図3.5）。

$$T = \frac{\sum m_i c_{pi} T_i}{\sum m_i c_{pi}} = \frac{\sum P_i V_i \frac{\kappa_i}{\kappa_i - 1}}{\sum \frac{P_i V_i}{T_i} \frac{\kappa_i}{\kappa_i - 1}} \tag{3.64}$$

また，混合後の体積流量は，各成分気体の体積流量の和として計算できる。理想気体の状態式から各成分気体の比体積は，

$$v_i = R_i \frac{T}{P}$$

で表され，混合の前後において質量流量は変化しないことから各成分気体の体積流量は，

$$V_i = m_i v_i = m_i R_i \frac{T}{P}$$

で与えられる。このため，混合後の体積流量は次のようになる。

$$V = \sum V_i = \sum m_i R_i \frac{T}{P} = \frac{T}{P} \sum m_i R_i \tag{3.65}$$

3.4.3 絞り膨張

オリフィスや弁のように，断面積の小さな部分を気体が通過すると，通過時に速度は増加し，その後は元の速度に戻るが，摩擦や流体内部の乱れのため流れ方向に圧力が下がる。これは不可逆変化の1つであり，絞り膨張とよばれている。この過程に対しエネルギー式を適用すると，外部との熱の出入りはな

く，仕事も発生しないため次のようになる．

$$h_1 + \frac{w_1^2}{2} = h_2 + \frac{w_2^2}{2}$$

ここで，w_1，w_2は絞りの前後における流速であるが，これらは一般に等しいため，絞り膨張における状態量の関係は次のようになる．

$$h_1 = h_2 \tag{3.66}$$

すなわち，絞りの前後においてエンタルピーの値は等しくなる．この関係は理想気体だけでなく，一般の流体に対しても成り立つ．とくに，流体が理想気体であれば，理想気体のエンタルピーは温度のみの関数であることから，絞り膨張において温度は変化しないことになる．

3.5 混合気体の性質

ここまでは単体の理想気体について述べてきたが，実際の状態変化では理想気体の混合物を取り扱う場合が多い．理想気体の混合物では，個々の気体に対して計算したあと，これらを合計してもよいが，混合物全体を一つの理想気体と考えて取り扱ったほうが便利である．そこで，各成分気体の種類と混合割合から，混合気体の性質を計算するための方法について述べる．

混合気体の性質は，気体を混合する場合の考え方を使えば簡単に計算できる．多種類の気体を混合するとき，混合前の各成分気体の圧力と温度が等しければ，混合によって圧力と温度は変化しないことがわかっている．そこで，図3.6に示すように，混合気体を同温同圧の各成分気体に分離して考えても同じ

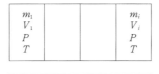

図 **3.6** 混合気体の性質

になる。

　分離した状態および混合した状態の各成分気体に対して，理想気体の状態式を適用すると次のようになる。

$$\text{分離}\quad PV_i = m_i R_i T$$

$$\text{混合}\quad P_i V = m_i R_i T$$

これら2式から体積比 r_i を計算すると，

$$r_i = \frac{V_i}{V} = \frac{P_i}{P} \tag{3.67}$$

となり，体積比は圧力比と等しくなることがわかる。一般に，燃焼ガスの成分を調べるために，オルザットガス分析器などによりガス分析を行い，各成分気体の体積割合を求めるが，この値はその気体が占める圧力の割合を示していることにもなる。このため，燃焼ガスの圧力と体積割合がわかれば，各成分気体の分圧が計算できる。この方法により，燃焼ガス中の水蒸気の分圧を計算すれば，燃焼ガスの露点を知ることができる。

　各成分気体が理想気体であれば，混合気体は理想気体と考えられるため，混合気体のガス定数を R とすれば，状態式は次のようになる。

$$PV = mRT$$

一方，分離した状態における各成分気体の状態式は，

$$PV_i = m_i R_i T$$

となるため，これら2式から混合気体のガス定数は次のようになる。

$$\frac{R_i}{R} = \frac{m}{m_i} \frac{V_i}{V} \tag{3.68}$$

質量比 m_i/m を g_i で表せば，

$$\frac{g_i}{R} = \frac{r_i}{R_i} \tag{3.69}$$

$$Rr_i = g_i R_i \tag{3.70}$$

となる。両辺をすべての成分気体に対して合計すると $\Sigma g_i = 1$，$\Sigma r_i = 1$ となることから次のようになる。

$$\frac{1}{R} = \Sigma \frac{r_i}{R_i} \tag{3.71}$$

$$R = \sum g_i R_i \tag{3.72}$$

また，混合気体の分子量 M と各成分気体の分子量 M_i の関係は，ガス定数と一般ガス定数の関係が，

$$R = \frac{R_0}{M} \tag{3.73}$$

$$R_i = \frac{R_0}{M_i} \tag{3.74}$$

となることから，これらを式 (3.71)，(3.72) に代入することにより次のようになる。

$$M = \sum r_i M_i$$

$$\frac{1}{M} = \sum \frac{g_i}{M_i}$$

質量比と体積比の関係は式 (3.70) より，

$$g_i = \frac{R}{R_i} r_i$$

となるが，式 (3.73)，(3.74) の関係を使うと分子量によって次のように表すことができる。

$$g_i = r_i \frac{M_i}{M}$$

混合気体の比熱は，混合気体の内部エネルギーおよびエンタルピーの計算から求められる。ダルトンの法則から，混合気体の内部エネルギーとエンタルピーは，各成分気体について合計したものになる。

$$U = m c_v T = \sum U_i = \sum m_i c_{vi} T$$

このことから，

$$c_v = \sum \frac{m_i}{m} c_{vi} = \sum g_i c_{vi}$$

同様に，エンタルピーについて考えると次式が得られる。

$$c_p = \sum \frac{m_i}{m} c_{pi} = \sum g_i c_{pi}$$

[例題 3.6]

燃焼ガスの成分を分析したところ，体積組成が，炭酸ガス12.2〔%〕，水蒸気9.9〔%〕，酸素2.9〔%〕，窒素75.0〔%〕であった。燃焼ガスを理想気体と考えたとき，ガス定数，分子量，比熱比はいくらになるか。

ただし，各成分気体のガス定数，分子量，定圧比熱は次表の値を使用する。

	炭酸ガス	水蒸気	酸　素	窒　素
ガ　ス　定　数〔J/(kg・K)〕	189.0	461.7	260.8	296.9
分　子　量	44.01	18.02	31.89	28.01
定　圧　比　熱〔J/(kg・K)〕	819.4	1 861	913.6	1 040

【解　答】

混合気体のガス定数は，各成分気体の体積組成から，次のように計算できる。

$$\frac{1}{R} = \Sigma \frac{r_i}{R_i}$$

$$= \frac{0.122}{189.0} + \frac{0.099}{461.7} + \frac{0.029}{260.8} + \frac{0.750}{296.9} = 0.003\,497$$

$$R = 286.0 \,〔\text{J}/(\text{kg}\cdot\text{K})〕$$

分子量も同様に計算できる。

$$M = \Sigma M_i r_i$$

$$= 44.01 \times 0.122 + 18.02 \times 0.099 + 31.89 \times 0.029 + 28.01 \times 0.750 = 29.09$$

定圧比熱は $c_p = \Sigma c_{pi} g_i$ から計算できるが，質量比 g_i が必要となるため，$g_i = M_i r_i / M$ によって質量比を計算する。

炭酸ガス　　$g_{\text{CO}_2} = \dfrac{44.01 \times 0.122}{29.09} = 0.185$

水蒸気　　　$g_{\text{H}_2\text{O}} = \dfrac{18.02 \times 0.099}{29.09} = 0.061$

酸　素　　$g_{O_2} = \dfrac{31.89 \times 0.029}{29.09} = 0.032$

窒　素　　$g_{N_2} = \dfrac{28.01 \times 0.750}{29.09} = 0.722$

この質量比から定圧比熱は次のように計算できる。

$c_p = 819.4 \times 0.185 + 1\,861 \times 0.061 + 913.6 \times 0.032 + 1\,040 \times 0.722$

　　$= 1\,045 \,[\mathrm{J/(kg \cdot K)}]$

比熱比は定圧比熱とガス定数から計算できる。

$$\kappa = \dfrac{c_p}{c_v} = \dfrac{c_p}{c_p - R}$$

$$= \dfrac{1\,045}{1\,045 - 286} = 1.377$$

空気のガス定数，分子量は 287.1 [J/(kg・K)]，28.97 であり，ここで計算した燃焼ガスに対する値と非常に近いため，簡単な計算では燃焼ガスを空気と考えてもよい。

3章の演習問題

*解答は，編の末尾 (p.145) 参照

[演習問題 3.1]

内容積 3 $[m^3]$ の変形しない容器に，圧力 800 $[kPa]$，温度 300 $[K]$ のアルゴン（分子量 40）が入っている。このアルゴンに容積一定で 900 $[kJ]$ の熱を加えた。アルゴンを理想気体とし，比熱比 $\kappa = 1.667$，一般ガス定数 $R_0 = 8.315$ $[kJ/(kmol \cdot K)]$ とするとき，次の各問いに答えよ。

(1) 充てんされているアルゴンの質量を求めよ。
(2) 熱を加えたときのアルゴンの圧力，温度を求めよ。
(3) 熱を加えたことによるアルゴンのエンタルピー変化を求めよ。

[演習問題 3.2]

自由に移動できるピストンを備えたシリンダーに圧力 2.0 $[MPa]$，温度 27 $[℃]$ の空気が 0.5 $[kg]$ 入っている。この空気に外部から 100 $[kJ]$ の熱量を加え，圧力一定のまま膨張させた。このとき，(1)膨張後の温度，(2)内部エネルギーの変化量，(3)膨張による仕事，(4)膨張比，を求めよ。ただし，空気のガス定数を 287 $[J/(kg \cdot K)]$，比熱比を 1.40 とする。

[演習問題 3.3]

圧力 0.20 $[MPa]$，温度 20 $[℃]$ の空気 2 $[kg]$ を，圧力 2.0 $[MPa]$ まで等温変化および可逆断熱変化により圧縮する。このとき(1)圧縮比，(2)圧縮に必要な仕事，を求めよ。
ただし，空気の比熱比を 1.40，ガス定数を 287 $[J/(kg \cdot K)]$ とする。

[演習問題 3.4]

圧力 0.10 $[MPa]$，温度 30 $[℃]$ の空気 2 $[kg]$ を，$PV^{1.30} = $ 一定のポリトロープ

変化により圧力 0.70〔MPa〕まで圧縮した。このとき(1)圧縮比，(2)圧縮後の温度，(3)圧縮に必要な仕事，(4)圧縮過程において出入りする熱量を求めよ。

ただし，空気のガス定数を 287〔J/(kg·K)〕，比熱比を 1.40 とする。

4章
熱力学の第二法則

4.1 熱力学の第二法則

　熱力学の第一法則により，熱は仕事と同等であり，互いに変換できることが示された。しかし，実際の場合を考えると，仕事を熱に変換するときにはその全量が変換できるのに対し，熱から仕事を得る場合には，その一部のみが仕事に変換され，残りはそのまま外部に捨てられる。ただし，このときにも熱のうちで仕事に変換された部分は，得られた仕事と量的に等しいため，熱力学の第一法則は成立する。このように，熱はエネルギーの一種であり，他のエネルギーと互いに交換できるが，他のエネルギーに比べて品質の低いエネルギーであるといえる。熱エネルギーのこのような性質を述べたものが，熱力学の第二法則であり，ある熱源が与えられたときに得られる最大限の仕事と，それが得られる条件を知るのに重要な法則である。

　熱力学の第二法則は，いろいろな形で表現されているが，代表的なものを示すと次の2つである。

　「自然界に何らの変化も残すことなく，ある熱源の熱を継続して仕事に変えることは不可能である」

　この表現では「自然界に何らの変化も残すことなく……」の部分が重要である。等温膨張を利用すれば，与えられた熱をすべて仕事に変えることができるが，気体は大気圧まで膨張するため，自然界に変化をもたらしたことになる。この表現に逆らって，継続して仕事を発生するような機械を第二種の永久機関とよんでいるが，これを使って「第二種の永久機関は不可能である」というこ

ともできる。

もう一つの方法として温度を使ったものがあり，次のように表現されている。

「他に変化を残すことなく，低温の物体から高温の物体へ熱を移動することは不可能である」

この表現でも「他に変化を残すことなく……」の部分が重要であり，ヒートポンプを使用すれば低温の物体から高温の物体へ熱を移動できるが，ヒートポンプを駆動するには動力が必要であり，他に変化を残すことになる。このように，熱の流れには方向があるため，熱を仕事に変換するには，熱源より温度の低い熱源を用意して，熱の流れをつくり出さなければならないことになる。これは，海水のように温度の比較的低い物体は，熱の総量は多くても，熱源としてはあまり高級ではないという日常の経験と一致する。また，熱源から得た熱のすべてを仕事に変換することは不可能であり，その一部を低温熱源に捨てなければならないことも示している。

4.2 サイクルとその評価法

熱を仕事に変換したり，仕事を外部から加えて熱を移動させるとき，これらは連続的に行われることが多い。そのためには，流体を連続的に状態変化させ，一連の状態変化が終わったあと，最初の状態に戻すことが必要になる。このような連続的な状態変化における1周期，すなわちある状態からはじまってはじめの状態に戻るまでをサイクルとよび，状態変化を受ける流体を作動流体とよぶ。

サイクルは2つ以上の状態変化から構成されることになるが，状態変化のすべてが可逆変化であるものを可逆サイクルといい，状態変化のうちの1つでも不可逆変化であれば不可逆サイクルという。

外部から熱を加えて連続的に仕事を発生する装置を熱機関とよんでいるが，熱機関のサイクルは PV 線図上で時計回りとなる（図4.1）。

このサイクルの量的な関係は，高温熱源から奪った熱量を Q_1，低温熱源に捨てた熱量を Q_2，発生した仕事を W とすれば，熱力学の第一法則より，

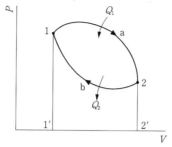

図 4.1 サイクル

$$W = Q_1 - Q_2$$

となる.熱機関では加えた熱量に対して発生する仕事が多いほうがよいため,サイクルを評価するのに熱効率を使用する.熱機関の熱効率は次式で表される.

$$\eta = \frac{W}{Q_1} = \frac{Q_1 - Q_2}{Q_1} = 1 - \frac{Q_2}{Q_1} \tag{4.1}$$

一方,外部から仕事を加えることにより,低温熱源から高温熱源に熱を移動させる装置を作業機とよんでいるが,作業機のサイクルは PV 線図上で反時計回りになる.熱機関の場合と同様に,低温熱源に関する熱量を Q_2,高温熱源に関する熱量を Q_1,仕事を W とすれば,熱量的な関係は次のようになる.

$$Q_1 = Q_2 + W$$

作業機には冷凍機とヒートポンプがあるが,これらは同一の装置であり,使用する目的によりよび方が異なる.すなわち,低温側で熱を奪うことを目的とする装置を冷凍機,高温側に熱を供給する装置をヒートポンプとよんでいる.冷凍機とヒートポンプでは使用目的が異なるため,サイクルの評価方法についても別個に定義しているが,どちらも動作係数(または成績係数 COP)を使用する.冷凍機の動作係数 ε_r は,外部から加えた仕事 W に対する低温側で奪う熱量 Q_2 の比であり,次式で表される.

$$\varepsilon_r = \frac{Q_2}{W} = \frac{Q_2}{Q_1 - Q_2} \tag{4.2}$$

また,ヒートポンプの動作係数 ε_h は,加えた仕事 W に対する高温側での発生熱量 Q_1 の比であり,次のようになる.

$$\varepsilon_h = \frac{Q_1}{W} = \frac{Q_1}{Q_1 - Q_2} \tag{4.3}$$

このことから，ε_r と ε_h には次のような関係がある．

$$\varepsilon_h = \frac{Q_1}{W} = \frac{Q_2 + W}{W} = \frac{Q_2}{W} + 1 = \varepsilon_r + 1 \tag{4.4}$$

[例題 4.1]

> 1日（24時間）で 0 [℃] の水 10 [t] を 0 [℃] の氷にする能力をもつ冷凍機がある．冷凍機の動作係数を 4.0 とするとき，この冷凍機を駆動するのに必要なモータの出力はいくらか．ただし，水の凝固熱を 333.5 [kJ/kg] とする．

【解　答】

氷をつくるのに取り去るべき熱量は，

$$Q = mq_1$$
$$= 10 \times 10^3 \times 333.5 \times 10^3 = 3.335 \times 10^9 \text{ [J]}$$

この熱量を 24 時間で取り去るため，単位時間当たりでは，

$$\dot{Q}_2 = \frac{Q}{\tau}$$
$$= \frac{3.335 \times 10^9}{24 \times 3600} = 3.860 \times 10^4 \text{ [W]} = 38.6 \text{ [kW]}$$

となる．動作係数の定義より $\varepsilon_r = \dot{Q}_2 / \dot{W}$ であるため，駆動するのに必要な動力は次のようになる．

$$\dot{W} = \frac{\dot{Q}_2}{\varepsilon_r}$$
$$= \frac{3.86 \times 10^4}{4.0} = 9.65 \times 10^3 \text{ [W]} = 9.65 \text{ [kW]}$$

なお，1日当たり 1 [t] の製氷能力を 1 冷凍トンとよぶ．上の計算から

$$1 \text{ 冷凍トン} = 3.86 \text{ [kW]}$$

であることがわかる．

4.3 カルノーサイクル

　熱力学の第二法則により，熱源からの熱はそのすべてを仕事に交換することは不可能であり，一部を低温熱源に捨てなければならない。そこで，高温熱源と低温熱源が与えられたとき，熱効率が最大になる条件と，そのときの熱効率の値を知ることが必要になる。この問題について考察し，解答を与えたのはカルノーである。カルノーは熱効率が最大になるサイクルについて考察し，図 4.2 のような 2 つの断熱変化と 2 つの等温変化からなるサイクルにおいて，熱効率が最大になることを示した。また，この熱効率は作動流体の種類によらないことも証明されている。そこで，作動流体として理想気体を使用した場合について計算する。

　外部との熱の出入りは 2 つの等温変化において行われるが，高温熱源および低温熱源の温度を T_1，T_2 とすれば熱量 Q_1，Q_2 は次のようになる。

$$Q_1 = mRT_1 \ln\frac{P_1}{P_2} \tag{4.5}$$

$$Q_2 = mRT_2 \ln\frac{P_4}{P_3} \tag{4.6}$$

一方，2→3，4→1 は断熱変化であるため，温度と圧力の関係より，

$$\frac{T_2}{T_1} = \left(\frac{P_3}{P_2}\right)^{\frac{\kappa-1}{\kappa}}$$

$$\frac{T_2}{T_1} = \left(\frac{P_4}{P_1}\right)^{\frac{\kappa-1}{\kappa}}$$

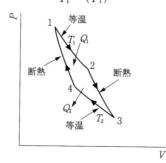

図 4.2　カルノーサイクル

となることから，
$$\frac{P_3}{P_2}=\frac{P_4}{P_1}$$

すなわち，
$$\frac{P_1}{P_2}=\frac{P_4}{P_3} \tag{4.7}$$

となり，式 (4.7) と式 (4.5)，(4.6) より次式が得られる。
$$\frac{Q_1}{Q_2}=\frac{T_1}{T_2} \tag{4.8}$$

このため，カルノーサイクルの熱効率は次のような簡単な形になる。
$$\eta_c=1-\frac{Q_2}{Q_1}=1-\frac{T_2}{T_1} \tag{4.9}$$

すなわち，カルノーサイクルの熱効率は，高温低温両熱源の温度のみによって決まり，同一の熱源状態で得られる最高の熱効率となる。

カルノーサイクルを行う冷凍機とヒートポンプの動作係数は，式 (4.8) を使えば次のようになる。

$$\varepsilon_r=\frac{Q_2}{Q_1-Q_2}=\frac{\frac{Q_2}{Q_1}}{1-\frac{Q_2}{Q_1}}=\frac{\frac{T_2}{T_1}}{1-\frac{T_2}{T_1}}$$
$$=\frac{T_2}{T_1-T_2} \tag{4.10}$$

$$\varepsilon_h=\frac{Q_1}{Q_1-Q_2}=\frac{1}{1-\frac{Q_2}{Q_1}}=\frac{1}{1-\frac{T_2}{T_1}}$$
$$=\frac{T_1}{T_1-T_2} \tag{4.11}$$

[例題 4.2]

　　出力 7.50 [kW] のモータを使って，温度 77 [℃] の高温熱源に 1 時間当たり 100 [MJ] の熱量を供給しているヒートポンプがある。このヒートポンプがカルノーサイクルで運転されているとすれば，ヒートポンプの動作係数および低温熱源の温度はいくらになるか。また，低温

熱源の温度を17〔℃〕にすると，高温熱源に供給する熱量は1時間当たり何〔MJ〕になるか。

【解 答】

ヒートポンプの動作係数を求めると，

$$\varepsilon_h = \frac{\dot{Q}_1}{\dot{W}}$$

$$= \frac{\frac{100 \times 10^6}{3\,600}}{7.50 \times 10^3} = 3.70$$

となる。カルノーサイクルであれば，ヒートポンプの動作係数は，

$$\varepsilon_h = \frac{T_1}{T_1 - T_2}$$

となるため，低温熱源の温度 T_2 は次のように計算できる。

$$T_2 = \frac{(\varepsilon_h - 1)\,T_1}{\varepsilon_h}$$

$$= \frac{(3.70 - 1) \times (77 + 273)}{3.70} = 255\,〔K〕\quad(= -18\,〔℃〕)$$

高温熱源はそのままで低温熱源の温度が17〔℃〕になると，ヒートポンプの動作係数は，

$$\varepsilon_h = \frac{T_1}{T_1 - T_2} = \frac{77 + 273}{77 - 17} = 5.83$$

となるため，供給できる熱量は次のようになる。

$$\dot{Q}_1 = \varepsilon_h \dot{W}$$

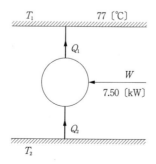

$$= 5.83 \times 7.50 \times 10^3 = 4.373 \times 10^4 \text{ [W]}$$

1時間当たりでは，
$$4.373 \times 10^4 \times 3\,600 = 1.574 \times 10^8 \text{ [J]} = 157.4 \text{ [MJ]}$$

となる。

4.4 エントロピー

4.4.1 エントロピーの定義

温度が T_1, T_2 である2つの熱源の間で作動するカルノーサイクルでは，それぞれの熱源で授受する熱量と温度の関係は次のようになる。

$$\frac{Q_2}{Q_1} = \frac{T_2}{T_1} \tag{4.12}$$

いま，カルノーサイクルを行う系を考え，系に入る熱量は＋，系から出る熱量には－をつけると，式 (4.12) は次のようになる。

$$\frac{Q_1}{T_1} + \frac{Q_2}{T_2} = 0 \tag{4.13}$$

次に，図 4.3 のように熱源が3個の場合を考え，温度 T_1 で Q_1，T_2 で Q_2 の熱量を加えられ，温度 T_3 で Q_3 の熱量を外部に放出するとすれば，次式が得られる。

$$\frac{Q_1}{T_1} + \frac{Q_2}{T_2} + \frac{Q_3}{T_3} = 0 \tag{4.14}$$

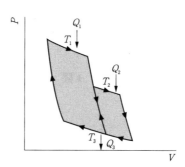

図 4.3　合成カルノーサイクル

すなわち，系に出入りする熱量をその温度で割ったものの和は，ゼロになることを示している。この考え方をさらに拡張すれば，n個の熱源をもつ系に対して次のようになる。

$$\sum_{i=1}^{n} \frac{Q_i}{T_i} = 0 \tag{4.15}$$

任意の可逆サイクルは，近似的にn個のカルノーサイクルの合計と考えられ，分割の数を無限に増やせば完全に一致するため，任意のサイクルに対して次式が成り立つ（図 4.4）。

$$\oint \frac{dQ}{T} = 0 \tag{4.16}$$

この関係をクラジウスの積分という。

図 4.5 に示すように，状態1と状態2を結ぶ任意の2つの可逆変化を考え，この可逆変化からなる可逆サイクルに対して，クラジウスの積分を適用する。

$$\oint \frac{dQ}{T} = \int_{1-3}^{2} \frac{dQ}{T} + \int_{2-4}^{1} \frac{dQ}{T} = \int_{1-3}^{2} \frac{dQ}{T} - \int_{1-4}^{2} \frac{dQ}{T} = 0$$

すなわち

$$\int_{1-3}^{2} \frac{dQ}{T} = \int_{1-4}^{2} \frac{dQ}{T} \tag{4.17}$$

となる。状態1と状態2を結ぶいかなる可逆変化に対してもこの関係は成り立つ。この積分値は経路によらず一定となり，状態1と状態2だけによって決まるため状態量である。状態1，状態2におけるこの状態量をS_1，S_2とおけば，

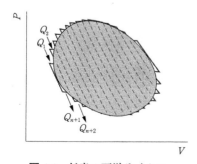

図 4.4　任意の可逆サイクル

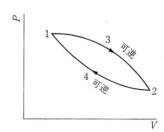

図 4.5　任意の可逆サイクル

$$\left.\begin{array}{c}\int_1^2 \dfrac{dQ}{T} = S_2 - S_1 \\[2mm] \dfrac{dQ}{T} = dS\end{array}\right\} \quad (4.18)$$

となる。このような状態量をエントロピーとよぶ。エントロピーの単位は定義式からわかるようにJ/Kである。また質量1〔kg〕当たりのエントロピーを比エントロピーとよび s で表す。

$$\left.\begin{array}{c}\dfrac{dq}{T} = ds \\[2mm] S = ms\end{array}\right\} \quad (4.19)$$

4.4.2 不可逆変化とエントロピー

カルノーサイクルでは、系に出入りする熱量を温度で割った値の総和はゼロになるが、2つの等温変化と2つの断熱変化からなる不可逆サイクルに対して次の不等式が成り立つ。

$$\frac{Q_1}{T_1} + \frac{Q_2}{T_2} < 0 \quad (4.20)$$

この式をもとに、前と同様の方法で任意の不可逆サイクルに対して積分値を計算すると次式が得られる。

$$\oint \frac{dQ}{T} < 0 \quad (4.21)$$

この関係をクラジウスの不等式と呼ぶ。

状態1と状態2を結ぶ任意の2つの変化を選び、1つは可逆変化、他の1つは不可逆変化とする（図4.6）。

この2つの状態変化からなるサイクルは、不可逆サイクルであるため、式(4.21)を適用すると次のようになる。

$$\oint \frac{dQ}{T} = \int_{1-3}^{2} \frac{dQ}{T} + \int_{2-4}^{1} \frac{dQ}{T} = \int_{1-3}^{2} \frac{dQ}{T} - \int_{1-4}^{2} \frac{dQ}{T} < 0$$

ここで、$2 \to 4 \to 1$ は可逆変化であるため、

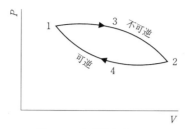

図 4.6 不可逆サイクル

$$\int_{1-4}^{2} \frac{dQ}{T} = S_2 - S_1$$

となることから，次のような関係が得られる。

$$\int_{1-3}^{2} \frac{dQ}{T} < S_2 - S_1 \tag{4.22}$$

すなわち，dQ/T を経路に沿って積分した値は，状態量であるエントロピーの増加分より小さい。微小変化に対しては，次のように表される。

$$\left. \begin{array}{c} dS > \dfrac{dQ}{T} \\[2mm] dQ < TdS \end{array} \right\} \tag{4.23}$$

以上のことから，

$$\text{可逆変化では} \quad dQ = TdS$$
$$\text{不可逆変化では} \quad dQ < TdS$$

となる。

この式は，可逆変化と不可逆変化における仕事の関係に対応している。

$$\text{可逆変化} \quad dW = PdV$$
$$\text{不可逆変化} \quad dW < PdV$$

とくに，断熱変化を考えると，$dQ=0$ であるため $dS \geq 0$ となり，エントロピーはつねに増加することがわかる。すなわち，外部と熱の出入りのない系を考えるとき，系の内部で起こる変化がすべて可逆変化であれば，系のエントロピーは変化しないが，1つでも不可逆変化があれば系のエントロピーは増加することになる。このため，熱力学の第二法則をエントロピーによって表すと次

66　1編　熱力学の基礎

のようになる.

「1つの閉じた系内のエントロピーの総和は，その系内に可逆変化を生じても変わらないが，不可逆変化を生じれば増加する」

「自然界のエントロピーはその極大値に向かって増加する」

4.4.3　エントロピーの計算

(1)　理想気体のエントロピー

エントロピーの定義式

$$ds = \frac{dq}{T} \tag{4.24}$$

に熱力学の第一法則の式,

$$dq = c_v dT + P dv \tag{4.25}$$

$$dq = c_p dT - v dP \tag{4.26}$$

を代入すれば，理想気体のエントロピーが計算できる.

式 (4.24) に式 (4.25) を代入すれば,

$$ds = \frac{c_v dT + P dv}{T} = c_v \frac{dT}{T} + \frac{P}{T} dv$$

となる. 理想気体の状態式 $Pv = RT$ より $P/T = R/v$ となるため,

$$ds = c_v \frac{dT}{T} + R \frac{dv}{v}$$

が得られる. この式を積分すれば比エントロピーは次のようになる.

$$s = c_v \ln T + R \ln v + s_{01} \tag{4.27}$$

同様に，式 (4.26) を式 (4.24) に代入すれば次のようになる.

$$ds = \frac{c_p dT - v dP}{T} = c_p \frac{dT}{T} - \frac{v}{T} dP$$

理想気体の状態式 $Pv = RT$ より $v/T = R/P$ となるため,

$$ds = c_p \frac{dT}{T} - R \frac{dP}{P}$$

となり，積分すれば次式が得られる.

$$s = c_p \ln T - R \ln P + s_{02} \tag{4.28}$$

また，これらの式のどちらかと理想気体の状態式から，v と P を使った式を導くこともできる．例えば，式（4.27）に理想気体の状態式を変形した $T = Pv/R$ を代入すると，

$$s = c_v \ln \frac{Pv}{R} + R \ln v + s_{01}$$

$$= c_v \ln P + (c_v + R) \ln v - c_v \ln R + s_{01}$$

$$= c_v \ln P + c_p \ln v + s_{03} \tag{4.29}$$

が得られる．

これらの式で，s_{01}，s_{02}，s_{03} は積分定数であり，基準状態における比エントロピーの値を示している．熱力学の第三法則により，純粋物質のエントロピーは絶対零度において 0 になることがわかっているため，絶対零度を基準状態とすれば任意の状態におけるエントロピーの値を決定することができる．しかし，実際の計算ではエントロピーの絶対値が必要になることは少なく，ある状態からの変化量を求めることが多い．このような場合には，基準状態が共通であればどこにとっても同じであるため，基準状態を適当に定めて計算している．

代表的な状態変化に対して，比エントロピーの変化量を計算すると次のようになる．

(1) 等容変化

状態 1 と状態 2 に対して式（4.27）を適用すると次のようになる．

$$s_1 = c_v \ln T_1 + R \ln v + s_{01}$$

$$s_2 = c_v \ln T_2 + R \ln v + s_{01}$$

比エントロピーの変化量はこれらの差になるため，

$$s_2 - s_1 = c_v (\ln T_2 - \ln T_1) = c_v \ln \frac{T_2}{T_1} \tag{4.30}$$

となる．また，等容変化では $T_2/T_1 = P_2/P_1$ であることから，

$$s_2 - s_1 = c_v \ln \frac{P_2}{P_1} \tag{4.31}$$

と表すこともできる。

(2) 等圧変化

状態1と状態2に対して式（4.28）を適用し，その差を計算すると次のようになる。

$$s_2 - s_1 = c_p(\ln T_2 - \ln T_1) = c_p \ln \frac{T_2}{T_1} \tag{4.32}$$

等圧変化では $T_2/T_1 = v_2/v_1$ となるため次のようにも表せる。

$$s_2 - s_1 = c_p \ln \frac{v_2}{v_1} \tag{4.33}$$

(3) 等温変化

状態1と状態2に対して式（4.27）を適用し，その差を計算すると次のようになる。

$$s_2 - s_1 = R(\ln v_2 - \ln v_1) = R \ln \frac{v_2}{v_1} \tag{4.34}$$

等温変化では $P_1 v_1 = P_2 v_2$ となることから次のようにも表せる。

$$s_2 - s_1 = R \ln \frac{P_1}{P_2} \tag{4.35}$$

一方，エントロピーの定義式 $ds = dq/T$ において温度 T が一定であるため，変化の間に出入りした熱量 q_{12} を使って，次のように表すこともできる。

$$s_2 - s_1 = \frac{q_{12}}{T} \tag{4.36}$$

(4) 可逆断熱変化

$dq = 0$ であるため $ds = 0$ すなわち，

$$s_2 - s_1 = 0$$

(5) 可逆ポリトロープ変化

状態1と状態2に対して式（4.27）を適用すると次のようになる。

$$s_1 = c_v \ln T_1 + R \ln v_1 + s_{01}$$

$$s_2 = c_v \ln T_2 + R \ln v_2 + s_{01}$$

この2式から比エントロピーの変化量を計算すると，

$$s_2 - s_1 = c_v \ln\frac{T_2}{T_1} + R \ln\frac{v_2}{v_1}$$

となる。ポリトロープ変化であることから，

$$\frac{v_2}{v_1} = \left(\frac{T_1}{T_2}\right)^{\frac{1}{n-1}}$$

となるため，次のように変形できる。

$$s_2 - s_1 = c_v \ln\frac{T_2}{T_1} + \frac{R}{n-1}\ln\frac{T_1}{T_2}$$
$$= \left(c_v - \frac{R}{n-1}\right)\ln\frac{T_2}{T_1}$$

ここで，$c_v = R/(\kappa - 1)$ の関係を使えば $R = (\kappa - 1)c_v$ となるため，

$$s_2 - s_1 = c_v\left(1 - \frac{\kappa - 1}{n - 1}\right)\ln\frac{T_2}{T_1} = c_v\frac{n - \kappa}{n - 1}\ln\frac{T_2}{T_1}$$
$$= c_n \ln\frac{T_2}{T_1} \tag{4.37}$$

ただし，$c_n = c_v(n - \kappa)/(n - 1)$ であり，前に述べたポリトロープ変化における比熱である。

（2） 固体，液体のエントロピー

固体，液体では体積変化が非常に小さいため $dq = du$ と表せる。このため，比エントロピー変化は次のようになる。

$$ds = \frac{dq}{T} = \frac{du}{T} = \frac{c\,dT}{T}$$

この式を積分すれば，任意の状態における比エントロピーの値が計算できる。

$$s = \int_{T_0}^{T} \frac{c\,dT}{T} + s_0 \tag{4.38}$$

ただし，s_0 は基準状態における比エントロピーの値である。実用的には基準温度として水の三重点（0.01〔℃〕，4.579〔mmHg〕）をとり，水の三重点におけるエントロピーを0にすることが多い。平均比熱を使って表すと次のようになる。

$$s = c_m \ln\frac{T}{T_0} + s_0 \tag{4.39}$$

[例題 4.3]

> 温度 30 [°C]，圧力 0.10 [MPa] の窒素 5.0 [kg] が密閉容器に入っている。この窒素を体積一定のまま加熱したところ，エントロピーが 1.50 [kJ/K] だけ増加した。このとき，(1) 加熱後の温度，(2) 加熱に使用した熱量，(3) 加熱後の圧力，を求めよ。ただし，窒素の比熱比を 1.40，分子量を 28.0 とし，一般ガス定数を 8.314 [kJ/(kmol·K)] とする。

【解　答】

(1) 等容変化におけるエントロピー変化は，

$$S_2 - S_1 = mc_v \ln\frac{T_2}{T_1}$$

によって計算できる。ここで定容比熱は，

$$c_v = \frac{1}{\kappa-1}R = \frac{1}{\kappa-1}\frac{R_0}{M}$$
$$= \frac{1}{1.40-1}\frac{8.314\times10^3}{28.0} = 742 \,[\text{J}/(\text{kg·K})]$$

となる。エントロピーの変化量がわかっているから，加熱後の温度は次のように計算できる。

$$\ln\frac{T_2}{T_1} = \frac{S_2-S_1}{mc_v} = \frac{1.50\times10^3}{5.0\times742} = 0.404$$

$$\frac{T_2}{T_1} = e^{0.404} = 1.498$$

$$T_2 = 1.498\,T_1$$

$$= 1.498\times(30+273) = 454\,[\text{K}]\quad(=181\,[°\text{C}])$$

(2) 等容加熱であるため，熱量は次のように計算できる。

$$Q_{12} = mc_v(T_2-T_1)$$
$$= 5.0\times742\times(454-303) = 5.60\times10^5\,[\text{J}] = 560\,[\text{kJ}]$$

(3) 等容変化であるため $P_2/P_1 = T_2/T_1$ となり，

$$P_2 = P_1 \frac{T_2}{T_1}$$
$$= 0.10 \times 10^6 \times \frac{454}{303} = 1.498 \times 10^5 \,[\text{Pa}] = 0.1498\,[\text{MPa}]$$

[例題 4.4]

> 温度が $-10\,[\text{°C}]$ の氷 $1.0\,[\text{kg}]$ を，温度 $50\,[\text{°C}]$ の水が $3.0\,[\text{kg}]$ 入っている中に入れると，平衡後の温度は何 $[\text{°C}]$ になるか。また，このとき，氷および水のエントロピー変化はいくらになるか。
> ただし，容器の熱容量および外部への放熱は無視し，氷の比熱を $2.03\,[\text{kJ/(kg·K)}]$，融解熱を $334\,[\text{kJ/kg}]$ とする。

【解 答】

平衡後の温度を $t_m\,[\text{°C}]$ とすれば，氷が融解して $t_m\,[\text{°C}]$ の水になるまでに奪う熱量は水が失った熱量と等しいため次式が成り立つ。

$$m_i c_i (0 - t_i) + m_i q_i + m_i c_w (t_m - 0) = m_w c_w (t_w - t_m)$$

ただし m は質量，c は比熱，t は温度で，添字 i は氷，w は水を表す。q_i は氷の融解熱である。

この式を t_m について解き，与えられた数値を代入すれば t_m が得られる。

$$t_m = \frac{m_w c_w t_w + m_i c_i t_i - m_i q_i}{(m_w + m_i) c_w}$$

$$= \frac{3.0 \times 4.19 \times 50 + 1.0 \times 2.03 \times (-10) - 1.0 \times 334}{(3.0 + 1.0) \times 4.19}$$

$$= 16.4\,[\text{°C}]$$

氷のエントロピー変化は，氷の加熱，融解，水の加熱の各過程でのエントロピー変化の合計になる。

$$\Delta S_i = m_i \left(c_i \ln \frac{T_0}{T_i} + \frac{q_i}{T_0} + c_w \ln \frac{T_m}{T_0} \right)$$

$$= 1.0 \times \left\{ 2.03 \times \ln \frac{273}{(-10 + 273)} + \frac{334}{273} + 4.19 \times \ln \frac{(16.4 + 273)}{273} \right\}$$

$$= 1.544\,[\text{kJ/K}]$$

水のエントロピー変化は水の冷却過程でのエントロピー変化であり，次のようになる。

$$\Delta S_w = m_w c_w \ln \frac{T_m}{T_w}$$
$$= 3.0 \times 4.19 \times \ln \frac{(16.4+273)}{(50+273)} = -1.381 [\text{kJ/K}]$$

このように，氷は熱を受けるためエントロピーが増加し，水は熱を奪われるためエントロピーが減少する。しかし，増加分と減少分の数値は等しくならず，増加分のほうが必ず大きくなる。すなわち，可逆変化では変化の前後においてエントロピーの増加はないが，不可逆変化であれば，その系全体のエントロピーは必ず増加する。

4.4.4 エントロピー線図

一般に縦軸と横軸に状態量をとり，状態量の間の関係を図で示したものを状態線図とよんでいる。例えば縦軸に圧力，横軸に体積をとった線図は PV 線図あるいは仕事線図とよばれており，状態変化における仕事を計算するのによく用いられる。一方，熱を仕事に変換するときには，温度とエントロピーが重要な状態量になるが，これらの状態量を縦軸と横軸に選んだ状態図は，エントロピー線図あるいは熱線図とよばれ，サイクルを比較するのに使用される（図4.7）。

エントロピー線図では，縦軸に温度，横軸にエントロピーをとるため，TS 線図とよぶこともある。エントロピーの定義から，

$$dQ = TdS$$

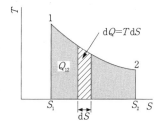

図 4.7 TS 線図と熱量

となるため，TS線図上に示した変化の経路と横軸の囲む面積が，その状態変化において出入りした熱量を示すことになる。すなわち，状態1から状態2までの変化において出入りした熱量 Q_{12} は次のように表される。

$$Q_{12}=\int_1^2 T\mathrm{d}S$$

　この式で，熱の出入りの方向と積分値の正負の符号も一致しており，状態変化が TS 線図上で左から右に起こるときには，外部から熱が加えられることになり積分値も正になる。

　TS 線図上に任意のサイクルを描くと，図 4.8 に示すように1つの閉曲線となり，その囲む面積が，1サイクル当たりに外部から加えられる熱量 Q_1 と，外部に捨てられる熱量 Q_2 の差 Q_1-Q_2 に等しくなる。

　一方，熱力学の第一法則より，この熱量は1サイクル当たりに発生する仕事に等しいため，TS 線図上の閉曲線の囲む面積が，そのサイクルで得られる仕事を示すことになる。

　また，サイクルの熱効率 η は，

$$\eta=\frac{W}{Q_1}$$

で表されるが，これは TS 線図上で閉曲線の位置を示しており，閉曲線の囲む面積が同じであっても，その位置が高いところにあれば熱効率が低くなることを示している。このように，TS 線図を使用すれば各種サイクルの熱効率を容易に比較することができるため，サイクルを検討する場合には広く用いられている。

　例として，カルノーサイクルを TS 線図に示すと図 4.9 のようになり，長方形になることがわかる。

　この図から，熱効率は，

$$\begin{aligned}\eta_\mathrm{c}&=1-\frac{Q_2}{Q_1}=1-\frac{面積（4\ 3\ 6\ 5）}{面積（1\ 2\ 6\ 5）}\\&=1-\frac{T_2(S_2-S_1)}{T_1(S_2-S_1)}\\&=1-\frac{T_2}{T_1}\end{aligned}$$

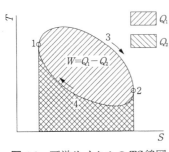
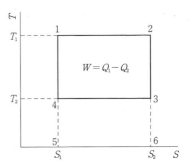

図4.8 可逆サイクルのTS線図   図4.9 カルノーサイクルとTS線図

となり,前に導いた結果が容易に得られる。また,高温熱源と低温熱源の温度が決まった場合,あらゆるサイクルの中でカルノーサイクルの熱効率が最高になることも,この図から確かめられる。

4.5 有効エネルギーと最大仕事

4.5.1 熱の有効エネルギー

高温熱源から熱量 Q が与えられたとき,その熱量のすべてを仕事に変換することは不可能であることが,熱力学の第二法則からわかった。そこで,ある熱量を仕事に変換するとき,最大の仕事はどのようになるかを調べる。各種サイクルのなかでカルノーサイクルの熱効率が最大であるため,最大の仕事はカルノーサイクルによって得られる。高温熱源の温度を T,低温熱源の温度を T_0 とすれば,仕事に変換できる部分は次のようになる(図4.10)。

$$Q_a = \eta_c Q = \left(1 - \frac{T_0}{T}\right) Q = Q - Q_0 \tag{4.40}$$

ただし,

$$Q_0 = \frac{T_0}{T} Q \tag{4.41}$$

ここで,Q_a を有効エネルギー,Q_0 を無効エネルギーとよんでいる。この式からわかるように,熱のうちで仕事に変換できる割合は,その温度と低温熱源

の温度によって決まる。低温熱源は，大量の熱量を受け入れても，温度があまり上昇しないようなものであることが必要であるため，一般には大気や川の水が利用される。このように低温熱源の温度はほぼ決まった値になるため，熱の有効エネルギーはその温度によることがわかる。例えば，図 4.10 に示すように，温度が T および T' の高温熱源から同じ量の熱 Q を受けたとき，無効エネルギーは図からわかるように $Q_0 < Q_0'$ となる。

一方，$Q_a = Q - Q_0$，$Q_a' = Q - Q_0'$ であるため $Q_a' < Q_a$ となり，同じ熱量であってもその温度が高いほど有効エネルギーが大きくなる。

すなわち，熱量はその量だけでなく温度が重要であり，温度が高いほどその価値が高いことになる。

4.5.2 閉鎖系の最大仕事

圧力，温度が周囲環境とは異なる系から得られる最大仕事を求める。圧力が P で，温度が T の気体が入ったシリンダ・ピストン系があり，周囲の圧力と温度はそれぞれ P_0，T_0 であるとする（図 4.11）。シリンダ内の気体と周囲とは不平衡の状態にあるため，周囲と熱交換を行いながら仕事を行い，最終的には気体の圧力温度が周囲と等しくなる。このときに得られる仕事量を求める。

変化前における気体の内部エネルギーと体積を U_1，V_1，周囲の内部エネルギーを U_{01} とし，変化後における値をそれぞれ U_2，V_2，U_{02} とする。閉鎖系全体について熱力学の第一法則を適用すると，はじめの内部エネルギーは，

$$U' = U_1 + U_{01}$$

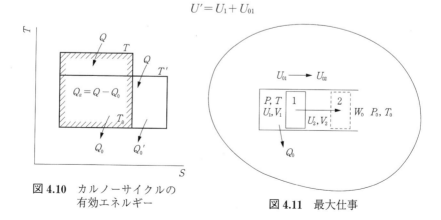

図 4.10　カルノーサイクルの有効エネルギー

図 4.11　最大仕事

最終状態の内部エネルギーも同様に，

$$U'' = U_2 + U_{02}$$

となり，この系は外部と熱の交換を行わないため，得られる仕事 W は次のようになる。

$$W = U' - U'' = (U_1 - U_2) + (U_{01} - U_{02}) \tag{4.42}$$

次に，周囲についてのみ考える。周囲はシリンダ・ピストン系から Q_0 の熱と W_0 の仕事を得るため，熱力学の第一法則は次のようになる。

$$Q_0 = U_{02} - U_{01} - W_0 \tag{4.43}$$

この式において，周囲温度と圧力は一定であるため，熱量 Q_0 の移動は温度 T_0 一定で行われ，仕事 W_0 は圧力 P_0 一定で行われるため次のようになる。

$$Q_0 = T_0(S_{02} - S_{01})$$

$$W_0 = P_0(V_2 - V_1)$$

ただし S_{01}，S_{02} は，はじめと終わりの周囲のエントロピーである。これらの関係を式 (4.43) に代入すると次のようになる。

$$\begin{aligned} U_{01} - U_{02} &= -Q_0 - W_0 \\ &= -T_0(S_{02} - S_{01}) - P_0(V_2 - V_1) \end{aligned} \tag{4.44}$$

この式を式 (4.42) に代入すれば仕事が計算できる。

$$W = (U_1 - U_2) - T_0(S_{02} - S_{01}) - P_0(V_2 - V_1) \tag{4.45}$$

また，この変化の間にシリンダ内の気体のエントロピーが S_1 から S_2 に変化したとすれば，この閉鎖系全体に対するエントロピーは次のように表せる。

$$(S_2 - S_1) + (S_{02} - S_{01}) \geqq 0$$

すなわち，

$$-(S_{02} - S_{01}) \leqq -(S_1 - S_2)$$

この関係を式 (4.45) に代入すれば，この閉鎖系から得られる仕事は，

$$W \leqq (U_1 - U_2) - T_0(S_1 - S_2) - P_0(V_2 - V_1) \tag{4.46}$$

となるため，その最大値は次のようになる。

$$\begin{aligned} W_{\max} &= (U_1 - U_2) - T_0(S_1 - S_2) - P_0(V_2 - V_1) \\ &= (U_1 - U_2) + P_0(V_1 - V_2) - T_0(S_1 - S_2) \end{aligned} \tag{4.47}$$

この値を最大仕事とよんでいる。この式で U_2，S_2，V_2 は，シリンダ内の気体が周囲と平衡状態になったときの値である。

4.5.3 開放系の最大仕事

開放系における最大仕事も，閉鎖系の場合と同じように計算できる．開放系では，式 (2.10) のエネルギー式から，得られる仕事が計算できる．圧力 P，温度 T の流体がシリンダ内に連続的に流れ込み圧力 P_0，温度 T_0 の周囲に熱量 $\dot{Q}_0$ を放出しながら仕事を発生し，周囲と平衡な状態になってシリンダから出ていくとする．このとき，エネルギー式は次のようになる．

$$\dot{m}\left(h_1+\frac{w_1^2}{2}\right)-\dot{Q}_0=\dot{m}\left(h_2+\frac{w_2^2}{2}\right)+\dot{W}$$

シリンダに出入りする速度があまり大きくないときには，速度の項は他の項に比べて非常に小さくなるため，得られる仕事は次のように表される．

$$\dot{W}=\dot{m}(h_1-h_2)-\dot{Q}_0=\dot{H}_1-\dot{H}_2-\dot{Q}_0 \tag{4.48}$$

閉鎖系の場合と同じように，周囲の温度は一定であるため周囲に放出される熱量は次のようになる．

$$\dot{Q}_0=T_0\dot{m}(s_{02}-s_{01})$$

さらに，この系全体のエントロピーが増加することから，

$$\dot{m}(s_2-s_1)+\dot{m}(s_{02}-s_{01})\geqq 0$$

となることを使えば，発生する仕事は次のようになる．

$$\dot{W}\leqq \dot{m}\{(h_1-h_2)-T_0(s_1-s_2)\} \tag{4.49}$$

この最大値が開放系における最大仕事になる．

$$\dot{W}_{\max}=\dot{m}\{(h_1-h_2)-T_0(s_1-s_2)\} \tag{4.50}$$

4.5.4 エクセルギー

最大仕事は閉鎖系開放系とも状態量の差として表され，周囲の条件を与えれば一義的に決まるため状態量と考えることができる．このような状態量は熱量や仕事そのものではなく，あるエネルギーを他の形のエネルギーに変換しうる能力を示しており，熱と仕事のみならずすべてのエネルギーを統一的に取り扱うときに便利である．この状態量をエクセルギーまたは有効エネルギーとよんでいる．また，他のエネルギーに変換できない部分をアネルギーまたは無効エネルギーとよぶ．

78 1編 熱力学の基礎

エクセルギーは，終わりの状態が周囲と同じになったときの最大仕事であるため，$U_2 = U_0$, $V_2 = V_0$, $S_2 = S_0$, $H_2 = H_0$ とおいて次のようになる。

閉鎖系　$E = (U - U_0) + P_0(V - V_0) - T_0(S - S_0)$ 　　　(4.51)

開放系　$E = m\{(h - h_0) - T_0(s - s_0)\} = H - H_0 - T_0(S - S_0)$ 　　　(4.52)

アネルギーは，はじめにもっていたエネルギーから，エクセルギーを引いた残りであるから次のようになる。

閉鎖系　$B = U - E = U_0 - P_0(V - V_0) + T_0(S - S_0)$ 　　　(4.53)

開放系　$B = H - E = H_0 + T_0(S - S_0)$ 　　　(4.54)

このように，内部エネルギーあるいはエンタルピーは同じでも，周囲条件により有効に利用できるエネルギーが変化することがわかる。

[例題　4.5]

> 温度350〔℃〕の排ガスを使って温水を発生する熱交換器がある。排ガスの流量を12〔kg/s〕，水の入口温度20〔℃〕，出口温度80〔℃〕，流量10〔kg/s〕とするとき，次の各問いに答えよ。
> ただし，水の比熱を4.19〔kJ/(kg・K)〕，排ガスの比熱を1.10〔kJ/(kg・K)〕とし，周囲温度は20〔℃〕とする。
> (1) 熱交換器からの放熱量が，水に伝えられた熱量の10〔％〕であるとき，排ガスの出口温度はいくらか。
> (2) 熱交換により排ガスが失った有効エネルギーはいくらか。
> (3) 水が得た有効エネルギーは，排ガスが失った有効エネルギーの何〔％〕か。

【解　答】

(1) 水の加熱に使用された熱量
$$\dot{Q}_w = \dot{m}_w c_w (T_{w2} - T_{w1})$$
$$= 10 \times 4.19 \times 10^3 \times \{(80 + 273) - (20 + 273)\}$$
$$= 2.51 \times 10^6 〔W〕 = 2.51 〔MW〕$$

この熱量に放熱量を加えたものが，排ガスが失った熱量と等しいため，排ガ

ス出口温度は次のようになる。
$$\dot{Q}_g = (1+0.10)\dot{Q}_w = \dot{m}_g c_g (T_{g1} - T_{g2})$$
$$T_{g2} = T_{g1} - \frac{1.10\dot{Q}_w}{\dot{m}_g c_g}$$
$$= (350+273) - \frac{1.10 \times 2.51 \times 10^6}{12 \times 1.10 \times 10^3}$$
$$= 414 [K] \quad (141 [°C])$$

(2) 入口と出口における排ガスの比有効エネルギーを計算する。
$$e_{g1} = (h_{g1} - h_0) - T_0(s_{g1} - s_0)$$
$$= c_g(T_{g1} - T_0) - T_0 c_g \ln \frac{T_{g1}}{T_0}$$
$$= 1.10 \times 10^3 \times (623 - 293) - 293 \times 1.10 \times 10^3 \times \ln \frac{623}{293}$$
$$= 1.199 \times 10^5 [J/kg] = 119.9 [kJ/kg]$$
$$e_{g2} = 1.10 \times 10^3 \times (414 - 293) - 293 \times 1.10 \times 10^3 \times \ln \frac{414}{293}$$
$$= 2.17 \times 10^4 [J/kg] = 21.7 [kJ/kg]$$

これより，排ガスの失った有効エネルギーは次のように計算できる。
$$\dot{E}_{g1} - \dot{E}_{g2} = \dot{m}_g(e_{g1} - e_{g2})$$
$$= 12 \times (119.9 - 21.7) \times 10^3 = 1.178 \times 10^6 [W] = 1178 [kW]$$

(3) 入口と出口における水の比有効エネルギーを求める。
$T_{w1} = T_0$ であるため，
$$e_{w1} = 0$$
$$e_{w2} = c_w(T_{w2} - T_0) - T_0 c_w \ln \frac{T_{w2}}{T_0}$$
$$= 4.19 \times 10^3 \times (353 - 293) - 293 \times 4.19 \times 10^3 \times \ln \frac{353}{293}$$
$$= 2.27 \times 10^4 [J/kg] = 22.7 [kJ/kg]$$
$$\dot{E}_{w2} - \dot{E}_{w1} = \dot{m}_w(e_{w2} - e_{w1}) = 10 \times (22.7 - 0) \times 10^3$$
$$= 2.27 \times 10^5 [W] = 227 [kW]$$

この結果，水の増加分と排ガスの減少分の比は，
$$\frac{\dot{E}_{w2} - \dot{E}_{w1}}{\dot{E}_{g1} - \dot{E}_{g2}} = \frac{227}{1178} = 0.193 \quad (19.3 [\%])$$

となり，残りの 80.7 [%] は伝熱による有効エネルギーの損失分である。

4章の演習問題

*解答は，編の末尾 (p.145) 参照

[演習問題 4.1]

出力 3.0 [kW] のモータにより冷凍機を駆動し，ヒートポンプとして使用している。低温熱源および高温熱源の温度を 5 [℃], 85 [℃] とするとき，動作係数および得られる熱量はいくらになるか。また，高温熱源の温度は同じで，低温熱源温度を −10 [℃] にすると得られる熱量はいくらになるか。ただし，冷凍機はカルノーサイクルで作動していると仮定する。

[演習問題 4.2]

圧力 0.5 [MPa]，温度 300 [K] で体積 50 [L] の空気が，体積一定で 600 [K] まで加熱されたのち，温度一定ではじめの圧力まで膨張し，さらに圧力一定ではじめの状態まで戻った。これらの状態変化を PV 線図および TS 線図で示し，各過程で出入りする熱量およびエントロピー変化を求めよ。ただし，空気のガス定数を 287 [J/(kg·K)]，定圧比熱を 1 020 [J/(kg·K)] とする。

[演習問題 4.3]

容積 10 [L] の容器に温度 200 [℃] の空気が入っており圧力は 0.4 [MPa] である。この容器を温度 20 [℃] の水が大量に入った水槽に投入し，20 [℃] まで冷却した。このとき，(1)冷却後の空気の圧力，(2)冷却の際に空気が失う熱量，(3)空気のエントロピー変化量，(4)水のエントロピー変化量，を求めよ。ただし，空気と容器は同じ温度であるとし，容器の質量を 0.8 [kg]，比熱を 0.50 [kJ/(kg·K)] とする。また，空気のガス定数を 287 [J/(kg·K)]，定容比熱を 720 [J/(kg·K)] とする。

5章
実在気体

5.1 蒸気の一般的性質

　熱力学では，気体の膨張を利用して仕事を発生することが多い。気体の中には，状態量の間の関係が簡単な式で表せる理想気体と，このような簡単な式では表せないような気体があり，これを実在気体とよんでいる。実在気体として一般的なものは蒸気であり，形態としては気体であるが状態量の間の関係は非常に複雑な形になる。この原因は，蒸気は蒸発や凝縮が起こる状態からあまり離れていないため，液体の性質が残っていることによる。蒸気でも蒸発や凝縮が起こる状態から十分に離れたところでは理想気体の性質をもつようになる。このようなことから，蒸気と理想気体の境界は明確ではなく，蒸発や凝縮が起こる状態から離れた気体を扱うときには理想気体とし，変化の途中で蒸発や凝縮が起こるときには蒸気として扱う。蒸気は状態量の間の関係を簡単な式で表すことができないため，一般には状態量の間の関係を図や表の形で示す。

　図 5.1 に示すように，液体を圧力一定のもとで加熱し，蒸気を発生させる場

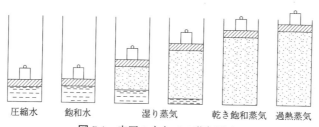

図 5.1　定圧のもとでの蒸気発生

合について考える。

　液体を加熱すると，体積はあまり変化せず温度は上昇する。しかし，ある温度に到達すると，液体の温度はそれ以上上昇せず，加えた熱量は蒸気の発生に使われるようになる。蒸気の体積は液体に比べて非常に大きいため，蒸気が発生しはじめると体積は急激に増加する。このまま加熱を続けると，温度は変化せず蒸気の量が増え続ける。容器中の液体がすべて蒸発し蒸気だけになると，再び温度は上昇をはじめ体積も増加する。この過程は一般の気体を加熱する場合と同じである。

　このように液体を圧力一定で加熱すると，ある温度において蒸気が発生しはじめ温度はこれ以上上昇しない。この温度を飽和温度，飽和温度における液体を飽和液とよぶ。飽和液に対し，飽和温度以下の液体を圧縮液とよぶことがある。飽和温度は圧力によって変化し，圧力が高いほど飽和温度も高くなる。これとは逆に，温度を一定にして圧力を変化させれば，ある圧力において蒸気が発生しはじめるが，この圧力をその温度に対する飽和圧力とよぶ。

　蒸気が発生したあとでは，容器内には飽和液と蒸気の混合物が存在するが，この蒸気のことを飽和蒸気とよぶ。すなわち，飽和温度にある液体を飽和液，飽和温度の蒸気を飽和蒸気とよぶのである。また，容器内に飽和液が存在せず飽和蒸気だけのものを乾き飽和蒸気，飽和蒸気と飽和液が共存するものを湿り蒸気とよんでいる。ただ単に飽和蒸気という場合には，乾き飽和蒸気を指すことが多い。湿り蒸気の状態では，加えた熱量はすべて蒸気の発生に使用され，温度は変化しない。このような熱量を一般に潜熱とよぶが，蒸気の発生に使用される潜熱を蒸発熱または蒸発潜熱とよぶ。蒸発熱は圧力（温度）によって変化し，圧力が高いほど小さくなる。

　乾き飽和蒸気をさらに加熱すると，温度は再び上昇しはじめ飽和温度より高くなる。このように温度が飽和温度より高いような蒸気を過熱蒸気とよび，その蒸気温度と飽和温度との差を過熱度という。

　蒸気の発生過程を Pv 線図で示すと**図 5.2** のようになり，a_1 の液体を加熱すると b_1 において飽和液となり，このあと体積が急激に増加し c_1 で飽和蒸気となる。

　その後は過熱蒸気となり体積が増加する。圧力を変えて同様の加熱を行えば

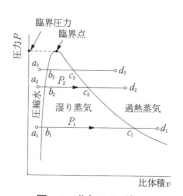
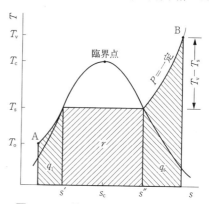

図 5.2　蒸気のPv線図　　　図 5.3　Ts線図上の等圧線と蒸発熱

図中の $a_2 b_2 c_2$, $a_3 b_3 c_3$ が得られるが，$b_1 b_2 b_3$, $c_1 c_2 c_3$ を結べばこれらは蒸発開始点および終了点を示すものであり，それぞれ飽和液線，飽和蒸気線とよばれる。この 2 本の線は圧力が高くなるほど近づき，ある圧力において合体して 1 本の線になってしまう。そこで，これら 2 本の線を合わせて飽和限界線とよぶこともある。また，2 本の線が合体する点を臨界点，その圧力を臨界圧力とよぶが，この圧力を超えると蒸発現象が見られなくなり，液体から蒸気へ直接変化するようになる。このような臨界圧力以上の領域を超臨界圧域，それ以下の圧力の領域を亜臨界圧域とよぶことがある。

蒸発過程を Ts 線図によって示すと図 5.3 のようになり，この図から蒸発過程における熱量の大きさが読みとれる。

Ts 線図では，変化の経路を示す曲線と横軸の囲む面積が，その間に加えられた熱量を示す。図中の q_l は，飽和温度以下の液体をその圧力に相当する飽和温度まで加熱するのに必要な熱量であり液体熱といわれる。また，蒸発過程では温度は飽和温度一定のまま加熱されるため，図のように蒸発熱 r は長方形の面積となる。乾き飽和蒸気を加熱して過熱蒸気にするとき，過熱の熱は図中の q_s で示される。

5.2　飽和蒸気の性質

飽和蒸気の状態量は，飽和液の状態量と乾き飽和蒸気の状態量によって表

す.理想気体では,状態量として圧力と温度を使用することが多かったが,飽和蒸気では圧力と温度は一定の関係にあるため,どちらか一方を与えればよい.しかし,湿り蒸気においては,飽和液と飽和蒸気の混合割合によって性質が著しく変化するため,混合割合を示す量を与える必要がある.湿り蒸気1〔kg〕中に含まれる飽和蒸気が x〔kg〕,飽和液が $(1-x)$〔kg〕であるとき,x を乾き度とよび,乾き度により湿り蒸気の状態を表す.乾き度のかわりに $(1-x)$ である湿り度を使うこともあるが,一般には乾き度 x を使うほうが多い.乾き度は湿り蒸気中の飽和蒸気の質量割合を示すことに注意する必要がある.

乾き度が与えられれば,湿り蒸気の状態量は,飽和液の状態量と飽和蒸気の状態量を使って,次のように計算できる.

$$v=(1-x)v'+xv''=v'+x(v''-v') \tag{5.1}$$

$$u=(1-x)u'+xu''=u'+x(u''-u') \tag{5.2}$$

$$h=(1-x)h'+xh''=h'+x(h''-h')$$

$$=h'+xr \tag{5.3}$$

$$s=(1-x)s'+xs''=s'+x(s''-s') \tag{5.4}$$

なお,飽和液と飽和蒸気の状態量を表すのに,飽和液には「 ′ 」,飽和蒸気には「 ″ 」をつけてあるが,これが一般的な方法である.また,蒸発熱の定義から $h''-h'=r$ となるが,この関係は次のように表すこともできる.

$$r=h''-h'=(u''+Pv'')-(u'+Pv')$$

$$=(u''-u')+P(v''-v') \tag{5.5}$$

この式の右辺第1項は蒸発過程における比内部エネルギーの変化を,第2項は蒸発の際の体積変化により外部にする仕事を示している.すなわち,蒸気が発生するときには,ただ単に内部エネルギーが増加するだけでなく,体積が増加することによる外部仕事も必要なことがわかる.蒸発熱をこのように2つの部分に分けて考えるとき,内部エネルギー増加分を内部蒸発熱,体積仕事の分を外部蒸発熱とよぶ.

また,蒸発過程は飽和温度一定の等温変化であり,この間に蒸発熱 r が加えられて比エントロピーが s' から s'' に変化するため,蒸発熱は次のように表すこともできる.

$$s''-s'=\frac{r}{T_s} \tag{5.6}$$

ただし，T_s は飽和温度を絶対温度で表したものである。

この関係を使えば，式 (5.4) は次のように表すこともできる。

$$s=s'+\frac{xr}{T_s} \tag{5.7}$$

5.3 蒸気表と蒸気線図

　蒸気の状態量を簡単な式で表すことが難しいため，状態量の関係を表や線図によって表している。これらを蒸気表あるいは蒸気線図とよんでおり，目的に応じて使い分けている。蒸気表は数値が詳しく示されているため，計算を正確に行うのに適しているが，状態変化の様子を把握するのが難しい。これに対し，蒸気線図は変化の様子を視覚的に確かめながら計算できるため便利であるが，数値を図から読みとるため正確な値を求めることは困難である。このようにどちらも一長一短があるが，これらを併用すれば効果は大きい。

　蒸気表は，飽和蒸気表と過熱蒸気表に分かれており，飽和蒸気表には飽和液および飽和蒸気の比体積，比エンタルピー，比エントロピー，過熱蒸気表には過熱蒸気の比体積，比エンタルピー，比エントロピーの値が示されている。なお，過熱蒸気表の飽和温度以下の範囲については，圧縮液の比体積，比エンタルピー，比エントロピーが与えられている。また，飽和蒸気表には圧力基準と温度基準の2種類が用意されており，圧力を測定した場合と温度を測定した場合で使い分けるようになっている。これらの蒸気表において，比エンタルピーと比エントロピーの基準として水の三重点 (0.01 〔℃〕, 4.579 〔mmHg〕) が用いられており，水の三重点において $u'=0$, $s'=0$ と定義している。蒸気表には比内部エネルギーの値は示されていないが，必要な場合には比エンタルピーと比内部エネルギーの関係から次式によって計算する。

$$u=h-Pv$$

　冷媒のように 0 〔℃〕以下の温度でも使用するときには，水の三重点を基準にとると比エンタルピーや比エントロピーが負になり，取扱いが不便である。このため，0 〔℃〕における飽和液の比エンタルピーを 200 〔kJ/kg〕，比エン

トロピーを 1.00 [kJ]/(kg・K)] とするのが一般的である。

蒸発線図としては Pv 線図，Ts 線図など考えられるが，実用性から水蒸気には hs 線図，冷媒には Ph 線図が一般に使われる。水蒸気はタービンで膨張させて動力を発生することが多いが，タービンでの膨張は断熱変化であり発生する仕事量はエンタルピー変化に等しいため，比エンタルピーと比エントロピーを軸にとった線図が使いやすい。この線図はその提唱者の名前をとってモリエ線図とよばれることもある。hs 線図は図 5.4 のようになり，左下の部分が飽和液の領域，右上が過熱蒸気となる。蒸気タービンでは過熱蒸気を使用し，膨張後は湿り蒸気になることが多いため，飽和液の部分を省略し，飽和蒸気線の部分を拡大して使用することが多い。

一方，冷媒は冷凍機やヒートポンプに使われるが，ここでは圧力一定での熱の出入りが重要になるため，縦軸に圧力，横軸に比エンタルピーをとった Ph 線図を使うことが多い。

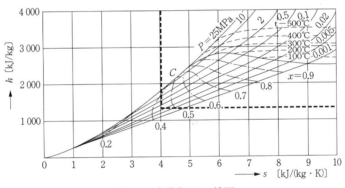

図 5.4 水蒸気の hs 線図

[例題 5.1]

内容積が 600 [L] の容器に，圧力 1.60 [MPa] の湿り蒸気が入っており質量は 7.50 [kg] である。この湿り蒸気の温度，乾き度，エンタルピーおよびエントロピーを求めよ。

ただし，飽和蒸気表で圧力 1.60 [MPa] の諸量は次表のようになっている。

P [MPa]	t_s [℃]	v' [m³/kg]	v'' [m³/kg]	h' [kJ/kg]	h'' [kJ/kg]	s' [kJ/(kg·K)]	s'' [kJ/(kg·K)]
1.60	201.38	0.001 16	0.123 73	858.6	2 792.9	2.343 8	6.420 0

【解　答】

温度は飽和温度であるため 201.37 [℃]。湿り蒸気の体積と質量から比体積が計算できる。

$$v = \frac{V}{m} = \frac{600 \times 10^{-3}}{7.50} = 0.080\ 0\ [\text{m}^3/\text{kg}]$$

湿り蒸気の比体積は，乾き度を x とすれば，

$$v = v' + x(v'' - v')$$

となるが，v がわかっているため乾き度は次のように計算できる。

$$x = \frac{v - v'}{v'' - v'} = \frac{0.080\ 0 - 0.001\ 16}{0.123\ 73 - 0.001\ 16} = 0.643$$

乾き度がわかれば，比エンタルピーと比エントロピーは次のように計算できる。

$$h = h' + x(h'' - h')$$
$$= 858.6 + 0.643 \times (2\ 792.9 - 858.6) = 2\ 102.4\ [\text{kJ/kg}]$$
$$s = s' + x(s'' - s')$$
$$= 2.343\ 8 + 0.643 \times (6.420\ 0 - 2.343\ 8) = 4.964\ 8\ [\text{kJ/(kg·K)}]$$

湿り蒸気全体では，この値に質量をかけたものになる。

$$H = mh = 7.50 \times 2\ 102.4 = 1.576\ 8 \times 10^4\ [\text{kJ}] = 15.768\ [\text{MJ}]$$
$$S = ms = 7.50 \times 4.964\ 8 = 37.236\ [\text{kJ/K}]$$

5.4　蒸気の状態変化

5.4.1　等圧変化

ボイラにおける蒸発，過熱，復水器における凝縮のような圧力一定のもとでの加熱や冷却において，出入りする熱量は次のようになる。

$$Q_{12} = m(h_2 - h_1) \tag{5.8}$$

過熱蒸気であれば，比エンタルピーの値は蒸気の圧力と温度から，過熱蒸気表を使って求める。湿り蒸気のときには，蒸気の圧力または温度から飽和蒸気

表により飽和液と飽和蒸気の比エンタルピーを求め,この値と蒸気の乾き度から次式により比エンタルピーを計算する。

$$h = h' + x(h'' - h') \tag{5.9}$$

なお,飽和蒸気であれば,等圧変化において蒸気の温度は変化しない。

[例題 5.2]

> 温度20〔℃〕の水に,圧力0.50〔MPa〕で乾き度0.95の湿り蒸気を吹き込み,十分に混合して温度85〔℃〕の水を5.0〔kg/s〕の割合で発生する設備がある。この設備に供給すべき湿り蒸気の流量を,(1)設備からの放熱量が無視できるとき,(2)設備からの放熱量が300〔kW〕(〔kJ/s〕)のとき,に対して求めよ。
>
> ただし,温度20〔℃〕,85〔℃〕の水の比エンタルピーをそれぞれ84.0〔kJ/kg〕,356.0〔kJ/kg〕とし,0.50〔MPa〕における飽和水,飽和蒸気の比エンタルピーをそれぞれ640.2〔kJ/kg〕,2748.1〔kJ/kg〕とする。

【解 答】

(1) 放熱量が無視できるとき

湿り蒸気の比エンタルピーを求めると,

$$h = h' + x(h'' - h')$$
$$= 640.2 + 0.95 \times (2\,748.1 - 640.2)$$
$$= 2\,642.7 \,〔kJ/kg〕$$

となる。20〔℃〕の水,湿り蒸気,85〔℃〕の水の流量を $\dot{m}_1$, $\dot{m}_2$, $\dot{m}_3$〔kg/s〕,比エンタルピーを h_1, h_2, h_3〔kJ/kg〕とすれば,混合前後におけるエネルギーバランスより次式が成り立つ。

$$\dot{m}_1 h_1 + \dot{m}_2 h_2 = \dot{m}_3 h_3$$

$\dot{m}_1 + \dot{m}_2 = \dot{m}_3$ を考慮して与えられた数値を代入すると次のようになる。

$$(5.0 - \dot{m}_2) \times 84.0 + \dot{m}_2 \times 2\,642.7 = 5.0 \times 356.0$$

これより,

$$\dot{m}_2 = \frac{5.0 \times (356.0 - 84.0)}{2\,642.7 - 84.0} = 0.532 \,〔kg/s〕$$

が得られる.

(2) 放熱を考慮するとき

エネルギーバランスの式に放熱量の分も入れると,放熱量は系から出る熱であるため負になることから次のようになる.

$$\dot{m}_1 h_1 + \dot{m}_2 h_2 - \dot{Q} = \dot{m}_3 h_3$$

(1)と同様に数値を代入すると,

$$(5.0 - \dot{m}_2) \times 84.0 + \dot{m}_2 \times 2642.7 - 300 = 5.0 \times 356.0$$

これより,$\dot{m}_2$ は次のようになる.

$$\dot{m}_2 = \frac{5.0 \times (356.0 - 84.0) + 300}{2642.7 - 84.0} = 0.649 \text{ [kg/s]}$$

5.4.2 等容変化

密閉容器内で蒸気を加熱したり冷却するときには,出入りする熱量は次のように計算できる.

$$Q_{12} = m(u_2 - u_1) \tag{5.10}$$

比内部エネルギーの値は蒸気表に与えられていないため,次式により計算する.

$$u = h - Pv \tag{5.11}$$

式 (5.11) を式 (5.10) に代入すると次のようになる.

$$Q_{12} = m\{(h_2 - P_2 v) - (h_1 - P_1 v)\}$$
$$= m\{(h_2 - h_1) - v(P_2 - P_1)\} \tag{5.12}$$

なお,等容変化後の状態は,変化前と変化後の比体積を計算し,これらが等しくなるとして決定する.例えば,密閉容器内で湿り蒸気を加熱することを考えると,加熱前と加熱後の比体積は次のようになる.

$$v_1 = v_1' + x_1(v_1'' - v_1')$$
$$v_2 = v_2' + x_2(v_2'' - v_2')$$

ここで,$v_1 = v_2$ であることから,これらを等置して x_2 について解けば次のようになる.

$$x_2 = x_1 \frac{v_1'' - v_1'}{v_2'' - v_2'} + \frac{v_1' - v_2'}{v_2'' - v_2'} \tag{5.13}$$

この乾き度 x_2 から比エンタルピー h_2 を求め,式 (5.12) に代入すれば,こ

の過程において出入りする熱量が計算できる。

[例題 5.3]

内容積10〔m³〕の密閉容器に圧力2.0〔MPa〕の湿り蒸気が入っており,水の体積は0.5〔m³〕であった。この容器を放置したところ圧力は1.0〔MPa〕になった。このとき,(1)容器内の湿り蒸気の質量,(2)放置後の乾き度および水の体積,(3)外部に放出した熱量,を求めよ。

ただし,容器の熱容量は無視できるものとする。蒸気の比体積,比エンタルピーは次表の値を用いる。

圧 力 〔MPa〕	比 体 積 〔m³/kg〕		比エンタルピー 〔kJ/kg〕	
	v'	v''	h'	h''
2.0	0.001 177	0.099 58	908.6	2 798.4
1.0	0.001 127	0.194 35	762.7	2 777.1

【解　答】

(1) 湿り蒸気中の飽和水と飽和蒸気の体積がわかっているため,比体積を使えば質量が計算できる。

飽和水　　$m_{w1} = \dfrac{V_{w1}}{v_1'} = \dfrac{0.5}{0.001\,177} = 424.8$ 〔kg〕

飽和蒸気　$m_{v1} = \dfrac{V_{v1}}{v_1''} = \dfrac{10-0.5}{0.099\,58} = 95.4$ 〔kg〕

湿り蒸気の質量はこれらの合計となる。

$$m = m_{w1} + m_{v1} = 424.8 + 95.4 = 520.2 \text{〔kg〕}$$

(2) 等容変化であるため,はじめの比体積を求めると,

$$v_1 = \dfrac{V}{m}$$

$$= \dfrac{10}{520.2} = 0.019\,22 \text{〔m³/kg〕}$$

となる。これより，放置後の乾き度 x は次のように計算できる。
$$v_2 = v_2' + x_2(v_2'' - v_2') = v_1$$
より，
$$x_2 = \frac{v_1 - v_2'}{v_2'' - v_2'}$$
$$= \frac{0.019\,22 - 0.001\,127}{0.194\,35 - 0.001\,127}$$
$$= 0.093\,6$$

また，このときの水の質量は，湿り蒸気全体の質量が変化しないことから，
$$m_{w2} = m(1 - x_2)$$
$$= 520.2 \times (1 - 0.093\,6) = 471.5 \,[\text{kg}]$$
となるため，この体積は次のようになる。
$$V_{w2} = m_{w2} v_2'$$
$$= 471.5 \times 0.001\,127 = 0.531 \,[\text{m}^3]$$

(3) 等容変化であるため，外部に放出した熱量は次式から計算する。
$$Q = m(u_1 - u_2)$$

蒸気表には比内部エネルギーの値が与えられていないため，$u = h - Pv$ で計算する。

はじめの状態

$$x_1 = \frac{m_{v1}}{m} = \frac{95.4}{520.2} = 0.183$$

$$h_1 = h_1' + x_1(h_1'' - h_1')$$
$$= 908.6 + 0.183 \times (2\,798.4 - 908.6) = 1\,254.4 \,[\text{kJ/kg}]$$
$$u_1 = h_1 - P_1 v_1$$
$$= 1\,254.4 \times 10^3 - 2.0 \times 10^6 \times 0.019\,22$$
$$= 1.216\,0 \times 10^6 \,[\text{J/kg}] = 1\,216.0 \,[\text{kJ/kg}]$$

放置後の状態

$$h_2 = h_2' + x_2(h_2'' - h_2')$$
$$= 762.7 + 0.093\,6 \times (2\,777.1 - 762.7) = 951.25 \,[\text{kJ/kg}]$$
$$u_2 = h_2 - P_2 v_2$$
$$= 951.3 \times 10^3 - 1.0 \times 10^6 \times 0.019\,22$$
$$= 9.321 \times 10^5 \,[\text{J/kg}] = 932.1 \,[\text{kJ/kg}]$$

これらの値を使えば放熱量は次のようになる。

$$Q = m(u_1 - u_2)$$
$$= 520.2 \times (1\,216.0 - 932.1) \times 10^3 = 1.477 \times 10^8 \ [\mathrm{J}] = 147.7 \ [\mathrm{MJ}]$$

なお，比内部エネルギーの計算において，h と Pv の単位が同じになるように注意する必要がある。Pv の単位は P が $\mathrm{Pa} = \mathrm{N/m^2}$ であることから，

$$\frac{\mathrm{N}}{\mathrm{m^2}} \times \frac{\mathrm{m^3}}{\mathrm{kg}} = \frac{\mathrm{N \cdot m}}{\mathrm{kg}} = \frac{\mathrm{J}}{\mathrm{kg}}$$

となる。一方，比エンタルピー h は蒸気表で kJ/kg の単位で与えられているため，比内部エネルギーを計算するときには 10^3 倍して J/kg に直す必要がある。

5.4.3 断熱変化

タービンで発生する仕事は，開放系に対するエネルギー式から計算できる。

$$\dot{W} = \dot{m}(h_1 - h_2) \tag{5.14}$$

ここで，比エンタルピーの差 $(h_1 - h_2)$ を熱落差とよび，$\varDelta h$ と表すことがある。タービンでの膨張は不可逆断熱変化であるため，断熱効率を使って実際の仕事量を計算する。可逆断熱変化における仕事を $\dot{W}_{\mathrm{ad}}$ とすれば，タービンの断熱効率は次のようになる。

$$\eta_{\mathrm{ad}} = \frac{\dot{W}}{\dot{W}_{\mathrm{ad}}} = \frac{h_1 - h_2}{h_1 - h_{2\mathrm{ad}}} \tag{5.15}$$

ここで，可逆断熱変化における熱落差 $(h_1 - h_{2\mathrm{ad}})$ を断熱熱落差とよび，$\varDelta h_{\mathrm{ad}}$ と書くことがある。断熱効率はタービン独自の数値であるため，断熱熱落差が計算できれば，この値と断熱効率から実際の仕事量は計算できる。

可逆断熱変化では，変化の前後においてエントロピーは一定であるため，タービンの入口と出口で比エントロピーが等しくなるようにして，タービン出口の状態を決定する。一般に，蒸気タービンでは過熱蒸気を使用することが多く，タービン出口では湿り蒸気になる。このような場合，タービン出口における湿り蒸気の乾き度 x_{ad} は次のようになる。

$$s_1 = s_2 = s' + x_{\mathrm{ad}}(s'' - s')$$

より，

$$x_{\mathrm{ad}} = \frac{s_1 - s'}{s'' - s'} \tag{5.16}$$

この乾き度 x_{ad} から，可逆断熱変化でのタービン出口の比エンタルピー h_{2ad} が計算できる。

$$h_{2ad} = h' + x_{ad}(h'' - h') \tag{5.17}$$

この結果，タービンで得られる仕事は次のようになる。

$$\dot{W} = \eta_{ad}\dot{W}_{ad} = \eta_{ad}\dot{m}(h_1 - h_{2ad}) \tag{5.18}$$

なお，タービン出口における実際の比エンタルピーは，式 (5.15) を使って次のように計算できる。

$$h_2 = h_1 - \eta_{ad}(h_1 - h_{2ad}) \tag{5.19}$$

また，タービン出口の実際の乾き度は，湿り蒸気の比エンタルピーの式を使えば，次のようになる。

$$h_2 = h' + x_2(h'' - h')$$

より，

$$x_2 = \frac{h_2 - h'}{h'' - h'} \tag{5.20}$$

[例題 5.4]

圧力 5.0 [MPa]，温度 500 [℃] の過熱蒸気を，断熱効率 0.85 の蒸気タービンで圧力 0.050 [MPa] まで膨張させている。蒸気の流量が毎時 10 [t] であるとき，蒸気タービン出口における湿り蒸気の乾き度，比体積およびタービンの出力を求めよ。

ただし，蒸気表から以下の値が求められている。

過熱蒸気表より 5.0 [MPa]，500 [℃] において，

$$v = 0.068\,58\ [\text{m}^3/\text{kg}]$$
$$h = 3\,434.5\ [\text{kJ/kg}]$$
$$s = 6.977\,8\ [\text{kJ}/(\text{kg}\cdot\text{K})]$$

飽和蒸気表より 0.050 [MPa] において，

$v' = 0.001\,03\ [\text{m}^3/\text{kg}]$　　$h' = 340.5\ [\text{kJ/kg}]$　　$s' = 1.091\,0\ [\text{kJ}/(\text{kg}\cdot\text{K})]$
$v'' = 3.240\,15\ [\text{m}^3/\text{kg}]$　　$h'' = 2\,645.2\ [\text{kJ/kg}]$　　$s'' = 7.593\,0\ [\text{kJ}/(\text{kg}\cdot\text{K})]$

【解 答】

可逆断熱変化として計算し，その後タービンの断熱効率から実際の出力および出口状態を求める。

可逆断熱変化では比エントロピーが一定であるため，タービン出口の乾き度は次のようになる。

$$x_{\mathrm{ad}} = \frac{s_1 - s'}{s'' - s'}$$

$$= \frac{6.977\,8 - 1.091\,0}{7.593\,0 - 1.091\,0} = 0.905$$

これより，タービン出口の比エンタルピーは，

$h_{2\mathrm{ad}} = h' + x_{\mathrm{ad}}(h'' - h')$
$= 340.5 + 0.905 \times (2\,645.2 - 340.5) = 2\,426.3 \ [\mathrm{kJ/kg}]$

となり，断熱熱落差が計算できる。

$\Delta h_{\mathrm{ad}} = h_1 - h_{2\mathrm{ad}}$
$= 3\,434.5 - 2\,426.3 = 1\,008.2 \ [\mathrm{kJ/kg}]$

この値にタービンの断熱効率をかければ，実際のタービン出力が求められる。

$\dot{W} = \dot{m}\eta_{\mathrm{ad}}\Delta h_{\mathrm{ad}}$

$$= \frac{10 \times 10^3}{3\,600} \times 0.85 \times 1\,008.2 \times 10^3$$

$= 2.38 \times 10^6 \ [\mathrm{J/s}] = 2.38 \ [\mathrm{MW}]$

一方，タービン出口の比エンタルピーは，

$h_2 = h_1 - \eta_{\mathrm{ad}}(h_1 - h_{2\mathrm{ad}})$
$= 3\,434.5 - 0.85 \times 1\,008.2 = 2\,577.5 \ [\mathrm{kJ/kg}]$

となり，湿り蒸気の乾き度と比エンタルピーの関係から，タービン出口の乾き度が計算できる。

$$x_2 = \frac{h_2 - h'}{h'' - h'}$$

$$= \frac{2\,577.5 - 340.5}{2\,645.2 - 340.5} = 0.971$$

これより，比体積は次のようになる。

$v_2 = v' + x_2(v'' - v')$
$= 0.001\,03 + 0.971 \times (3.240\,15 - 0.001\,03) = 3.146 \ [\mathrm{m^3/kg}]$

なお，出力の計算で断熱熱落差が kJ で与えられているため，10^3 をかけて J に直

して計算している。また，蒸気流量はどのような単位で与えられても kg/s に変換してから計算する必要がある。このようにすれば出力は J/s すなわち W で求められる。

5.4.4 絞り

調節弁により蒸気の流量を調節したり，オリフィスによって流量を測定するとき，蒸気は絞り変化となりエンタルピーは一定となる。湿り蒸気を絞り変化させると乾き度は増加し，圧力降下が大きいときには過熱蒸気になる。この性質を利用すれば湿り蒸気の乾き度が測定される。乾き度の測定に使用される装置を絞り熱量計とよぶが，図 5.5 のような構造になっている。

湿り蒸気を弁によって絞り膨張させたのち測定室に導き，温度と圧力を測定する。蒸気が過熱蒸気であれば，この温度と圧力から，過熱蒸気表を使って比エンタルピー h_2 が求められる。一方，湿り蒸気の比エンタルピーは，乾き度を x とすれば次のようになる。

$$h = h' + x(h'' - h')$$

飽和液，飽和蒸気の比エンタルピー h'，h'' は，湿り蒸気の圧力を測定すれば飽和蒸気表から求められる。絞り変化では，エンタルピーが一定であることを利用すれば，湿り蒸気の乾き度は次のように計算できる。

$$x = \frac{h_2 - h'}{h'' - h'}$$

この方法では，絞り変化後の蒸気が過熱蒸気でないと測定できない。圧力が

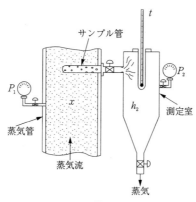

図 5.5 絞り熱量計

1〔MPa〕以下の比較的低圧の蒸気では，乾き度が 0.90 以上でないと，絞り変化によって過熱蒸気にすることは難しい。このような場合には，電気ヒータで加熱して過熱蒸気にし，加えた熱量と測定に使用した蒸気の流量から乾き度を求める加熱法が使用される。

[例題 5.5]

内径 100〔mm〕の管内を，圧力 1.0〔MPa〕の湿り蒸気が，毎時 3.5〔t〕の流量で流れている。湿り蒸気の乾き度を測定するために，蒸気の一部を取り出し，絞り熱量計で膨張後の圧力と温度を測定したところ，0.15〔MPa〕，120〔℃〕になった。このとき，湿り蒸気の乾き度および湿り蒸気の管内平均流速を求めよ。

ただし，飽和蒸気および過熱蒸気の状態量は次表の値を用いる。

圧力〔MPa〕	比体積〔m³/kg〕		比エンタルピー〔kJ/kg〕	
	v'	v''	h'	h''
1.0	0.001 127	0.194 35	762.7	2 777.1

圧力〔MPa〕	温度〔℃〕
	120
0.15	$v = 1.188$〔m³/kg〕 $h = 2 711.3$〔kJ/kg〕 $s = 7.269 8$〔kJ/(kg·K)〕

【解　答】

湿り蒸気の乾き度を x とすれば，絞り膨張の前後における比エンタルピーが変化しないことから次式が成り立つ。

$$h_1 = h' + x(h'' - h') = h_2$$

この式を x について解き，蒸気表の数値を代入すれば乾き度は計算できる。

$$x = \frac{h_2 - h'}{h'' - h'}$$

$$= \frac{2\,711.3 - 762.7}{2\,777.1 - 762.7} = 0.967$$

湿り蒸気の比体積は，乾き度がわかれば次のように計算できる。

$$v = v' + x(v'' - v')$$
$$= 0.001\,127 + 0.967 \times (0.194\,35 - 0.001\,127)$$
$$= 0.188\,0 \ [\mathrm{m^3/kg}]$$

この結果，平均流速は次のようになる。

$$w = \frac{\dot{m}v}{A} = \frac{\dot{m}v}{\frac{\pi}{4}D^2}$$

$$= \frac{\frac{3.5 \times 10^3}{3\,600} \times 0.188\,0}{\frac{\pi}{4} \times 0.10^2} = 23.3 \ [\mathrm{m/s}]$$

5章の演習問題

＊解答は，編の末尾 (p.145) 参照

[演習問題 5.1]

圧力 5.0 [MPa] で乾き度が 0.10 の湿り蒸気を，圧力一定で加熱して温度が 400 [℃] の過熱蒸気にした。このとき，(1)加えた熱量，(2)過熱に使用した熱量，(3)過熱蒸気の平均比熱，(4)エントロピーの変化，(5)内部エネルギーの変化，を蒸気 1 [kg] について求めよ。ただし，蒸気の状態量は次表を用いる。

圧力 [MPa]	飽和温度 [℃]	比体積 [m³/kg]		比エンタルピー [kJ/kg]		比エントロピー [kJ/(kg·K)]	
		v'	v''	h'	h''	s'	s''
5.0	263.9	0.001 286	0.039 45	1 154.5	2 794.2	2.920 8	5.973 7

圧力 [MPa]	温度 [℃]
	400
5.0	$v = 0.057\,84$ [m³/kg] $h = 3\,196.6$ [kJ/kg] $s = 6.648\,1$ [kJ/(kg·K)]

[演習問題 5.2]

圧力 7 [MPa]，温度 450 [℃] の過熱蒸気を蒸気タービンで圧力 0.05 [MPa] まで断熱膨張させており，タービン出口における湿り蒸気の乾き度は 0.95 である。このタービンの断熱効率はいくらか。また，タービン入口における流量が 200 [m³/h] であるとき，タービンで発生する動力 [kW] およびタービン出口における体積流量 [m³/h] はいくらになるか。なお，蒸気の状態量は次表の値を使用する。

圧力 [MPa]	温度 [℃]
	450
7	$v = 0.044\,19$ [m³/kg] $h = 3\,288.2$ [kJ/kg] $s = 6.635\,1$ [kJ/(kg·K)]

P〔MPa〕	v'〔m³/kg〕	v''〔m³/kg〕	h'〔kJ/kg〕	h''〔kJ/kg〕	s'〔kJ/(kg·K)〕	s''〔kJ/(kg·K)〕
0.05	0.001 03	3.240 2	340.5	2 645.2	1.091 0	7.593 0

[演習問題 5.3]

圧力 1.00〔MPa〕で乾き度が 0.30 の湿り蒸気を，減圧弁により絞り膨張させて圧力 0.50〔MPa〕の容器に導き，飽和水と飽和蒸気に分離している。流入する湿り蒸気の流量を，1.0〔t/h〕とするとき，発生する飽和水と飽和蒸気の流量を求めよ。ただし，容器内で飽和水と飽和蒸気は完全に分離できるものとする。また，各圧力における比エンタルピーは次表の値を用いる。

圧　力〔MPa〕	比エンタルピー〔kJ/kg〕	
	h'	h''
0.50	640.2	2 748.1
1.00	762.7	2 777.1

6章
湿り空気

6.1 湿り空気

　空気中には水蒸気が含まれており，その量は条件により大きく変化する。空気を加熱したり冷却するとき，温度範囲が大きいときには水蒸気の存在はあまり関係ないが，温度範囲が小さいときにはその量が加熱量などに大きく影響する。このため，空気調和や乾燥工程では空気中の水蒸気まで含めて考える必要がある。このように空気中の水蒸気まで含めて考えるとき，その空気を湿り空気とよぶ。空気を湿り空気として扱うとき，湿り空気は水蒸気をまったく含まない空気すなわち乾き空気と水蒸気の混合物と考える。

　水蒸気は一般に理想気体として扱うことはできないが，湿り空気の中に含まれる水蒸気は非常に低圧であるため，理想気体として扱うことができる。このため，湿り空気は乾き空気と水蒸気の2つの理想気体の混合物と考える。

　　　湿り空気＝乾き空気＋水蒸気

　理想気体の混合物に対してダルトンの法則が成り立つため，湿り空気の圧力は次のような関係がある。

　　　湿り空気の圧力 (P) ＝乾き空気の分圧 (P_a) ＋水蒸気の分圧 (P_w)

6.2 湿度

　湿り空気の性質は，その中に含まれる水蒸気の量によって大きく変化するため，湿り空気中に含まれる水蒸気量を表す尺度が必要になる。一般にはこの尺

度を湿度とよび，次の3つが使われている。

6.2.1 絶対湿度

乾き空気1〔kg〕中に含まれる水蒸気の質量を絶対湿度とよぶ。すなわち，質量 m_a〔kg〕の乾き空気中に m_w〔kg〕の水蒸気が含まれるとき，絶対湿度 x は次のようになる。

$$x = \frac{m_w}{m_a} \tag{6.1}$$

湿り蒸気の乾き度を定義したときには，全体量として湿り蒸気をとり，湿り蒸気中の飽和蒸気の質量を乾き度とした。これに対し，絶対湿度では湿り空気の全体を基準とするのではなく，乾き空気の質量を基準としている。空気調和や乾燥では加湿や除湿という操作があり，その過程の前後において湿り空気の質量は変化してしまうが，乾き空気の質量はこのような操作を受けても変化しない。このため，湿り空気の計算では基準量として乾き空気をとるほうが便利である。

湿り空気の絶対湿度がわかれば，湿り空気の状態は，1〔kg〕の乾き空気と x〔kg〕の水蒸気の混合物として計算できる。なお，基準量として湿り空気1〔kg〕ではなく，乾き空気1〔kg〕を使っていることを明確にするため〔kg'〕と表すのが一般的である。

6.2.2 相対湿度

絶対湿度が湿り空気中に含まれる水蒸気の量そのものを表すのに対し，空気中に含みうる水蒸気の最大量に対する割合によって湿度を表す方法がある。このような目的で使われる湿度には，相対湿度と飽和度がある。

相対湿度は，ある温度の空気中に含みうる最大の蒸気量を考え，その蒸気量に相当する水蒸気分圧に対して実際の水蒸気分圧を比で表したものである。空気中に最大限の水蒸気を含んだ湿り空気を飽和湿り空気とよぶが，飽和湿り空気の水蒸気分圧は，その温度における水蒸気の飽和圧力 P_s に等しい。湿り空気の水蒸気分圧を P_w とすれば，相対湿度は次のようになる。

$$\varphi = \frac{P_{\mathrm{w}}}{P_{\mathrm{s}}} \tag{6.2}$$

一方,飽和湿り空気の絶対湿度に対する湿り空気の絶対湿度の比を飽和度または比較湿度とよぶ。飽和湿り空気の絶対湿度を x_{s} とすれば,飽和度は次のようになる。

$$\psi = \frac{x}{x_{\mathrm{s}}} \tag{6.3}$$

6.2.3 相対湿度と絶対湿度の関係

湿度の表し方には3つの方法があるが,どのような形で与えられても最終的には絶対湿度が必要になる。飽和度が与えられたときには飽和度の定義から,

$$x = \psi x_{\mathrm{s}} \tag{6.4}$$

によって計算できるから問題はない。そこで,相対湿度が与えられたときに,絶対湿度を計算する方法を考える。

水蒸気の分圧を P_{w},乾き空気の分圧を P_{a} として,水蒸気および乾き空気に対し,理想気体の状態式を適用すると,それぞれの質量は次のようになる。

$$m_{\mathrm{w}} = \frac{P_{\mathrm{w}} V}{R_{\mathrm{w}} T} \tag{6.5}$$

$$m_{\mathrm{a}} = \frac{P_{\mathrm{a}} V}{R_{\mathrm{a}} T} \tag{6.6}$$

これらの式で $R_{\mathrm{w}}, R_{\mathrm{a}}$ は水蒸気と空気のガス定数であり,それぞれ 461.70,287.13〔J/(kg・K)〕である。これらを絶対湿度の定義式 (6.1) に代入すると,

$$x = \frac{m_{\mathrm{w}}}{m_{\mathrm{a}}} = \frac{\frac{P_{\mathrm{w}}}{R_{\mathrm{w}}}}{\frac{P_{\mathrm{a}}}{R_{\mathrm{a}}}} = \frac{R_{\mathrm{a}} P_{\mathrm{w}}}{R_{\mathrm{w}} P_{\mathrm{a}}}$$

$$= 0.622 \frac{P_{\mathrm{w}}}{P_{\mathrm{a}}} \tag{6.7}$$

となる。湿り空気の圧力を P とすれば $P_{\mathrm{a}} = P - P_{\mathrm{w}}$ であり,相対湿度の定義から $P_{\mathrm{w}} = \varphi P_{\mathrm{s}}$ と表せるため,相対湿度と絶対湿度の関係は次のようになる。

$$x = 0.622 \frac{P_{\mathrm{w}}}{P - P_{\mathrm{w}}} = 0.622 \frac{\varphi P_{\mathrm{s}}}{P - \varphi P_{\mathrm{s}}} \tag{6.8}$$

または，

$$\varphi = \frac{P_\mathrm{w}}{P_\mathrm{s}} = \frac{xP}{P_\mathrm{s}(0.622+x)} \tag{6.9}$$

6.3 湿り空気の状態量

　湿り空気の状態量は湿り空気1〔kg〕ではなく，湿り空気中の乾き空気1〔kg〕について計算する。すなわち，湿り空気の状態量は1〔kg〕の乾き空気の状態量とx〔kg〕の水蒸気の状態量の合計であり，湿り空気としては$(1+x)$〔kg〕について計算していることになる。そこで，乾き空気1〔kg〕当たりの状態量であることを明確にするため，単位の記号にkg′を使う。

（1） 比エンタルピー

$$h = h_\mathrm{a} + xh_\mathrm{w} = c_{pa}t + x(r + c_{pw}t) \tag{6.10}$$

　ここで，c_{pa}, c_{pw}は乾き空気と水蒸気の定圧比熱であり，空気調和などでは，それぞれ1.005，1.861〔kJ/(kg・K)〕を使用する。また，rは水蒸気の蒸発潜熱であり，0〔℃〕の値である2 500〔kJ/kg〕を使うと，比エンタルピーは次のようになる。

$$h = 1.005t + x(2\,500 + 1.861t) \quad \text{〔kJ/kg′〕} \tag{6.11}$$

（2） 比体積

　体積V，温度Tの湿り空気を考え，乾き空気と水蒸気に対して理想気体の状態式を適用する。

$$P_\mathrm{a}V = m_\mathrm{a}R_\mathrm{a}T$$

$$P_\mathrm{w}V = m_\mathrm{w}R_\mathrm{w}T$$

この2式を加え合わせ，$P_\mathrm{w} + P_\mathrm{a} = P$ であることから，

$$PV = (m_\mathrm{a}R_\mathrm{a} + m_\mathrm{w}R_\mathrm{w})T = m_\mathrm{a}R_\mathrm{w}\left(\frac{R_\mathrm{a}}{R_\mathrm{w}} + \frac{m_\mathrm{w}}{m_\mathrm{a}}\right)T \tag{6.12}$$

となるため，比体積は次のように計算できる。

$$v = \frac{V}{m_\mathrm{a}} = \frac{TR_\mathrm{w}}{P}\left(\frac{R_\mathrm{a}}{R_\mathrm{w}} + \frac{m_\mathrm{w}}{m_\mathrm{a}}\right) = 461.70\frac{T}{P}(0.622 + x) \tag{6.13}$$

　湿り空気の圧力を101.3〔kPa〕として計算すると次の式が得られる。

$$v = 0.4555(0.622+x)\frac{T}{100} \quad [\text{m}^3/\text{kg}'] \tag{6.14}$$

この式で温度 T は絶対温度であることに注意する必要がある。

[例題 6.1]

> 温度 20 [℃]，相対湿度 65 [%] の湿り空気の露点，絶対湿度，比エンタルピー，比体積，比較湿度を求めよ。
>
> ただし，圧力は 760 [mmHg] とし，温度と飽和圧力の関係は次表の値を用いる。
>
> | 温　度 [℃] | 10 | 12 | 14 | 16 | 18 | 20 |
> |---|---|---|---|---|---|---|
> | 飽和圧力 [mmHg] | 9.212 | 10.52 | 11.99 | 13.64 | 15.49 | 17.55 |

【解　答】

相対湿度の定義から，水蒸気分圧は次のように計算できる。

$$P_w = \varphi P_s = 0.65 \times 17.55 = 11.41 \ [\text{mmHg}]$$

露点は水蒸気分圧が飽和圧力と等しくなる温度であり，表から 12 [℃] と 14 [℃] の間であることがわかるため比例配分して求めると，

$$t' = 12 + 2 \times \frac{11.41 - 10.52}{11.99 - 10.52} = 13.2 \ [\text{℃}]$$

となる。

絶対湿度，比エンタルピー，比体積は式 (6.8) (6.11) (6.14) から計算できる。

$$x = \frac{0.622 \varphi P_s}{P - \varphi P_s}$$
$$= \frac{0.622 \times 0.65 \times 17.55}{760 - 0.65 \times 17.55} = 0.00948 \ [\text{kg/kg}']$$

$$h = 1.005 t + x(2500 + 1.861 t)$$
$$= 1.005 \times 20 + 0.00948 \times (2500 + 1.861 \times 20) = 44.15 \ [\text{kJ/kg}']$$

$$v = 0.4555(0.622 + x)\frac{T}{100}$$
$$= 0.4555 \times (0.622 + 0.00948) \times \frac{20 + 273}{100} = 0.843 \ [\text{m}^3/\text{kg}']$$

また，飽和湿り空気の絶対湿度 x_s は，$\varphi = 1$ であるため，

$$x_s = \frac{0.622 P_s}{P - P_s}$$

$$= \frac{0.622 \times 17.55}{760 - 17.55} = 0.01470 \text{ [kg/kg']}$$

となり，比較湿度は次のようになる．

$$\psi = \frac{x}{x_s} = \frac{0.00948}{0.01470} = 0.645$$

6.4 湿度の測定

6.4.1 露　点

　水蒸気の飽和圧力は，温度の低下とともに減少するため，湿り空気を圧力一定のもとで冷却すると，水蒸気の分圧がその温度の飽和圧力と等しくなる．この温度よりさらに冷却すると，水蒸気の一部が凝縮しはじめ霧や露が発生する．この温度を露点とよんでいる．

　露点において湿り空気は飽和湿り空気になっており，水蒸気の分圧がその温度の飽和圧力と等しいため，露点 t' を測定すれば湿り空気の相対湿度は次のように計算できる．

$$\varphi = \frac{P_w}{P_s(t)} = \frac{P_s(t')}{P_s(t)} \tag{6.15}$$

ただし，$P_s(t')$, $P_s(t)$ は，露点および湿り空気温度における飽和圧力を示している．

6.4.2 断熱飽和温度

　湿り空気を十分な量の水と接触させると，飽和湿り空気になるまで水の蒸発が続き，水の温度も低下する．湿り空気と水が十分長い時間接触すると，水の温度はそれ以上低下しなくなり，飽和湿り空気の温度と等しくなる（図 **6.1**）．このような温度を断熱飽和温度とよんでいる．

　断熱飽和温度は湿り空気の温度および絶対湿度によって決まるため，湿り空

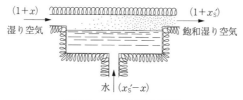

図 6.1 断熱飽和の過程

気の温度と断熱飽和温度を測定すれば，湿り空気の絶対湿度は計算できる．一般には，2本の温度計を用意し，一方はそのまま湿り空気の温度（乾球温度）を測定し，もう一方は感温部にガーゼのような布を巻いて湿らせた状態の温度（湿球温度）を測定する．湿球温度の感温部での空気速度が 5 [m/s] 以上であれば，湿球温度は断熱飽和温度に等しいと考えられるため，乾球温度と湿球温度を測定すれば絶対湿度が計算できる．しかし，この計算は複雑で面倒であるため，実際には，乾球温度と湿球温度のどちらかと両者の差から，相対湿度が求められるような表が用意されている．

6.5 湿り空気線図

空気調和や乾燥の過程で湿り空気の状態変化を計算するとき，湿り空気線図を使用することが多い．湿り空気線図にもいろいろの種類があるが，一般に使用されているのは縦軸に絶対湿度，横軸に乾球温度をとった x-t 線図である（図 6.2）．

この図には相対湿度一定，湿球温度一定，比体積一定の線のほかに，比エンタルピーの値も示されているため，湿り空気に関するあらゆる計算が可能である．湿り空気に関する代表的な状態変化に対して，湿り空気線図を使った計算方法について以下に述べる．

(1) 混 合

湿り空気を混合するとき，混合後の状態は乾き空気と水蒸気の質量バランスおよびエネルギーバランスから計算できる．

乾き空気　　　$m_m = m_1 + m_2$　　　　　　　　　　　　(6.16)

水蒸気　　　　$m_m x_m = m_1 x_1 + m_2 x_2$　　　　　　　　(6.17)

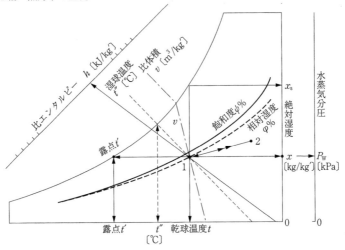

図 6.2　湿り空気の x-t 線図

$$\text{エネルギー} \quad m_m h_m = m_1 h_1 + m_2 h_2 \tag{6.18}$$

式 (6.16) を式 (6.17) に代入すれば，

$$(m_1 + m_2) x_m = m_1 x_1 + m_2 x_2$$

となり，変形すれば次式が得られる．

$$\frac{x_2 - x_m}{x_m - x_1} = \frac{m_1}{m_2} \tag{6.19}$$

同様に，式 (6.16) と式 (6.18) から次式が得られる．

$$\frac{h_2 - h_m}{h_m - h_1} = \frac{m_1}{m_2} \tag{6.20}$$

これらの式から，混合後の状態は $(x_2 - x_1)$，$(h_2 - h_1)$ を流量比 m_1/m_2 で分割した点になることがわかる．湿り空気線図上では，混合前の2つの湿り空気の点①②を結び，この長さを $m_1 : m_2$ に分割した点が混合後の状態となる (図 6.3)．

(2) 冷却と除湿

湿り空気を冷却すると，絶対湿度は一定のまま温度が低下するため，相対湿度は上昇する (図 6.4)．

湿り空気を冷却するとき，取り去るべき熱量は次のように計算できる．

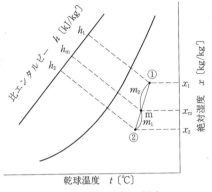

図 6.3　湿り空気の混合

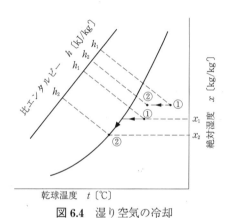

図 6.4　湿り空気の冷却

$$q_{12} = h_1 - h_2 \ [\text{kJ/kg}'] \tag{6.21}$$

　冷却する温度が露点以下であれば，湿り空気中の水蒸気の一部が凝縮し，残りはその温度における飽和湿り空気になる．このとき除湿量 x_w は次のようになる．

$$x_w = x_1 - x_2 \ [\text{kg/kg}'] \tag{6.22}$$

（3）加熱と加湿

　湿り空気を加熱するときには，絶対湿度は一定で温度が上昇するため，相対湿度は低下する（図 6.5）．

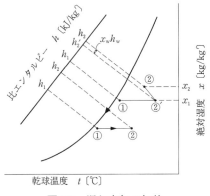

図 6.5　湿り空気の加熱

このとき，加熱に必要な熱量は次のようになる。
$$q_{12} = h_2 - h_1 \ [\mathrm{kJ/kg'}] \tag{6.23}$$

湿り空気を加熱するとき，相対湿度が極端に低下するのを防ぐため，加熱と同時に加湿を行うことが多い。加湿量を x_w [kg/kg′] とすれば，加湿後の絶対湿度 x_2 と比エンタルピー h_2 は次のようになる。
$$x_2 = x_1 + x_w \ [\mathrm{kg/kg'}] \tag{6.24}$$
$$h_2 = h_2' + x_w h_w \ [\mathrm{kJ/kg'}] \tag{6.25}$$

ただし，h_w は加えた水または水蒸気の比エンタルピーである。

[例題　6.2]

> 温度 16 [℃] の飽和湿り空気 100 [m³] を温度 25 [℃] まで加熱するとき，加熱後の相対湿度および加熱に必要な熱量はいくらか。
> ただし，16 [℃] および 25 [℃] における水蒸気の飽和圧力を 1.819 [kPa]，3.170 [kPa] とし，大気圧を 101.3 [kPa] とする。

【解　答】

(1) 16 [℃] の飽和湿り空気
　①絶対湿度

$$x_1 = \frac{0.622\varphi P_s}{P - \varphi P_s}$$

$$= \frac{0.622 \times 1.819 \times 10^3}{101.3 \times 10^3 - 1.819 \times 10^3} = 0.011\,4 \text{ [kg/kg']}$$

② 比エンタルピー

$$h_1 = 1.005 t_1 + x_1(2\,500 + 1.861 t_1)$$

$$= 1.005 \times 16 + 0.011\,4 \times (2\,500 + 1.861 \times 16) = 44.92 \text{ [kJ/kg']}$$

③ 比体積

$$v_1 = 0.455\,5(0.622 + x_1)\frac{T_1}{100}$$

$$= 0.455\,5 \times (0.622 + 0.011\,4) \times \frac{289}{100} = 0.834 \text{ [m}^3\text{/kg']}$$

④ 乾き空気の質量

$$m_a = \frac{V}{v_1} = \frac{100}{0.834} = 119.9 \text{ [kg']}$$

(2) 25 [°C] の湿り空気

① 絶対湿度

変化しないため,

$$x_2 = x_1 = 0.011\,4 \text{ [kg/kg']}$$

② 比エンタルピー

$$h_2 = 1.005 t_2 + x_2(2\,500 + 1.861 t_2)$$

$$= 1.005 \times 25 + 0.011\,4 \times (2\,500 + 1.861 \times 25) = 54.16 \text{ [kJ/kg']}$$

③ 相対湿度

$$\varphi = \frac{xP}{P_s(0.622 + x)}$$

$$= \frac{0.011\,4 \times 101.3 \times 10^3}{3.170 \times 10^3 \times (0.622 + 0.011\,4)} = 0.575$$

(3) 加熱に必要な熱量

$$Q_{12} = m_a(h_2 - h_1)$$

$$= 119.9 \times (54.16 - 44.92) \times 10^3$$

$$= 1.108 \times 10^6 \text{ [J]} = 1.108 \text{ [MJ]}$$

6章の演習問題

＊解答は，編の末尾 (p.145) 参照

[演習問題 6.1]

圧力 102 [kPa]，温度 24 [℃]，相対湿度 80 [％] の湿り空気 100 [m³] を，圧力 500 [kPa] まで圧縮したのち，温度が 24 [℃] になるまで冷却した。この過程での凝縮水量および冷却後の湿り空気の体積を求めよ。

ただし，24 [℃] における水蒸気の飽和圧力を 2.986 [kPa] とし，水蒸気および空気のガス定数を 461.7，287.1 [J/(kg·K)] とする。

[演習問題 6.2]

内容積 100 [m³] の密閉した室内に，圧力 760 [mmHg] で温度 20 [℃]，相対湿度 60 [％] の湿り空気が入っている。この湿り空気中の乾き空気および水蒸気の質量を求めよ。また，この室内に水の入った容器を置き，温度 20 [℃] のもとで蒸発させて飽和湿り空気にすると，水の蒸発量および湿り空気の圧力はいくらになるか。ただし，20 [℃] における水蒸気の飽和圧力を 17.55 [mmHg] とする。

[演習問題 6.3]

温度 30 [℃]，相対湿度 80 [％] の空気 1 000 [m³] を冷却して，15 [℃] の飽和湿り空気にするとき，冷却によって奪うべき熱量および発生する凝縮水の量はいくらか。

ただし，30 [℃] および 15 [℃] における水蒸気の飽和圧力を 4.247 [kPa]，1.706 [kPA] とし，大気圧は 101.3 [kPa] とする。

7章
熱機関

7.1 理論サイクル

　熱と仕事の変換を目的とした装置は数多くあるが，これらを大きく2つに分けると，外部からの熱を仕事に変換する熱機関と，外部から仕事を供給することにより熱の移動を行う作業機になる。これらはいずれも連続的に作動することが必要であるため，流体は連続的に状態変化を行い，元の状態に戻ることを繰り返している。このような状態変化の組合せをサイクルとよび，状態変化を受ける流体を作動流体とよんでいる。熱機関で外部から熱を加えるとき，燃焼ガスのように熱源それ自体が作動流体になるような内燃機関と，外部の熱源からの伝熱により作動流体に熱を加える外燃機関に分けられる。また，作動流体が空気や燃焼ガスのように理想気体と見なせる場合をガスサイクルといい，サイクルの途中で相変化を起こし蒸気としての取扱いが必要になるサイクルを蒸気サイクルという。

　作業機については，冷凍機とヒートポンプが一般的である。これらはいずれも低温熱源から高温熱源に熱を移動させるものであり，使用目的により名称が異なる。温度上昇幅が小さいときにはヒートポンプを利用して，効率よく温度を上げることが可能であるため，比較的低温の排熱を有効に使用するのに注目されている。

　これら熱機関や作業機における作動流体の挙動はかなり複雑であるが，基本となるサイクルはある程度限定される。そこで，状態変化や熱の出入りがすべて可逆変化であるような理想的なサイクルについて，特徴や性能について比較

する。ここで考えるような理想的なサイクルを行う熱機関を完全機関，理想的なサイクルを理論サイクル，理論サイクルの熱効率を理論熱効率とよぶ。

　実際の熱機関の熱効率は，その熱機関から発生する仕事を，加えた熱量で割ったものになるが，実際の熱効率と理論熱効率の比を機関効率とよんでいる。また，熱機関で発生した仕事の一部は，熱機関の可動部において消費されるが，これらを差し引いた実際の仕事と作動流体のした仕事の比を機械効率とよぶ。これらのことから，熱機関で発生する正味の仕事についての正味熱効率を η_e とすれば，理論熱効率 η_{th}，機関効率 η_q，機械効率 η_m の間に次のような関係がある。

$$\eta_e = \eta_{th}\eta_q\eta_m$$

　ここでは，熱機関および作業機の代表的なサイクルをガスサイクルと蒸気サイクルに分け，理論サイクルおよび理論熱効率について考察する。

7.2　ガスサイクル

7.2.1　オットーサイクル

　ガソリン機関やガスエンジンのような火花点火機関の理論サイクルをオットーサイクルまたは定容サイクルとよんでいる。このサイクルは，図 **7.1** に示すように 2 つの断熱変化と 2 つの等容変化によって構成される。

　シリンダーに吸引した燃料と空気の混合物を断熱変化によって 2 まで圧縮し，点火栓で点火して瞬間的に燃焼させる。燃焼は短時間に行われるため，理想的には定容加熱となる。加熱により高温高圧となった燃焼ガスは断熱膨張することによりピストンに仕事を行い，4 において排気弁が開き瞬間的に排気される。

　このサイクルの熱効率を計算するため，作動流体は理想気体とし，m〔kg〕の作動流体について考える。1 サイクル当たりの入熱・出熱ともに容積一定で行われるため次のようになる。

$$Q_1 = mc_v(T_3 - T_2) \tag{7.1}$$

$$Q_2 = mc_v(T_4 - T_1) \tag{7.2}$$

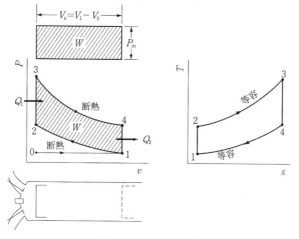

図 7.1　オットーサイクル

熱効率は,

$$\eta = 1 - \frac{Q_2}{Q_1}$$

で表せるため, Q_1, Q_2 を代入すると理論熱効率 η_{th} は次のようになる。

$$\eta_{th} = 1 - \frac{Q_2}{Q_1} = 1 - \frac{T_4 - T_1}{T_3 - T_2} \tag{7.3}$$

この式で, 各点の温度は理想気体の状態変化の計算から求めることができる。1 → 2 は断熱変化であるため, T_2 は次のようになる。

$$T_2 = T_1 \left(\frac{V_1}{V_2}\right)^{\kappa-1} \tag{7.4}$$

ここで, V_1/V_2 は圧縮比と呼ばれ, ε で表す。また $V_s = V_1 - V_2$ を行程体積またはストローク体積, V_2 をすき間体積とよぶ。圧縮比を使うと式 (7.4) は次のようになる。

$$T_2 = T_1 \varepsilon^{\kappa-1} \tag{7.5}$$

2 → 3 は等容変化であるため, T_3 は次のようになる。

$$T_3 = T_2 \frac{P_3}{P_2} = T_1 \varepsilon^{\kappa-1} \xi \tag{7.6}$$

ここで, $\xi = P_3/P_2$ は加熱による圧力の上昇を表し, 圧力上昇比とよばれ

る。3 → 4 は断熱変化であるため，T_4 は次のようになる。

$$T_4 = T_3 \left(\frac{V_3}{V_4}\right)^{\kappa-1} \tag{7.7}$$

この式に，$V_3/V_4 = V_2/V_1 = 1/\varepsilon$ と式 (7.6) を代入すれば次のようになる。

$$T_4 = T_1 \varepsilon^{\kappa-1} \xi \left(\frac{1}{\varepsilon}\right)^{\kappa-1} = T_1 \xi \tag{7.8}$$

これらの値を式 (7.3) に代入すれば，η_{th} は次のようになる。

$$\eta_{\text{th}} = 1 - \frac{T_4 - T_1}{T_3 - T_2} = 1 - \frac{T_1(\xi - 1)}{T_1 \varepsilon^{\kappa-1}(\xi - 1)}$$
$$= 1 - \frac{1}{\varepsilon^{\kappa-1}} \tag{7.9}$$

このように，オットーサイクルの理論熱効率は圧縮比と気体の比熱比のみによって決まり，圧縮比が大きいほど，比熱比が大きいほど理論熱効率が高くなることがわかる。しかし，圧縮比が大きすぎると異常燃焼が発生し出力が低下するため，一般には 5 〜 10 の圧縮比である。

熱機関では熱効率だけでなく，行程体積当たりの仕事も重要であり，平均有効圧力と呼ばれている。平均有効圧力は 1 サイクル当たりの仕事を行程体積で割ったものであり，サイクル中に変動する圧力の平均値である。オットーサイクルに対して平均有効圧力を計算すると次のようになる。

$$P_m = \frac{W}{V_s} = \frac{Q_1 - Q_2}{V_1 - V_2}$$
$$= \frac{mc_v\{(T_3 - T_2) - (T_4 - T_1)\}}{V_1 - V_2}$$
$$= \frac{\frac{mR}{\kappa - 1}\{T_1 \varepsilon^{\kappa-1}(\xi - 1) - T_1(\xi - 1)\}}{V_1\left(1 - \frac{V_2}{V_1}\right)}$$
$$= \frac{\frac{mRT_1}{V_1}(\xi - 1)(\varepsilon^{\kappa-1} - 1)}{(\kappa - 1)\left(1 - \frac{1}{\varepsilon}\right)}$$
$$= P_1 \frac{(\xi - 1)(\varepsilon^{\kappa} - \varepsilon)}{(\kappa - 1)(\varepsilon - 1)} \tag{7.10}$$

オットーサイクルの仕事量を表す平均有効圧力は，吸込み圧力 P_1 に比例し

て大きくなることがわかる。また圧縮比 ε, 比熱比 κ, 圧力上昇比 ξ が大きいほど P_m は大きくなり，1サイクル当たりの仕事量が増加する。

[例題 7.1]

> オットーサイクルで作動する熱機関があり，行程体積は 2.0 [L]，圧縮比は 9.0 である。この熱機関において，圧縮はじめの圧力が 100 [kPa]，温度が 80 [℃] であり，最高温度が $2\,500$ [℃] のとき，得られる仕事および理論熱効率を求めよ。ただし，作動流体は空気とし，ガス定数を 287 [J/(kg·K)]，定圧比熱を 1.170 [kJ/(kg·K)] とする。

【解　答】

(1) シリンダ体積

行程体積と圧縮比からシリンダ体積が計算できる。
$$\varepsilon = V_1/V_2 \text{であるため},$$
$$V_1 - V_2 = \varepsilon V_2 - V_2 = V_2(\varepsilon - 1)$$

となり，
$$V_2 = \frac{V_1 - V_2}{\varepsilon - 1} = \frac{2.0 \times 10^{-3}}{9.0 - 1} = 2.50 \times 10^{-4} \text{ [m}^3\text{]}$$
$$V_1 = \varepsilon V_2 = 9.0 \times 2.50 \times 10^{-4} = 2.25 \times 10^{-3} \text{ [m}^3\text{]}$$

(2) 空気の質量

$P_1 V_1 = mRT_1$ より，
$$m = \frac{P_1 V_1}{RT_1} = \frac{100 \times 10^3 \times 2.25 \times 10^{-3}}{287 \times (80 + 273)} = 2.22 \times 10^{-3} \text{ [kg]}$$

(3) 定容比熱，比熱比

$$c_v = c_p - R = 1.170 \times 10^3 - 287 = 883 \text{ [J/(kg·K)]}$$
$$\kappa = \frac{c_p}{c_v} = \frac{1\,170}{883} = 1.325$$

(4) 各点の温度
$$T_2 = T_1 \varepsilon^{\kappa-1} = 353 \times 9^{0.325} = 721 \text{ [K]}$$

$$T_3 = 2\,500 + 273 = 2\,773 \text{ [K]}$$

$$T_4 = \frac{T_3}{\varepsilon^{\kappa-1}} = \frac{2\,773}{9^{0.325}} = 1\,358 \text{ [K]}$$

(5) 仕 事

$$W = Q_1 - Q_2$$
$$= mc_v\{(T_3 - T_2) - (T_4 - T_1)\}$$
$$= 2.22 \times 10^{-3} \times 883 \times \{(2\,773 - 721) - (1\,358 - 353)\}$$
$$= 2.052 \times 10^3 \text{ [J]} = 2.052 \text{ [kJ]}$$

(6) 理論熱効率

$$\eta_{th} = 1 - \left(\frac{1}{\varepsilon}\right)^{\kappa-1} = 1 - \left(\frac{1}{9}\right)^{0.325} = 0.510$$

7.2.2 ディーゼルサイクル

オットーサイクルの定容加熱過程を定圧加熱に変えたサイクルであり,低速ディーゼル機関の理論サイクルである (**図 7.2**)。

すなわち,シリンダに空気のみを吸引し,断熱圧縮により 600 [℃] 程度の高温になったところに燃料を吹き込んで燃焼させるものである。圧縮が終了したあとで燃料を徐々に吹き込みゆっくり燃焼させるため,加熱過程は定圧と考えることができる。3 で燃料の吹き込みを停止し,燃焼ガスが断熱膨張をはじめる。このサイクルでは圧縮比と膨張比が等しくない。

オットーサイクルの場合と同様の方法で理論熱効率を計算すると,次のよう

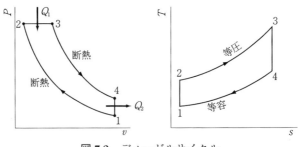

図 7.2 ディーゼルサイクル

な式が得られる。

$$\eta_{\text{th}} = 1 - \frac{T_4 - T_1}{\kappa(T_3 - T_2)} = 1 - \frac{T_1\rho^\kappa - T_1}{\kappa(T_1\varepsilon^{\kappa-1}\rho - T_1\varepsilon^{\kappa-1})}$$

$$= 1 - \frac{1}{\varepsilon^{\kappa-1}} \frac{\rho^\kappa - 1}{\kappa(\rho - 1)} \tag{7.11}$$

ここで，$\rho = V_3/V_2$ は締切比とよばれており，加熱過程における体積変化を示している。ディーゼルサイクルの理論熱効率は，圧縮比 ε，比熱比 κ，締切比 ρ の関数となり，ε と κ は大きいほど熱効率は高くなるが，ρ は小さいほうがよいことがわかる。すなわち，圧縮比が大きく締切比が 1 に近いほうが熱効率が高くなる。締切比が 1 のときにはオットーサイクルと一致するため，ディーゼルサイクルは同じ圧縮比のオットーサイクルに比べると熱効率は低い。しかし，ディーゼルサイクルでは，圧縮比をオットーサイクルの 3 倍程度にすることができるため，実際のディーゼル機関の熱効率はガソリン機関の熱効率よりも高い。

また，ディーゼルサイクルにおける平均有効圧力は次のようになる。

$$P_m = \frac{m\{c_p(T_3 - T_2) - c_v(T_4 - T_1)\}}{V_1(1 - V_2/V_1)}$$

$$= \frac{mc_v\{\kappa(T_1\varepsilon^{\kappa-1}\rho - T_1\varepsilon^{\kappa-1}) - (T_1\rho^\kappa - T_1)\}}{V_1(1 - 1/\varepsilon)}$$

$$= \frac{mRT_1}{V_1} \frac{\kappa\varepsilon^{\kappa-1}(\rho - 1) - (\rho^\kappa - 1)}{(\kappa - 1)\left(1 - \dfrac{1}{\varepsilon}\right)}$$

$$= P_1 \frac{\varepsilon^\kappa \kappa(\rho - 1) - \varepsilon(\rho^\kappa - 1)}{(\kappa - 1)(\varepsilon - 1)} \tag{7.12}$$

7.2.3 サバテサイクル

オットーサイクルとディーゼルサイクルを組み合わせたもので複合サイクルともいわれ，加熱は等容過程と等圧過程の両方で行われる（**図 7.3**）。

高速のディーゼルサイクル機関では，圧縮後に燃料を吹き込むと急激に燃焼するため，はじめは等容変化となり，その後圧力一定で燃焼が進む。このた

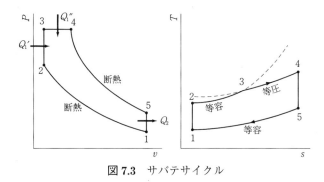

図 7.3 サバテサイクル

め,サバテサイクルは高速ディーゼル機関の理論サイクルである。入熱を等容過程で Q_1', 等圧過程で Q_1'' とすれば,

$$Q_1' = mc_v (T_3 - T_2)$$

$$Q_1'' = mc_p (T_4 - T_3)$$

となるため,理論熱効率は次のようになる。

$$\eta_{th} = 1 - \frac{Q_2}{Q_1} = 1 - \frac{c_v(T_5 - T_1)}{c_v(T_3 - T_2) + c_p(T_4 - T_3)}$$

$$= 1 - \frac{T_5 - T_1}{(T_3 - T_2) + \kappa(T_4 - T_3)}$$

$$= 1 - \frac{T_1 \xi \rho^\kappa - T_1}{(T_1 \varepsilon^{\kappa-1} \xi - T_1 \varepsilon^{\kappa-1}) + \kappa(T_1 \varepsilon^{\kappa-1} \xi \rho - T_1 \varepsilon^{\kappa-1} \xi)}$$

$$= 1 - \frac{1}{\varepsilon^{\kappa-1}} \frac{\xi \rho^\kappa - 1}{(\xi - 1) + \kappa \xi(\rho - 1)} \tag{7.13}$$

このように,理論熱効率は比熱比 κ, 圧縮比 ε, 圧力上昇比 ξ, 締切比 ρ の関数となり,κ, ε, ξ は大きいほど効率はよくなるが,ρ は小さいほうがよい。また,$\xi = 1$ はディーゼルサイクルに,$\rho = 1$ はオットーサイクルに一致することもわかる。

7.2.4 ブレイトンサイクル

2つの等圧変化と2つの断熱変化からなり,加熱と放熱が定圧のもとで行わ

れるサイクルをブレイトンサイクルまたはジュールサイクルとよんでいる（図 7.4）。

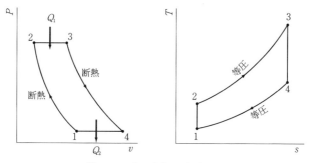

図 7.4 ブレイトンサイクル

このサイクルは本来，往復式機関のサイクルとして考案されたが，現在はガスタービンの基本サイクルとなっている．このサイクルを利用したガスタービンには，単純開放サイクルと密閉サイクルがある（図 7.5, 7.6, 7.7）．

単純開放サイクルでは，燃焼器で燃料を燃焼させて燃焼ガスを作動流体とするのに対し，密閉サイクルでは空気，ヘリウム，二酸化炭素などの気体を密閉しておき，熱交換器を使って加熱や冷却を行う．単純開放サイクルでは，タービンで膨張後の気体の温度が高いため，排気により圧縮後の空気を予熱するの

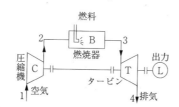

図 7.5 単純開放ガスタービンサイクル

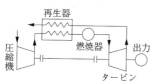

図 7.6 再生開放ガスタービンサイクル

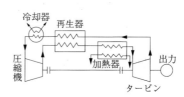

図 7.7 密閉ガスタービンサイクル

が一般的である。このように，排気の熱量を回収して利用するサイクルを再生サイクルとよび，再生に使用する熱交換器を再生器という。

このサイクルでは加熱，放熱ともに等圧で行われるため，
$$Q_1 = mc_p(T_3 - T_2)$$
$$Q_2 = mc_p(T_4 - T_1)$$
となり，理論熱効率は次のようになる。

$$\eta_{th} = 1 - \frac{Q_2}{Q_1} = 1 - \frac{T_4 - T_1}{T_3 - T_2} \tag{7.14}$$

また，$1 \to 2$ が断熱圧縮，$3 \to 4$ が断熱膨張であるため，

$$\frac{T_1}{T_2} = \left(\frac{P_1}{P_2}\right)^{\frac{\kappa-1}{\kappa}}$$

$$\frac{T_4}{T_3} = \left(\frac{P_4}{P_3}\right)^{\frac{\kappa-1}{\kappa}}$$

となるが，$P_2 = P_3$，$P_1 = P_4$ であるため，$\varphi = P_2/P_1 \;(= P_3/P_4)$ とすれば，

$$\frac{T_1}{T_2} = \frac{T_4}{T_3} = \left(\frac{1}{\varphi}\right)^{\frac{\kappa-1}{\kappa}} \tag{7.15}$$

となる。この関係を使って理論熱効率を計算すると次のようになる。

$$\eta_{th} = 1 - \frac{T_1\left(\frac{T_4}{T_1} - 1\right)}{T_2\left(\frac{T_3}{T_2} - 1\right)} = 1 - \frac{T_1}{T_2}$$

$$= 1 - \left(\frac{1}{\varphi}\right)^{\frac{\kappa-1}{\kappa}} \tag{7.16}$$

このことから，ブレイトンサイクルの理論熱効率は圧力比 φ のみによって決まり，圧力比が大きいほど熱効率が高くなることがわかる。

なお，現在のところ航空機に広く用いられているジェットエンジンは，このブレイトンサイクルに基づいているが，出力を軸動力として取り出さず，タービンの排気の推力として取り出しているのが特徴である。

7.2.5 エリクソンサイクル

ブレイトンサイクルの圧縮と膨張の過程を，断熱変化の代わりに等温変化に置き換えたものをエリクソンサイクルという（図 **7.8**）。

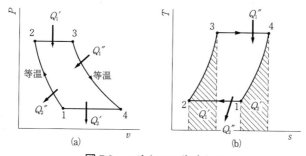

図 7.8 エリクソンサイクル

加熱および放熱とも，等圧過程と等温過程で行われ，

$$Q_1' = mc_p(T_3 - T_2)$$
$$Q_1'' = mRT_3 \ln\frac{P_3}{P_4}$$
$$Q_2' = mc_p(T_4 - T_1)$$
$$Q_2'' = mRT_2 \ln\frac{P_2}{P_1}$$

となる。ブレイトンサイクルと同様に，圧力比 $\varphi = P_2/P_1 = P_3/P_4$ を使うと，理論熱効率は次のようになる。

$$\eta_{th} = 1 - \frac{mc_p(T_4 - T_1) + mRT_2 \ln\frac{P_2}{P_1}}{mc_p(T_3 - T_2) + mRT_3 \ln\frac{P_3}{P_4}}$$

$$= 1 - \frac{\frac{\kappa R}{\kappa - 1}(T_4 - T_1) + RT_2 \ln\varphi}{\frac{\kappa R}{\kappa - 1}(T_3 - T_2) + RT_3 \ln\varphi}$$

ここで $T_1 = T_2$, $T_3 = T_4$ であるため $T_3 - T_2 = T_4 - T_1$ および温度比 $\tau = T_3/T_2 = T_4/T_1$ を使えば，

$$\eta_{th} = \frac{(\kappa - 1)(T_3 \ln\varphi - T_2 \ln\varphi)}{\kappa(T_3 - T_2) + (\kappa - 1)T_3 \ln\varphi}$$

$$= \frac{(\kappa - 1)(\frac{T_3}{T_2} - 1)\ln\varphi}{\kappa(\frac{T_3}{T_2} - 1) + (\kappa - 1)\frac{T_3}{T_2}\ln\varphi}$$

$$= \frac{(\kappa-1)(\tau-1)\ln\varphi}{\kappa(\tau-1)+\tau(\kappa-1)\ln\varphi} \tag{7.17}$$

となり比熱比 κ，圧力比 φ，温度比 τ の関数になることがわかる。

一方，このサイクルでは $T_3-T_2=T_4-T_1$ であるため，$Q_1'=Q_2'$ となる。再生器により等圧過程での放熱を完全に再生できれば，加熱および放熱は等温過程のみであるため，このときの理論熱効率は，

$$\eta_{\text{th}}=1-\frac{T_2}{T_3}$$

となり，カルノーサイクルの熱効率に等しくなる。すなわち，再生器を使用し等圧過程における放熱を完全に再生すると，エリクソンサイクルはカルノーサイクルに等しくなり，その熱効率は高低両熱源間で作動するあらゆるサイクルのなかで最高になる。このことは，図7.8の Ts 線図上で斜線部分の面積 Q_1' と Q_2' が等しいことからも理解できる。

しかし，圧縮機で等温圧縮したり，タービンで等圧膨張させることは不可能であるため，エリクソンサイクルを実現することはできない。

ただし，ブレイトンサイクルにおいて，圧縮および膨張過程で中間冷却や再熱を多数回行えば，断熱過程が多数の断熱変化と等圧変化に分解されることになり，等温圧縮と等温膨張が近似できるようになる（図7.9）。

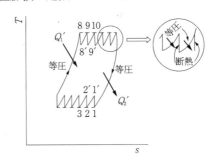

図7.9　中間冷却・再熱ブレイトンサイクルによる
　　　　エリクソンサイクルの実現

7.2.6 スターリングサイクル

エリクソンサイクルの 2 つの等圧過程を等容変化に変え, 2 つの等容変化と 2 つの等温変化からなるサイクルをスターリングサイクルとよぶ (**図 7.10**)。

加熱および放熱は等容過程と等温過程で行われ,

$$Q_1' = mc_v(T_3 - T_2)$$
$$Q_1'' = mRT_3 \ln \frac{V_4}{V_3}$$
$$Q_2' = mc_v(T_4 - T_1)$$
$$Q_2'' = mRT_2 \ln \frac{V_1}{V_2}$$

となる。このため, 理論熱効率は次のようになる。

$$\eta_{th} = 1 - \frac{mc_v(T_4 - T_1) + mRT_2 \ln\left(\frac{V_1}{V_2}\right)}{mc_v(T_3 - T_2) + mRT_3 \ln\left(\frac{V_4}{V_3}\right)}$$

ここで, 圧縮比 $\varepsilon = V_1/V_2 = V_4/V_3$, 温度比 $\tau = T_3/T_2$ および $T_3 - T_2 = T_4 - T_1$ を使って整理すると次のようになる。

$$\eta_{th} = 1 - \frac{\frac{1}{\kappa - 1}(T_4 - T_1) + T_2 \ln \varepsilon}{\frac{1}{\kappa - 1}(T_3 - T_2) + T_3 \ln \varepsilon}$$

$$= \frac{(\kappa - 1)(T_3 \ln \varepsilon - T_2 \ln \varepsilon)}{(T_3 - T_2) + (\kappa - 1) T_3 \ln \varepsilon}$$

$$= \frac{(\kappa - 1) \ln \varepsilon \left(\frac{T_3}{T_2} - 1\right)}{\left(\frac{T_3}{T_2} - 1\right) + (\kappa - 1) \frac{T_3}{T_2} \ln \varepsilon}$$

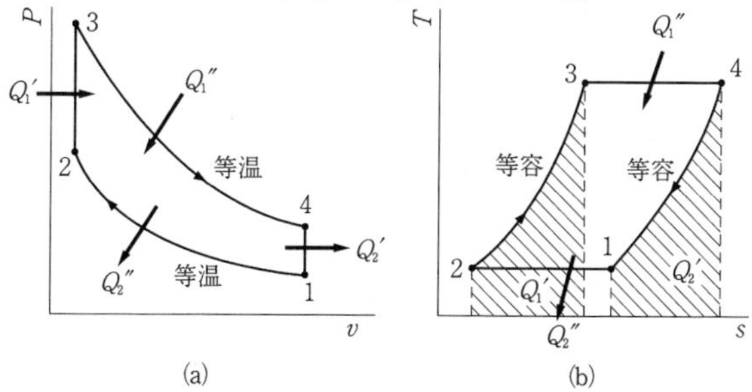

図 7.10 スターリングサイクル

$$= \frac{(\kappa-1)(\tau-1)\ln\varepsilon}{(\tau-1)+\tau(\kappa-1)\ln\varepsilon} \tag{7.18}$$

このように，スターリングサイクルの理論熱効率は比熱比 κ，圧縮比 ε，温度比 τ の関数になることがわかる。エリクソンサイクルの場合と同じように，等容過程における加熱量と放熱量が等しいため，再生器により Q_2' を完全に再生できれば，熱の授受は等温過程のみとなる。このとき，理論熱効率はカルノーサイクルの熱効率と等しくなる。

スターリングサイクルの歴史は古く，空気液化装置などに利用されたが，技術的な問題のため実用化することができなかった。しかし最近では作動流体として空気，ヘリウム，水素などを使用し，太陽エネルギーや排熱を熱源とする外燃機関として実用化が進められている。

7.3 蒸気サイクル

7.3.1 ランキンサイクル

(1) 理論熱効率

蒸気を作動流体として使用して仕事を発生する装置を，蒸気原動所または蒸気プラントというが，蒸気原動所の理論サイクルはランキンサイクルまたはクラウジウスサイクルとよばれている。蒸気原動所の作動流体は一般に水であり，サイクルの中で蒸発や凝縮により相変化を行う。排熱などの比較的低温の熱源を利用する場合には，沸点の低い有機媒体が作動流体として使用される。

蒸気原動所の基本的な構成要素はボイラ，蒸気タービンあるいは蒸気機関などの蒸気原動機，復水器（コンデンサ），給水ポンプである（図 7.11）。各構成要素における作動流体の状態を線図上に表すと図 7.12～図 7.14 のようになる。ボイラで発生した高温高圧の過熱蒸気は，蒸気タービンで可逆断熱膨張することにより仕事を発生する。蒸気タービンを出た蒸気は，復水器において等圧のもとで冷却され飽和水になる。低圧の飽和水は，給水ポンプで可逆断熱圧縮され，高圧の圧縮水となりボイラに入る。ボイラにおいて等圧のもとで加熱されることにより，状態 4′ において飽和液に，状態 4″ において飽和蒸気にな

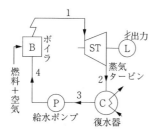
図7.11　ランキンサイクルの構成要素

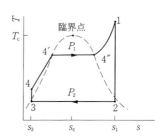
図7.12　ランキンサイクルのTs線図

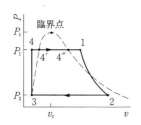
図7.13　ランキンサイクルのPv線図

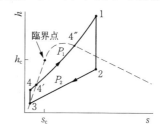
図7.14　ランキンサイクルのhs線図

るが，このあとさらに過熱器に入り過熱蒸気となってボイラを出る。

　ランキンサイクルの理論熱効率を計算するため，蒸気流量を$\dot{m}$〔kg/s〕として各構成要素における熱量および仕事を求める。

　1→2は蒸気タービンでの可逆断熱膨張であるため，発生する仕事は，
$$\dot{W}_t = \dot{m}(h_1 - h_2)$$

　2→3は復水器での等圧冷却であり，冷却水に捨てる熱量は，
$$\dot{Q}_2 = \dot{m}(h_2 - h_3)$$

　3→4は給水ポンプにおける可逆断熱圧縮であり，供給すべき仕事は，
$$\dot{W}_p = \dot{m}(h_4 - h_3)$$

　4→1はボイラでの等圧加熱であり，加える熱量は，
$$\dot{Q}_1 = \dot{m}(h_1 - h_4)$$

となる。タービンで発生する仕事の一部を，給水ポンプで使用すると考えれば，このサイクルから取り出せる仕事は，
$$\dot{W} = \dot{W}_t - \dot{W}_p$$

であり，熱量との関係は熱力学の第一法則より，
$$\dot{W} = \dot{Q}_1 - \dot{Q}_2$$

となる。これより，ランキンサイクルの理論熱効率は次のようになる。

$$\eta_{th} = \frac{\dot{W}}{\dot{Q}_1} = \frac{\dot{W}_t - \dot{W}_p}{\dot{Q}_1} = \frac{\dot{Q}_1 - \dot{Q}_2}{\dot{Q}_1} = 1 - \frac{\dot{Q}_2}{\dot{Q}_1}$$

$$= \frac{(h_1 - h_2) - (h_4 - h_3)}{h_1 - h_4} = 1 - \frac{h_2 - h_3}{h_1 - h_4} \quad (7.19)$$

ランキンサイクルでは，タービンで発生する仕事に比べて，給水ポンプの仕事は無視できるくらい小さいため，給水ポンプの仕事を無視して計算することがある。このとき，$h_4 = h_3$ となることから，理論熱効率は次のようになる。

$$\eta_{th} \fallingdotseq \frac{\dot{W}_t}{\dot{Q}_1} = \frac{h_1 - h_2}{h_1 - h_3} \quad (7.20)$$

このように，ランキンサイクルの理論熱効率は，各構成要素の出口と入口における比エンタルピーの値だけから計算できる。さらに，ボイラ出口すなわち蒸気タービン入口での比エンタルピー h_1 をできるだけ大きくし，タービン出口すなわち復水器入口の比エンタルピー h_2 を小さくすると，熱効率が高くなることがわかる。一般に，蒸気タービン入口の状態を初状態とよび，それに対応する圧力 P_1 を初圧，温度 T_1 を初温というが，ランキンサイクルの理論熱効率を上げるには，初圧と初温をできるだけ高くし，復水器の圧力（排圧）をできるだけ低くすればよいことになる。

（2） 熱効率に影響する因子

（a） 初圧と初温

復水器圧力を一定にした場合の，理論熱効率に対する初圧と初温の影響を**図 7.15** に示す。初温と排圧を一定にし，初圧を上昇させると，ある圧力までは熱効率が急激に増加するが，その後は増加の割合が小さくなる。これは，タービンで発生する仕事の増加に比べ，給水ポンプの仕事の増加が激しくなり，給水ポンプの仕事が無視できなくなるためである。また，**図 7.16** に示すようにタービン出口における蒸気の乾き度も初圧が高くなるほど低くなる。

タービン出口の乾き度が一定の値以下まで下がると，蒸気流中に水滴が発生し，羽根の表面を浸食したり，タービンの内部効率を低下させる原因になる。このようなことから，初圧は一定の値以上には増加させない。

これに対し，初温を高くする場合には，初温の上昇とともに熱効率は一定の

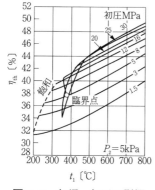
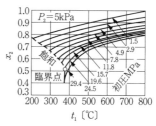

図 7.15 初温・初圧の影響　　図 7.16 排気のもつ乾き度

割合で増加する。また，タービン出口の乾き度も高くなり好都合である。しかし，一般の材料では温度の上昇とともに強度が急激に低下することや，耐熱材料では加工性に問題があるため，これらの問題を考慮して決定する必要がある。現在のところ初温の最高は 540～570 [℃] であるが，材料の進歩とともにさらに高くなる可能性がある。

（b）復水器圧力

初温と初圧を一定にし，復水器圧力を変化させた場合の熱効率を図 7.17 に示す。

この図からわかるように，復水器圧力を下げると理論熱効率は急激に増加する。このため，復水器圧力をできるだけ下げるほうがよいが，実際には冷却水の温度による制約を受ける。復水器では冷却水で熱を奪うことにより蒸気を凝縮しているため，復水器圧力は使用できる冷却水温度により決まってしまう。

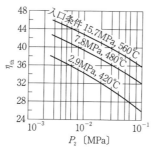

図 7.17 復水器圧力（排圧の影響）

このため，復水器圧力は一定の値以下に下げることはできない。わが国では一般に $P_2=3.5〜5.1$ 〔kPa〕（飽和温度 26〜33 〔℃〕）の圧力が採用されている。

[例題 7.2]

> ボイラに 38 〔℃〕の給水を送り，圧力 2.0 〔MPa〕，温度 300 〔℃〕の過熱蒸気を 10.0 〔kg/s〕の割合で発生している。この蒸気を蒸気タービンに送って膨張させたのち，復水器で液化したところ，38 〔℃〕の飽和水となった。このサイクルについて，(1)タービンの出力，(2)ポンプ仕事を無視した場合の理論熱効率，を求めよ。
> ただし，2.0 〔MPa〕，300 〔℃〕の過熱蒸気は $h=3024.3$ 〔kJ/kg〕，$s=6.7685$ 〔kJ/(kg·K)〕であり，38 〔℃〕の飽和液は $h'=159.18$ 〔kJ/kg〕，$s'=0.5457$ 〔kJ/(kg·K)〕，飽和蒸気は $h''=2570.0$ 〔kJ/kg〕，$s''=8.2937$ 〔kJ/(kg·K)〕である。

【解　答】

(1) タービンの出力

タービン出口の乾き度は，

$$x_{ad}=\frac{s_1-s'}{s''-s'}=\frac{6.7685-0.5457}{8.2937-0.5457}=0.803$$

となるため，比エンタルピーは，

$h_{2ad}=h'+x_{ad}(h''-h')$
　　　$=159.18+0.803(2570.0-159.18)=2095.1$ 〔kJ/kg〕

となり，タービンの出力は次のようになる。

$\dot{W}=\dot{m}\Delta h_{ad}=\dot{m}(h_1-h_{2ad})$
　　　$=10.0\times(3024.3-2095.1)\times10^3=9.292\times10^6$ 〔W〕$=9.292$ 〔MW〕

(2) 理論熱効率

$$\eta_{th}=\frac{h_1-h_2}{h_1-h_3}=\frac{3024.3-2095.1}{3024.3-159.18}=0.324$$

7.3.2 再生サイクル

　ランキンサイクルでは，復水器で蒸気が凝縮するとき，冷却水に捨てる熱量が非常に大きいため，この熱量を軽減すれば熱効率は向上することが予想される。このため，タービンで膨張した蒸気をすべて復水器で凝縮する代わりに，膨張途中で蒸気の一部を取り出し，この熱量によりボイラに入る前の給水を予熱することが考えられる。このように，膨張途中の蒸気を外部に取り出すことを抽気といい，この熱により給水を予熱するサイクルを再生サイクルとよぶ。膨張途中の蒸気を抽気すれば，タービンで得られる仕事は減少するが，仕事の減少分より放熱量の減少分のほうが大きいため，再生サイクルにより熱効率は向上する。再生サイクルの熱効率を計算するため，図7.18に示すような2段抽気の再生サイクルを考える。

　図のa点で抽気された過熱蒸気は高圧給水加熱器に送られ給水を予熱し，蒸気は凝縮して状態bになる。また，状態cで抽気された湿り蒸気は低圧給水加熱器に送られ，凝縮して状態dになる。抽気されなかった残りの蒸気は，タービンで完全に膨張したあと復水器に入り，凝縮して飽和水になる。飽和水は給水ポンプで加圧されて圧縮水になり，低圧給水加熱器，高圧給水加熱器で予熱されたあとボイラに送られる。

　タービンで抽気される蒸気量は，それぞれの給水加熱器における熱量の関係から計算することができる。

　給水加熱器には，抽出した蒸気を給水と直接接触させる混合給水加熱器と，抽出した蒸気と給水の間で間接的に熱交換させる表面給水加熱器がある。

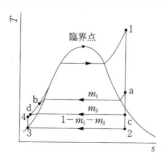

図7.18　2段再生サイクル

混合給水加熱器を使用する場合には，タービンに入る蒸気 1 〔kg〕 当たりの抽気蒸気量 m_1, m_2 〔kg〕は次のようになる。

$$m_1 = \frac{h_b - h_d}{h_a - h_d} \tag{7.21}$$

$$m_2 = \frac{(1-m_1)(h_d - h_4)}{h_c - h_4} \tag{7.22}$$

これにより，復水器を通過する蒸気量は $1-(m_1+m_2)$ となり，この分だけ冷却水に捨てる熱量が減少する。

ポンプ仕事を無視して，この再生サイクルの理論熱効率を計算すると，
ボイラで加える熱量

$$Q_1 = m(h_1 - h_b) \tag{7.23}$$

タービンで発生する仕事

$$W_t = m[(h_1 - h_2) - \{m_1(h_a - h_2) + m_2(h_c - h_2)\}] \tag{7.24}$$

となるため，熱効率は次のようになる。

$$\eta_{th} = \frac{(h_1 - h_2) - \{m_1(h_a - h_2) + m_2(h_c - h_2)\}}{h_1 - h_b} \tag{7.25}$$

一般に，n 段の抽気を行うとすれば，再生サイクルの理論熱効率は次式で与えられる。

$$\eta_{th} = \frac{(h_1 - h_2) - \sum_{i=1}^{n} m_i(h_{ai} - h_2)}{h_1 - h_b} \tag{7.26}$$

この式からみると，抽気段数 n を大きくするほど理論熱効率は高くなるが，抽気段数の増加とともに熱効率の増加割合が小さくなるため，一般には抽気段数を 8 段程度にしている。

7.3.3 再熱サイクル

ランキンサイクルの熱効率は初圧を上げるほど高くなるが，タービン出口における乾き度が低下するという欠点があった。初圧を上げてもタービン出口の乾き度が低下しないようにするには，タービンで膨張途中の蒸気を取り出し，ボイラに送って再加熱したあとタービンで膨張させればよい。このようなサイクルを再熱サイクルとよんでいる。再熱サイクルではボイラにおける加熱量も

増加するが,それ以上にタービンで発生する仕事が増加するため,全体として熱効率は高くなる。また,同一の蒸気量に対して,発生する仕事量が増加するという利点もある。図 7.19 に 1 段再熱の場合の Ts 線図を示す。

タービンで 1 から 1′ まで膨張したところで蒸気を取り出し,ボイラの再熱器で再加熱したあと,再びタービンに送って膨張させる。タービン出口の状態は 2 となり,再熱しない場合の状態 1″ に比べて,蒸気の乾き度が著しく高くなっていることがわかる。

再熱サイクルの理論熱効率を計算すると,
ボイラで加える熱量

$$Q_1 = m\{(h_1 - h_3) + (h_{2'} - h_{1'})\} \tag{7.27}$$

タービンで発生する仕事

$$W_t = m\{(h_1 - h_{1'}) + (h_{2'} - h_2)\} \tag{7.28}$$

となるため,熱効率は次のようになる。

$$\eta_{\text{th}} = \frac{(h_1 - h_{1'}) + (h_{2'} - h_2)}{(h_1 - h_3) + (h_{2'} - h_{1'})} \tag{7.29}$$

この場合も再熱の段数を増加すれば熱効率は高くなるが,段数増加による熱効率向上に比べ,再熱器増設のための設備費用が大きくなるため,一般には 1〜2 段である。また,同じ段数でも再熱圧力によって熱効率が変化するため,できるだけ熱効率が高くなるような再熱圧力を選ぶ必要がある。熱効率が最大になる再熱圧力は,初圧の約 15〜30〔%〕になるため,この値を目安として再熱圧力を決定することが多い。

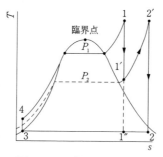

図 7.19　1 段再熱サイクル

7.3.4 実際の蒸気原動所サイクル

　蒸気原動所の基本サイクルはランキンサイクルであるが，熱効率を上げるため数々の工夫が行われている。サイクルの熱効率を上げるためには，熱源からの熱量をできるだけ高温で受け取り，低温熱源に捨てる熱量を小さくする必要がある。熱量をできるだけ高温で受け取るには，初圧と初温を高くすればよいが，初圧を上げた場合，タービン出口での乾き度が低下する問題がある。この問題を解決するため再熱サイクルが採用される。再熱サイクルは，膨張途中の蒸気を再加熱するため，高温での受熱量を増加することにもなり，熱効率の向上にもつながる。

　低温熱源に捨てる熱量を低減する方法として，復水器を通る蒸気量を少なくすることが考えられる。このため，タービンから膨張途中の蒸気を抽気し，給水の加熱に使用する再生サイクルが採用される。圧力が低くなると蒸気の比体積は急激に増加し，タービン出口における蒸気流路は非常に大きくなるが，再生サイクルを採用すればこのようなことも避けられる。動力の発生のみを目的とする蒸気原動所では，熱効率を向上するのにこれ以外の方法は考えられないため，再熱サイクルと再生サイクルの両方を組み合わせた再熱再生サイクルを採用している。

　動力の発生だけでなく，蒸気を加熱用の熱源として使用しているところでは，タービンでの膨張を大気圧以下まで行わず，そのまま加熱用に使用することが多い。大気圧以下のできるだけ低い圧力まで蒸気を膨張させ，復水器で凝縮するようなタービンを復水タービンというのに対し，大気圧以上の圧力で蒸気を取り出し加熱用に使用するようなタービンを背圧タービンとよぶ。背圧タービンはタービン出口での圧力が高いため，復水タービンに比べて発生する仕事は減少するが，加熱用の蒸気をつくるための燃料が不要になるため，全体としての熱効率は高くなる。加熱用の蒸気量と動力必要量とのバランスが，完全に一致することは少ないので，一般には図7.20(a)のように背圧タービンと並列に復水タービンを設置し，両者の蒸気流量を調節することにより，それぞれの需要量に対応している。

　一方，タービンの膨張途中から蒸気の一部を抽気し，残りの蒸気を復水タ

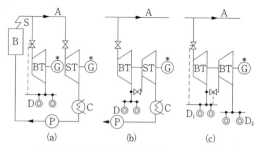

A：蒸気管　B：ボイラ　C：復水器
D：作業用蒸気利用先　G：発電機　P：給水ポンプ
S：過熱器　BT：背圧タービン　ST：復水タービン

図 7.20　工場用蒸気原動所の配置図

ビンに送り込むようなタービンを抽気タービンとよんでいる。加熱用蒸気の使用箇所が少ないときには，図 7.20 (b) のように抽気後の蒸気を復水タービンに送り込む抽気-復水式を利用する。加熱用蒸気の温度範囲が広く使用量も多いときには，図 7.20 (c) のように抽気後の蒸気も背圧タービンに送り，動力発生に利用した蒸気のすべてを加熱に使用する抽気-背圧式とする。全体的な熱効率の点から考えると，抽気-背圧式のほうがすぐれているが，負荷変動に対する順応性では抽気-復水式のほうが有利である。

7.4　冷凍サイクルとヒートポンプサイクル

　蒸気サイクルでは，外部から熱を加えることにより，動力を発生することを目的としている。これとはまったく反対に，外部から仕事を加えることにより熱を移動させるものを，冷凍サイクルまたはヒートポンプサイクルという。冷凍機とヒートポンプは同一の装置であり，仕事を加えることにより低温部から熱を奪い，この熱と加えた仕事に相当する熱を高温部に供給するが，その目的によってよび方が異なる。すなわち，低温部からの熱を奪うことを目的とするものを冷凍機，高温部での熱の供給を目的とするのがヒートポンプである。
　冷凍機とヒートポンプのサイクルはランキンサイクルとまったく同じであり，方向が反対になっているだけである。このため，逆ランキン冷凍サイクルとよばれる。冷凍機とヒートポンプのサイクルでは作動流体の圧縮行程が必要

になるが，圧縮を圧縮機により機械的に行う蒸気圧縮冷凍サイクルと，水溶液の温度と濃度による蒸気圧の変化を利用する吸収冷凍サイクルに分けられる。

7.4.1 蒸気圧縮冷凍サイクル

蒸気圧縮冷凍サイクルの構成要素は図 7.21 のようになり，ランキンサイクルの構成要素と同じである。

蒸発器で発生した冷媒の蒸気は，圧縮機で断熱圧縮され高温高圧の過熱蒸気になる。この蒸気は凝縮器において等圧のもとで熱を奪われて液化し，受液器を経て膨張弁にいたり，膨張弁で絞り膨張して湿り蒸気になる。湿り蒸気は蒸発器で外部から熱を奪い，等圧のもとで加熱され飽和蒸気になる。このサイクルで使用される作動流体は，主としてハロゲン化炭化水素であるフロン系の冷媒であり，R 22（クロロジフルオロメタン），R 12（ジクロロジフルオロメタン）などが一般的であったが，オゾン層破壊を防止するためハイドロフルオロカーボン（HFC）系冷媒が使われるようになった。

蒸気圧縮冷凍サイクルの Ts 線図は図 7.22 のようになり，1 → 2 は圧縮機での等エントロピー変化，2 → 3 は凝縮器での等圧放熱，3 → 4 は絞り弁における等エンタルピー変化，4 → 1 は蒸発器での等圧加熱を示している。

このサイクルにおける熱量の関係を調べるには，hs 線図の代わりに Ph 線図が使用される。蒸気サイクルでは，タービンで発生する仕事が重要であるため，横軸に比エントロピーをとったが，冷凍サイクルでは等圧過程で出入りする熱量が重要であるため，一方の軸として圧力を選ぶ。また，圧力は縦軸にと

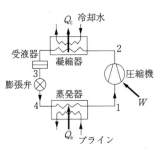

図 7.21　蒸気圧縮冷凍サイクル

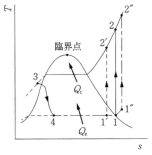

図 7.22　冷凍サイクルの Ts 線図

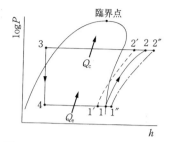

図 7.23 冷凍サイクルの Ph 線図

り，しかも対数値で描くことが多い。Ph 線図は図 7.23 のようになる。

これらの図で圧縮過程が 3 本の線で示されているが，これは圧縮はじめの蒸気の状態の違いを表している。$1' \to 2'$ は圧縮はじめの蒸気の状態が湿り蒸気であるため湿り圧縮とよぶ。湿り圧縮は圧縮効率が高い点では好ましいが，圧縮機の内部に冷媒の液体を吸引するため問題となる。これに対し，$1 \to 2$ は飽和蒸気からの圧縮，$1'' \to 2''$ は過熱蒸気からの圧縮を示しており，これらを乾き圧縮とよんでいる。一般には，過熱度 $\Delta T_s = T_1'' - T_1$ を 5 〔K〕程度にすると効率がよくなることがわかっている。

各構成要素において出入りする熱量を，冷媒循環量 $\dot{m}$〔kg/s〕について計算すると次のようになる。

蒸発器
$$\dot{Q}_e = \dot{m} q_e = \dot{m}(h_1 - h_4) \tag{7.30}$$

凝縮器
$$\dot{Q}_c = \dot{m} q_c = \dot{m}(h_2 - h_3) \tag{7.31}$$

圧縮機
$$\dot{W} = \dot{m}(h_2 - h_1) \tag{7.32}$$

ここで，循環量 1〔kg〕当たりに蒸発器で奪う熱量 q_e を冷凍効果とよんでいる。冷凍機の動作係数（成績係数 COP）ε_r は次のようになる。

$$\varepsilon_r = \frac{\dot{Q}_e}{\dot{W}} = \frac{h_1 - h_4}{h_2 - h_1} \tag{7.33}$$

これに対しヒートポンプとして使用する場合には，凝縮器からの放熱量すなわち加熱能力 Q_c が重要であるためヒートポンプの動作係数 ε_h は次のようになる。

$$\varepsilon_\mathrm{h} = \frac{\dot{Q}_\mathrm{c}}{\dot{W}} = \frac{h_2 - h_3}{h_2 - h_1} = 1 + \varepsilon_\mathrm{r} \tag{7.34}$$

このように,冷凍機およびヒートポンプの動作係数は,各構成要素の出入口における比エンタルピーの値のみによって決まることがわかる。また,Ph 線図を使用すれば比エンタルピーの差が横軸の長さとして求められるため,動作係数は簡単に計算できる。

[例題 7.3]

冷媒としてR 134 a を使用し,-30 〔℃〕の熱源から熱を奪い,20 〔℃〕の熱源に熱を供給する冷凍サイクルの,冷凍機としての動作係数およびヒートポンプとしての動作係数を求めよ。

ただし,蒸発器出口の冷媒は飽和蒸気,凝縮器出口の冷媒は飽和液とする。また,R 134 a の過熱蒸気表および飽和蒸気表の必要部分を以下に示す。

圧力〔MPa〕	項目	温度〔℃〕 20	温度〔℃〕 30
0.572 23	比エンタルピー〔kJ/kg〕	409.92	420.0
	比エントロピー〔kJ/(kg·K)〕	1.718 6	1.754 4

温度〔℃〕	飽和圧力	比エンタルピー〔kJ/kg〕 h'	比エンタルピー〔kJ/kg〕 h''	比エントロピー〔kJ/(kg·K)〕 s'	比エントロピー〔kJ/(kg·K)〕 s''
20	0.572 23	227.50	409.92	1.096 4	1.718 6
-30	0.084 853	161.10	379.87	0.849 9	1.749 7

【解 答】

冷凍サイクルの各点における比エンタルピーを求める(図 7.24)。

1 は -30 〔℃〕の飽和蒸気であるため $h_1 = h'' = 379.87$ 〔kJ/kg〕となる。$1 \to 2$ は可逆断熱圧縮であるため $s_1 = s_2$ となることから,$s_2 = s_1 = s'' = 1.749\,7$ 〔kJ/(kg·

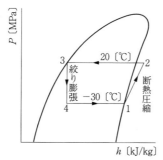

図 7.24 冷凍サイクルのPh線図

K)〕である。過熱蒸気表より$s_2=1.7497$〔kJ/(kg・K)〕となる温度を比例配分によって求める。

$$t_2 = 20 + 10 \times \frac{1.7497 - 1.7186}{1.7544 - 1.7186} = 28.7 \text{〔℃〕}$$

2の比エンタルピーは，過熱蒸気表を使って比例配分によって求めると次のようになる。

$$h_2 = 409.92 + (420.0 - 409.92) \times \frac{8.7}{10} = 418.7 \text{〔kJ/kg〕}$$

3の比エンタルピーは20〔℃〕の飽和液であるため$h_3 = h' = 227.50$〔kJ/kg〕となる。

3→4は絞り膨張であるため$h_4 = h_3$である。これらの値を使うと動作係数は次のように計算できる。

$$\varepsilon_r = \frac{h_1 - h_4}{h_2 - h_1} = \frac{379.87 - 227.50}{418.7 - 379.87} = 3.92$$

$$\varepsilon_h = \frac{h_2 - h_3}{h_2 - h_1} = \frac{418.7 - 227.50}{418.7 - 379.87} = 4.92$$

なお，カルノーサイクルの場合には，動作係数は高低両熱源の温度のみによって計算でき，次のようになる。

$$\varepsilon_{rc} = \frac{T_2}{T_1 - T_2} = \frac{243}{293 - 243} = 4.86$$

$$\varepsilon_{hc} = \frac{T_1}{T_1 - T_2} = \frac{293}{293 - 243} = 5.86$$

7.4.2 吸収冷凍サイクル

冷媒蒸気の圧縮過程を圧縮機で行う代わりに，冷媒吸収溶液の濃度の違いから圧縮作用を行うサイクルを吸収冷凍サイクルという。このサイクルの構成要素は図 7.25 に示すように，蒸気圧縮冷凍サイクルと同じく，蒸発器，凝縮器と膨張弁からなり，圧縮機の代わりに再生器および吸収器とよばれる一種の熱交換器が設置される。

このサイクルでは，冷媒のほかに吸収剤が使われるが，現在一般的に使われている冷媒と吸収剤の組合せは，アンモニアを冷媒としアンモニア水溶液を吸収剤とするアンモニア―水系と，水を冷媒とし臭化リチウム水溶液を吸収剤とする水―臭化リチウム系である。蒸発器で蒸発した冷媒は，吸収器の中で濃度が ξ_E の吸収剤溶液に吸収され，濃度が ξ_A の希釈溶液になる。この溶液は熱交換器で温度 t_{ex} まで昇温されたのち再生器に入り蒸気などの熱源により加熱される。吸収剤溶液は濃度が低く温度が高いほど平衡蒸気圧が高いため，加熱されることにより冷媒は蒸発して圧力 P_H の蒸気となり，溶液から分離される。再生器で蒸気を分離した溶液は濃度が高くなり ξ_C の濃度で吸収器に戻る。このとき熱交換器において，吸収器を出た希釈溶液と熱交換し温度が t_{ex}' まで下がる。吸収器内の溶液は，濃度が高く温度が低いため平衡蒸気圧が低くなり，蒸発器で発生した蒸気を吸収する。一方，分離された蒸気は蒸気圧縮式の場合と同じように，凝縮器で熱を放出して液化し，膨張弁で絞り膨張したのち蒸発器で熱を奪って蒸発する。このサイクルの Ph 線図および圧縮過程に相当する

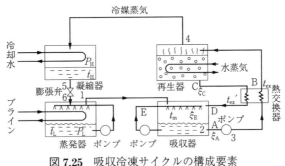

図 7.25　吸収冷凍サイクルの構成要素

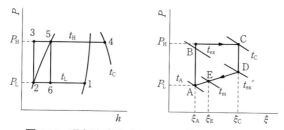

図 7.26 吸収冷凍サイクルのPh線図と溶液濃度

吸収器と再生器における圧力と吸収液の濃度との関係を図 7.26 に示す。

冷媒の循環量をm_R，吸収剤希釈溶液の循環量をm_Aとすれば，再生器の入口出口における吸収剤のバランスから，

$$m_A \xi_A = (m_A - m_R) \xi_C \tag{7.35}$$

となるため，m_R と m_A には，

$$m_R = m_A \frac{\xi_C - \xi_A}{\xi_C} \tag{7.36}$$

の関係がある。このため，吸収冷凍サイクルの冷凍効果は次のようになる。

$$Q_e = m_R(h_1 - h_5) = m_A(h_1 - h_5) \frac{\xi_C - \xi_A}{\xi_C} \tag{7.37}$$

この式から，蒸発圧力 P_L と凝縮圧力 P_H を一定にしたとき，吸収温度 t_A が低いほど ξ_A が小さくなり，再生温度 t_C が高いほど ξ_C が大きくなるため，冷凍効果は増加することがわかる。

また，このサイクルの動作係数は，外部から加えられるのが仕事ではなく熱量であることから，再生器で加えた熱量を Q_h とすれば次のようになる。

$$\varepsilon_r = \frac{Q_e}{Q_h} = \frac{m_R(h_1 - h_5)}{Q_h} = \frac{h_1 - h_5}{q_h} \tag{7.38}$$

ただし，$q_h = Q_h/m_R$ で，冷媒循環量 1〔kg〕当たりの加熱量である。吸収冷凍サイクルをヒートポンプとして使用する場合に，加熱能力 Q_c は，

$$Q_c = m_R(h_4 - h_5)$$

となるため，動作係数は次のようになる。

$$\varepsilon_h = \frac{Q_c}{Q_h} = \frac{m_R(h_4 - h_5)}{Q_h} = \frac{h_4 - h_5}{q_h} \tag{7.39}$$

この場合も動作係数は，各点における比エンタルピーの値から計算できるが，再生温度が高く，吸収温度が低いほど冷却効果が大きいことがわかる。

7章の演習問題

*解答は，編の末尾 (p.145) 参照

[演習問題 7.1]

オットーサイクルを行うガソリン機関において，圧縮始めの圧力 0.08 [MPa]，圧縮終わりの圧力 1.6 [MPa]，最高圧力 6.0 [MPa] とするとき，このサイクルの圧縮比，理論熱効率，平均有効圧力を求めよ。ただし，作動流体は空気とし，ガス定数を 287 [J/(kg・K)]，定圧比熱を 1.170 [kJ/(kg・K)] とする。

[演習問題 7.2]

図に示すような単純開放サイクルのガスタービンがある。

圧縮機において圧力 0.10 [MPa]，温度 300 [K] の空気を圧力比 9.0 で圧縮する。圧縮後の空気は燃焼器で熱を加えて温度 1 300 [K] の燃焼ガスとし，タービンで大気圧まで膨張して排出される。圧縮機およびタービンでは可逆断熱変化により圧縮と膨張が行われ，空気の流量は 20 [kg/s] として次の値を求めよ。
(1) 圧縮機出口ガス温度
(2) 圧縮に必要な動力
(3) タービン出口ガス温度
(4) タービンの発生動力
(5) 発電機を駆動する動力
ただし，燃焼器や配管部での圧力損失はなく，燃焼ガスの性質は空気と同じであ

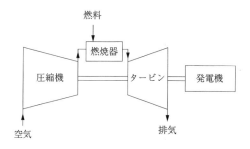

り，燃料の流量は空気の流量に比べて無視できるものと仮定する．また，空気の定圧比熱を 1.10 〔kJ/(kg・K)〕，ガス定数を 287 〔J/(kg・K)〕とする．

[演習問題 7.3]

圧力 15〔MPa〕，温度 500〔℃〕の過熱蒸気をタービンにより圧力 3〔MPa〕まで膨張させ，再熱器で温度 500〔℃〕まで加熱したのち再びタービンで圧力 10〔kPa〕まで膨張させている．このような再熱サイクルの理論熱効率およびタービン出口における湿り蒸気の乾き度を求めよ．ただし，給水ポンプの仕事は無視する．なお，蒸気の状態量として次表を用いる．

圧 力 〔MPa〕	温 度〔℃〕		
	250	300	500
3	$h=2856.6$ $s=6.2893$	$h=2994.4$ $s=6.5412$	$h=3.4570$〔kJ/kg〕 $s=7.2356$〔kJ/(kg・K)〕
15	—	—	$h=3310.8$〔kJ/kg〕 $s=6.3479$〔kJ/(kg・K)〕

圧 力 〔kPa〕	比エンタルピー〔kJ/kg〕		比エントロピー〔kJ/(kg・K)〕	
	h'	h''	s'	s''
10	191.8	2583.9	0.6492	8.1489

1編の演習問題解答

[演習問題 1.1]

【解　答】　大気圧を単位換算すれば，

$$750 \ [\mathrm{mmHg}] = 750 \times 10^{-3} \times 133.3 \times 10^3 \ [\mathrm{Pa}]$$
$$= 9.998 \times 10^4 \ [\mathrm{Pa}] = 99.98 \ [\mathrm{kPa}]$$

となるため，絶対圧力は次のようになる。

$$P = P_\mathrm{g} + P_0$$
$$= 850 + 99.98 = 950 \ [\mathrm{kPa}]$$

また，比体積，密度は定義より次のように計算できる。

$$v = \frac{V}{m} = \frac{500 \times 10^{-3}}{5.60} = 0.0893 \ [\mathrm{m^3/kg}]$$

$$\rho = \frac{m}{V} = \frac{5.60}{500 \times 10^{-3}} = 11.2 \ [\mathrm{kg/m^3}]$$

[演習問題 1.2]

【解　答】　加熱に必要な熱量は，

$$Q = mc(t_2 - t_1)$$

から計算できる。重油の質量 m は比重と体積から計算する。比重は水の密度に対する重油の密度の比であるため，水の密度を $1\,000 \ [\mathrm{kg/m^3}]$ とすれば重油の密度は $900 \ [\mathrm{kg/m^3}]$ となり，重油の質量は，

$$m = \rho V = 900 \times 200 \times 10^{-3} = 180 \ [\mathrm{kg}]$$

となる。これより，必要な熱量は，

$$Q = 180 \times 1.88 \times 10^3 \times (40 - 10) = 1.015 \times 10^7 \ [\mathrm{J}]$$

である。一方，ヒータの出力を $H \ [\mathrm{W}]$，時間を $\tau \ [\mathrm{s}]$ とすれば $Q = H\tau$ となるため，

$$\tau = \frac{Q}{H} = \frac{1.015 \times 10^7}{10 \times 10^3} = 1\,015 \ [\mathrm{s}] = 16.9 \ [\mathrm{min}]$$

[演習問題 2.1]

【解　答】

(1) 定圧比熱の定義から計算する。

$$c_P = \frac{Q_{12}}{m(t_2 - t_1)} = \frac{940 \times 10^3}{5 \times (200 - 20)}$$

$$= 1.044 \times 10^3 \text{ [J/(kg·K)]} = 1.044 \text{ [kJ/(kg·K)]}$$

(2) 熱力学の第一法則より，

$$Q_{12} = U_2 - U_1 + W_{12}$$

となるため，比内部エネルギーの変化は次のように計算できる。

$$u_2 - u_1 = \frac{Q_{12} - W_{12}}{m} = \frac{Q_{12} - P(V_2 - V_1)}{m}$$

$$= \frac{940 \times 10^3 - 4.0 \times 10^6 \times 0.070}{5}$$

$$= 1.32 \times 10^5 \text{ [J/kg]} = 132 \text{ [kJ/kg]}$$

(3) $h_2 - h_1 = (u_2 + Pv_2) - (u_1 + Pv_1) = u_2 - u_1 + P(v_2 - v_1)$

$$= 1.32 \times 10^5 + 4.0 \times 10^6 \times \frac{0.070}{5}$$

$$= 1.88 \times 10^5 \text{ [J/kg]} = 188 \text{ [kJ/kg]}$$

すなわち，この値は質量 1 [kg] 当たりの加熱量に等しくなる。

[演習問題 2.2]

【解　答】　熱力学の第一法則を適用する。

$$Q_{12} = U_2 - U_1 + W_{12}$$

$$U_2 - U_1 = m(u_2 - u_1)$$

$$= 3 \times (-220) \times 10^3 = -6.60 \times 10^5 \text{ [J]} = -660 \text{ [kJ]}$$

膨張の過程が $PV = P_1 V_1 =$ 一定であることから

$$W_{12} = \int P dV = P_1 V_1 \int_1^2 \frac{dV}{V} = P_1 V_1 \ln \frac{V_2}{V_1}$$

$$= 5.0 \times 10^6 \times 0.2 \times \ln \frac{2.0}{0.2}$$

$$= 2.30 \times 10^6 \text{ [J]} = 2.30 \text{ [MJ]}$$

これらを代入すれば熱量が計算できる。
$$Q_{12} = -6.60 \times 10^5 + 2.30 \times 10^6$$
$$= 1.64 \times 10^6 \,[\text{J}] = 1.64 \,[\text{MJ}]$$

[演習問題 2.3]

【解　答】　流れ系に対するエネルギーバランスの式を適用する。
$$\dot{m}\left(h_1 + \frac{w_1^2}{2}\right) + \dot{Q} = \dot{m}\left(h_2 + \frac{w_2^2}{2}\right) + \dot{W}$$

圧縮機の入口と出口における速度エネルギーの変化は，比エンタルピーの増加に比べて小さいと仮定すれば，必要な動力は次のようになる。
$$\dot{W} = \dot{m}(h_1 - h_2) + \dot{Q}$$
$$= \frac{100}{60} \times (-80 \times 10^3) + \frac{100}{60} \times (-10 \times 10^3)$$
$$= -1.50 \times 10^5 \,[\text{W}] = -150 \,[\text{kW}]$$

仕事の値が－（マイナス）になるのは，仕事を外から加えることを示している。エネルギーバランスの式に代入するときにも，熱や仕事の方向を考慮する必要がある（放熱であるため $\dot{Q}$ は－になる）。

[演習問題 3.1]

【解　答】

(1) 理想気体の状態式より計算する。なお，アルゴンのガス定数は一般ガス定数 R_0 と分子量 M から計算できる。
$$m = \frac{PV}{RT} = \frac{PV}{\frac{R_0}{M}T}$$
$$= \frac{800 \times 10^3 \times 3}{\frac{8.315 \times 10^3}{40} \times 300} = 38.5 \,[\text{kg}]$$

(2) 等容変化であるため，
$$Q_{12} = mc_v(T_2 - T_1)$$
となることから，加熱後の温度が計算できる。ここで，定容比熱 c_v は比熱比

$$c_v = \frac{1}{\kappa - 1} R = \frac{1}{\kappa - 1} \frac{R_0}{M}$$

$$= \frac{1}{1.667 - 1} \frac{8.315 \times 10^3}{40}$$

$$= 312 \ [\mathrm{J/(kg \cdot K)}]$$

これより，加熱後の温度は次のようになる。

$$T_2 = \frac{Q_{12}}{mc_v} + T_1$$

$$= \frac{900 \times 10^3}{38.5 \times 312} + 300 = 375 \ [\mathrm{K}] \ (= 102 \ [\mathrm{℃}])$$

また，圧力と温度は比例するため，加熱後の圧力は次のように計算できる。

$$P_2 = P_1 \frac{T_2}{T_1}$$

$$= 800 \times 10^3 \times \frac{375}{300}$$

$$= 1.00 \times 10^6 \ [\mathrm{Pa}] = 1.00 \ [\mathrm{MPa}]$$

(3) アルゴンの定圧比熱は，

$$c_p = \kappa c_v$$

$$= 1.667 \times 312 = 520 \ [\mathrm{J/kg \cdot K}]$$

となるため，エンタルピー変化は次のようになる。

$$H_2 - H_1 = m c_p (T_2 - T_1)$$

$$= 38.5 \times 520 \times (375 - 300)$$

$$= 1.502 \times 10^6 \ [\mathrm{J}] = 1.502 \ [\mathrm{MJ}]$$

[演習問題 3.2]

【解　答】

(1) 等圧変化であるため熱量は次式で計算できる。

$$Q_{12} = m c_p (T_2 - T_1)$$

ここで，定圧比熱 c_p はガス定数 R と比熱比から計算する。

$$c_p = \frac{\kappa}{\kappa - 1} R$$

$$= \frac{1.40}{1.40-1} \times 287 = 1\,005 \; [\text{J}/(\text{kg}\cdot\text{K})]$$

これより，膨張後の温度は次のようになる。

$$T_2 = \frac{Q_{12}}{mc_p} + T_1$$

$$= \frac{100 \times 10^3}{0.5 \times 1\,005} + (27+273)$$

$$= 499 \; [\text{K}] \; (= 226 \; [^\circ\text{C}])$$

(2) ガス定数 R と比熱比 κ から定容比熱を計算すると，

$$c_v = \frac{1}{\kappa - 1} R$$

$$= \frac{1}{1.40-1} \times 287 = 718 \; [\text{J}/(\text{kg}\cdot\text{K})]$$

となるため，内部エネルギーの変化量は次のようになる。

$$U_2 - U_1 = mc_v(T_2 - T_1)$$

$$= 0.5 \times 718 \times (499 - 300)$$

$$= 7.14 \times 10^4 \; [\text{J}] = 71.4 \; [\text{kJ}]$$

(3) 熱力学の第一法則より，

$$Q_{12} = U_2 - U_1 + W_{12}$$

となることを使えば，仕事量は計算できる。

$$W_{12} = Q_{12} - (U_2 - U_1)$$

$$= 100 \times 10^3 - 7.14 \times 10^4$$

$$= 2.86 \times 10^4 \; [\text{J}] = 28.6 \; [\text{kJ}]$$

(4) 等圧変化であるため仕事が，

$$W_{12} = P(V_2 - V_1)$$

で表せることを使って体積変化を計算する。

$$V_2 - V_1 = \frac{W_{12}}{P}$$

$$= \frac{2.86 \times 10^4}{2.0 \times 10^6} = 0.014\,3 \; [\text{m}^3]$$

一方，膨張前の体積は理想気体の状態式より，

$$V_1 = \frac{mRT}{P_1}$$

$$= \frac{0.5 \times 287 \times 300}{2.0 \times 10^6} = 0.0215 \ [\text{m}^3]$$

となることから，膨張後の体積は，

$$V_2 = V_1 + (V_2 - V_1)$$
$$= 0.0215 + 0.0143 = 0.0358 \ [\text{m}^3]$$

このため，膨張比は次のようになる。

$$\varepsilon = \frac{V_2}{V_1} = \frac{0.0358}{0.0215} = 1.67$$

なお，この問題からもわかるように，圧力一定で加熱するとき，加えた熱量のうち内部エネルギーの増加分と仕事に変換される割合は，比熱比 κ のみによって決まる。

$$\frac{U_2 - U_1}{Q_{12}} = \frac{mc_v(T_2 - T_1)}{mc_p(T_2 - T_1)} = \frac{1}{\kappa}$$

$$\frac{W_{12}}{Q_{12}} = \frac{Q_{12} - (U_2 - U_1)}{Q_{12}} = 1 - \frac{1}{\kappa}$$

[演習問題 3.3]

【解　答】

(1) 圧縮比

1) 等温変化

$P_1 V_1 = P_2 V_2$ より，

$$\varepsilon = \frac{V_1}{V_2} = \frac{P_2}{P_1} = \frac{2.0}{0.20} = 10$$

2) 可逆断熱変化

$P_1 V_1^\kappa = P_2 V_2^\kappa$ より，

$$\varepsilon = \frac{V_1}{V_2} = \left(\frac{P_2}{P_1}\right)^{\frac{1}{\kappa}} = \left(\frac{2.0}{0.20}\right)^{\frac{1}{1.40}} = 5.18$$

(2) 圧縮に必要な仕事

1) 等温変化

$$W_{12} = mRT \ln \frac{V_2}{V_1} = mRT \ln \frac{1}{\varepsilon}$$
$$= 2 \times 287 \times (20 + 273) \times \ln \frac{1}{10} = -3.87 \times 10^5 \ [\text{J}] = -387 \ [\text{kJ}]$$

2) 可逆断熱変化

圧縮後の温度を計算すると，

$$T_2 = T_1\left(\frac{P_2}{P_1}\right)^{\frac{\kappa-1}{\kappa}} = 293\left(\frac{2.0}{0.20}\right)^{\frac{1.40-1}{1.40}} = 566 \,[\text{K}]$$

となるため，仕事は次のように計算できる。

$$W_{12} = \frac{mR}{\kappa-1}(T_1 - T_2)$$
$$= \frac{2\times 287}{1.40-1}\times(293-566)$$
$$= -3.92\times 10^5 \,[\text{J}] = -392 \,[\text{kJ}]$$

[演習問題 3.4]

【解　答】

(1) 圧縮比

$P_1 V_1^n = P_2 V_2^n$ より

$$\varepsilon = \frac{V_1}{V_2} = \left(\frac{P_2}{P_1}\right)^{\frac{1}{n}} = \left(\frac{0.70}{0.10}\right)^{\frac{1}{1.30}} = 4.47$$

(2) 圧縮後の温度

$$T_2 = T_1\left(\frac{P_2}{P_1}\right)^{\frac{n-1}{n}} = 303\times\left(\frac{0.70}{0.10}\right)^{\frac{1.30-1}{1.30}} = 475 \,[\text{K}]$$

(3) 圧縮に必要な仕事

$$W_{12} = \frac{mR}{n-1}(T_1 - T_2) = \frac{2\times 287}{1.30-1}\times(303-475)$$
$$= -3.29\times 10^5 \,[\text{J}] = -329 \,[\text{kJ}]$$

(4) 出入りする熱量

ガス定数と比熱比が与えられているため定容比熱が計算できる。

$$c_v = \frac{1}{\kappa-1}R = \frac{1}{1.40-1}\times 287 = 718 \,[\text{J/(kg·K)}]$$

$$Q_{12} = mc_v\frac{n-\kappa}{n-1}(T_2 - T_1) = 2\times 718\times\frac{1.30-1.40}{1.30-1}\times(475-303)$$
$$= -8.23\times 10^4 \,[\text{J}] = -82.3 \,[\text{kJ}] \,(\text{放熱})$$

[演習問題 4.1]

【解　答】 カルノーサイクルであるため，動作係数は両熱源の温度のみによって決まる。

$$\varepsilon_h = \frac{T_1}{T_1 - T_2}$$

$$= \frac{85+273}{(85+273)-(5+273)} = 4.48$$

このため，動作係数の定義より熱量は次のように計算できる。

$$\dot{Q}_1 = \varepsilon_h \dot{W}$$

$$= 4.48 \times 3.0 = 13.44 \text{ [kW]}$$

次に，低温熱源の温度を-10 [℃]にすれば動作係数は，

$$\varepsilon_h{}' = \frac{T_1}{T_1 - T'_2}$$

$$= \frac{85+273}{(85+273)-(-10+273)} = 3.77$$

となるため，熱量は次のようになる。

$$\dot{Q}_1{}' = \varepsilon_h{}' \dot{W}$$

$$= 3.77 \times 3.0 = 11.31 \text{ [kW]}$$

[演習問題 4.2]

【解　答】 PV 線図，TS 線図は下図のようになる。

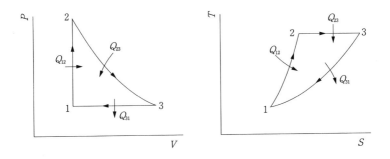

理想気体の状態式から空気の質量を計算する。

$$m = \frac{PV}{RT} = \frac{0.5 \times 10^6 \times 50 \times 10^{-3}}{287 \times 300} = 0.290 \ [\text{kg}]$$

また，定圧比熱とガス定数から定容比熱が計算できる。
$$c_v = c_p - R = 1\,020 - 287 = 733 \ [\text{J}/(\text{kg} \cdot \text{K})]$$

1) 過程 $1 \to 2$ （等容変化）
$$Q_{12} = mc_v(T_2 - T_1) = 0.290 \times 733 \times (600 - 300)$$
$$= 6.38 \times 10^4 \ [\text{J}] = 63.8 \ [\text{kJ}]$$
$$S_2 - S_1 = mc_v \ln \frac{T_2}{T_1} = 0.290 \times 733 \times \ln \frac{600}{300} = 147.3 \ [\text{J/K}]$$

2) 過程 $2 \to 3$ （等温変化）

等容変化後の圧力を計算すると，
$$P_2 = P_1 \frac{T_2}{T_1} = 0.5 \times \frac{600}{300} = 1.0 \ [\text{MPa}]$$

となるため，熱量は次のように計算できる。
$$Q_{23} = W_{23} = P_2 V_2 \ln \frac{P_2}{P_3} = 1.0 \times 10^6 \times 50 \times 10^{-3} \times \ln \frac{1.0}{0.5}$$
$$= 3.47 \times 10^4 \ [\text{J}] = 34.7 \ [\text{kJ}]$$
$$S_3 - S_2 = \frac{Q_{23}}{T} = \frac{3.47 \times 10^4}{600} = 57.8 \ [\text{J/K}]$$

3) 過程 $3 \to 1$ （等圧変化）
$$Q_{31} = mc_p(T_1 - T_3) = 0.290 \times 1\,020 \times (300 - 600)$$
$$= -8.87 \times 10^4 \ [\text{J}] = -88.7 \ [\text{kJ}]$$
$$S_1 - S_3 = mc_p \ln \frac{T_1}{T_3} = 0.290 \times 1\,020 \times \ln \frac{300}{600}$$
$$= -205 \ [\text{J/K}]$$

[演習問題 4.3]

【解　答】

(1) 等容変化であるため，圧力と温度は比例し，冷却後の圧力は次のようになる。

$$P_2 = P_1 \frac{T_2}{T_1}$$
$$= 0.4 \times 10^6 \times \frac{20+273}{200+273} = 2.48 \times 10^5 \text{ [Pa]} = 0.248 \text{ [MPa]}$$

(2) 冷却前の状態から空気の質量を計算する。

$$m = \frac{P_1 V_1}{R T_1}$$
$$= \frac{0.4 \times 10^6 \times 10 \times 10^{-3}}{287 \times (200+273)} = 0.0295 \text{ [kg]}$$

これより，冷却の際に奪う熱量は次のようになる。

$$Q_a = m c_v (T_1 - T_2)$$
$$= 0.0295 \times 720 \times (473 - 293)$$
$$= 3.82 \times 10^3 \text{ [J]} = 3.82 \text{ [kJ]}$$

(3) 等容変化であるため，エントロピー変化は次のようになる。

$$\Delta S_a = m c_v \ln \frac{T_2}{T_1}$$
$$= 0.0295 \times 720 \times \ln \frac{293}{473}$$
$$= -10.17 \text{ [J/K]}$$

(4) 容器の失う熱量は，

$$Q_c = m_c c_c (T_1 - T_2)$$
$$= 0.8 \times 0.50 \times 10^3 \times (473 - 293)$$
$$= 7.20 \times 10^4 \text{ [J]} = 72.0 \text{ [kJ]}$$

であるため，水が奪う熱量はこれら熱量の合計となる。水の温度が変化しないと仮定すればエントロピー変化量は次のようになる。

$$\Delta S_w = \frac{Q_a + Q_c}{T_w}$$
$$= \frac{(3.82 + 72.0) \times 10^3}{(20+273)} = 259 \text{ [J/K]}$$

[演習問題 5.1]

【解　答】

(1) 等圧加熱であるため加熱量は次式から計算できる。

$$Q = m(h_2 - h_1)$$

加熱前後の比エンタルピーは次のようになる。

加熱前　$h_1 = h_1' + x_1(h_1'' - h_1')$
　　　　　$= 1\,154.5 + 0.10 \times (2\,794.2 - 1\,154.5)$
　　　　　$= 1\,318.5$ 〔kJ/kg〕

加熱後　過熱蒸気表より $h_2 = 3\,196.6$ 〔kJ/kg〕

これらの値を使えば加熱量は計算できる。

$$Q = 1 \times (3\,196.6 - 1\,318.5) = 1\,878.1 \text{ 〔kJ〕}$$

(2) 蒸気の過熱に必要な熱量は，

$$Q_s = m(h_2 - h_1'')$$

となり，h_1'' は飽和蒸気表から求められる。

$$Q_s = 1 \times (3\,196.6 - 2\,794.2) = 402.4 \text{ 〔kJ〕}$$

(3) 質量 m 〔kg〕の物質に Q 〔J〕の熱を加えたとき温度が t_1 〔℃〕から t_2 〔℃〕に変化したとすれば，比熱 c は，

$$c = \frac{Q}{m(t_2 - t_1)}$$

で表される。過熱蒸気の部分だけを考えると，飽和温度 t_{sat} から過熱蒸気温度 t まで加熱するのに Q_s の熱量を使用したことから，過熱蒸気の平均比熱は次のようになる。

$$c = \frac{Q_s}{m(t - t_{\text{sat}})} = \frac{402.4}{1 \times (400 - 263.9)} = 2.957 \text{ 〔kJ/(kg·K)〕}$$

(4) 過熱前の比エントロピー

　　　$s_1 = s_1' + x_1(s_1'' - s_1')$
　　　　$= 2.920\,8 + 0.10 \times (5.973\,7 - 2.920\,8) = 3.226\,1$ 〔kJ/(kg·K)〕

加熱後の比エントロピーは過熱蒸気表より $s_2 = 6.648\,1$ 〔kJ/(kg·K)〕 となる。

$S_2 - S_1 = m(s_2 - s_1)$
　　　　$= 1 \times (6.648\,1 - 3.226\,1)$
　　　　$= 3.422\,0$ 〔kJ/K〕

(5) 加熱前後における比内部エネルギーを h, P, v から求める。

加熱前　$v_1 = v' + x(v'' - v')$
　　　　　$= 0.001\,286 + 0.10 \times (0.039\,45 - 0.001\,286) = 0.005\,102$ 〔m³/kg〕

となるため，

$$u_1 = h_1 - P_1 v_1$$
$$= 1\,318.5 \times 10^3 - 5.0 \times 10^6 \times 0.005\,102$$
$$= 1.293\,0 \times 10^6 \,[\text{J/kg}] = 1\,293.0 \,[\text{kJ/kg}]$$

加熱後　過熱蒸気表から　$v_2 = 0.057\,84 \,[\text{m}^3/\text{kg}]$ となるため,

$$u_2 = h_2 - P_2 v_2$$
$$= 3\,196.6 \times 10^3 - 5.0 \times 10^6 \times 0.057\,84$$
$$= 2.907\,4 \times 10^6 \,[\text{J/kg}] = 2\,907.4 \,[\text{kJ/kg}]$$

内部エネルギーの変化はこれらの差である。

$$U_2 - U_1 = m(u_2 - u_1)$$
$$= 1 \times (2\,907.4 - 1\,293.0) = 1\,614.4 \,[\text{kJ}]$$

[演習問題 5.2]

【解　答】

(1) 断熱効率

タービン出口における湿り蒸気の比エンタルピーは,

$$h_2 = h' + x(h'' - h') = 340.5 + 0.95 \times (2\,645.2 - 340.5)$$
$$= 2\,530.0 \,[\text{kJ/kg}]$$

となる。これに対し、可逆断熱変化と仮定したときの乾き度は、比エントロピーが変化しないことから,

$$s_1 = s_2 = s' + x_{\text{ad}}(s'' - s')$$

が成り立つため,

$$x_{\text{ad}} = \frac{s_1 - s'}{s'' - s'} = \frac{6.635\,1 - 1.091\,0}{7.593\,0 - 1.091\,0} = 0.853$$

となる。このときの比エンタルピーは,

$$h_{2\text{ad}} = h' + x_{\text{ad}}(h'' - h') = 340.5 + 0.853 \times (2\,645.2 - 340.5)$$
$$= 2\,306.4 \,[\text{kJ/kg}]$$

であるため、断熱効率は次のようになる。

$$\eta_{\text{ad}} = \frac{h_1 - h_2}{h_1 - h_{\text{ad}}} = \frac{3\,288.2 - 2\,530.0}{3\,288.2 - 2\,306.4} = 0.772$$

(2) 発生動力

タービン入口における質量流量は,

$$\dot{m} = \frac{\dot{V_1}}{v_1} = \frac{\dfrac{200}{3\,600}}{0.044\,19} = 1.257 \ [\text{kg/s}]$$

であるため，出力は次のようになる。

$$\dot{W} = \dot{m}(h_1 - h_2) = 1.257 \times (3\,288.2 - 2\,530.0) \times 10^3$$
$$= 9.53 \times 10^5 \ [\text{W}] = 953 \ [\text{kW}]$$

(3) 出口の体積流量

タービン出口の比体積は，

$$v_2 = v' + x(v'' - v') = 0.001\,03 + 0.95 \times (3.240\,2 - 0.001\,03)$$
$$= 3.078 \ [\text{m}^3/\text{kg}]$$

であるため，体積流量は次のようになる。

$$\dot{V_2} = \dot{m}v_2 = 1.257 \times 3.078 = 3.869 \ [\text{m}^3/\text{s}] = 13\,928 \ [\text{m}^3/\text{h}]$$

[演習問題 5.3]

【解 答】

湿り蒸気の比エンタルピーは次のようになる。

$$h_1 = h_1' + x_1(h_1'' - h_1')$$
$$= 762.7 + 0.30 \times (2\,777.1 - 762.7) = 1\,367.0 \ [\text{kJ/kg}]$$

減圧弁で絞り膨張するため比エンタルピーは変化せず，容器内の乾き度は，

$$x_2 = \frac{h_1 - h_2'}{h_2'' - h_2'}$$
$$= \frac{1\,367.0 - 640.2}{2\,748.1 - 640.2} = 0.345$$

となり，湿り蒸気の流量が1.0 [t/h]であることから，飽和水と飽和蒸気の流量は次のようになる。

飽和水　　1.0×(1−0.345)＝0.655 [t/h]

飽和蒸気　1.0×0.345＝0.345 [t/h]

なお，飽和水と飽和蒸気の流量を体積で表すと，圧力0.5MPaにおけるそれぞれの比体積が $v' = 0.001\,1$ [m³/kg]，$v'' = 0.374\,8$ [m³/kg] であることから，

飽和水　　$0.655 \times 10^3 \times 0.001\,1 = 0.721$ [m³/h]

飽和蒸気　$0.345 \times 10^3 \times 0.374\,8 = 129.3$ [m³/h]

となる。

[演習問題 6.1]

【解　答】　圧縮前の絶対湿度は式 (6.8) から計算できる。

$$x_1 = 0.622 \frac{\varphi P_\text{s}}{P - \varphi P_\text{s}} = 0.622 \frac{0.80 \times 2.986 \times 10^3}{102 \times 10^3 - 0.80 \times 2.986 \times 10^3}$$

$$= 0.0149 \ [\text{kg/kg}']$$

この値を使えば圧縮前の比体積は計算できる。ここでは空気の圧力が与えられているため、式 (6.14) の代わりに式 (6.13) を使用する。

$$v_1 = \frac{T R_\text{w}}{P_1}\left(\frac{R_\text{a}}{R_\text{w}} + x_1\right) = \frac{(24+273) \times 461.7}{102 \times 10^3}\left(\frac{287.1}{461.7} + 0.0149\right)$$

$$= 0.856 \ [\text{m}^3/\text{kg}']$$

これより、湿り空気中の乾き空気の量が計算できる。

$$m_\text{a} = \frac{V_1}{v_1} = \frac{100}{0.856} = 117 \ [\text{kg}]$$

次に、圧縮後の湿り空気について計算する。圧縮後は飽和湿り空気になると仮定すれば絶対湿度は次のようになる。

$$x_2 = 0.622 \frac{P_\text{s}}{P_2 - P_\text{s}} = 0.622 \frac{2.986 \times 10^3}{500 \times 10^3 - 2.986 \times 10^3} = 0.00374 \ [\text{kg/kg}']$$

この値が圧縮前の絶対湿度より小さいため、圧縮後は飽和湿り空気になることがわかり、圧縮前の絶対湿度との差の分だけ凝縮することになる。

$$X = m_\text{a}(x_1 - x_2) = 117 \times (0.0149 - 0.00374)$$

$$= 1.306 \ [\text{kg}]$$

また、圧縮後の比体積は圧縮前と同様の式で計算する。

$$v_2 = \frac{T R_\text{w}}{P_2}\left(\frac{R_\text{a}}{R_\text{w}} + x_2\right) = \frac{(24+273) \times 461.7}{500 \times 10^3}\left(\frac{287.1}{461.7} + 0.00374\right)$$

$$= 0.172 \ [\text{m}^3/\text{kg}']$$

乾き空気の質量は圧縮前後において変化しないため、圧縮後の体積は次のようになる。

$$V_2 = m_\text{a} v_2 = 117 \times 0.172 = 20.1 \ [\text{m}^3]$$

[演習問題 6.2]

【解　答】 式 (6.8) と式 (6.14) を使って絶対湿度および比体積を計算する。

$$x_1 = 0.622 \frac{\varphi P_s}{P - \varphi P_s}$$

$$= 0.622 \times \frac{0.60 \times 17.55}{760 - 0.60 \times 17.55} = 0.00874$$

$$v_1 = 0.4555 \times (0.622 + x) \frac{T}{100}$$

$$= 0.4555 \times (0.622 + 0.00874) \times \frac{(20 + 273)}{100}$$

$$= 0.842 \, [\mathrm{m^3/kg'}]$$

湿り空気の比体積は乾き空気について考えたものであるため、乾き空気の質量は次のようになる。

$$m_a = \frac{V}{v_1} = \frac{100}{0.842} = 119 \, [\mathrm{kg}]$$

絶対湿度の定義を使えば水蒸気の質量が計算できる。

$$m_{w1} = m_a x_1 = 119 \times 0.00874 = 1.040 \, [\mathrm{kg}]$$

蒸発後は 20 [℃] の飽和湿り空気となっているが、この状態の水蒸気について理想気体の状態式を適用する。ダルトンの法則より、圧力 $P_{w2} = P_s = 17.55$ [mmHg] $= 17.55 \times 133.3 = 2.339$ [kPa], $V = 100$ [m^3] となるため水蒸気の質量 m_w は次のようになる。

$$m_{w2} = \frac{P_{w2} V}{R_w T} = \frac{2.339 \times 10^3 \times 100}{461.7 \times (20 + 273)} = 1.729 \, [\mathrm{kg}]$$

はじめと終わりの水蒸気量の差が蒸発量となる。

$$m_{w2} - m_{w1} = 1.729 - 1.040 = 0.689 \, [\mathrm{kg}]$$

また、全体の体積が一定であり、温度も変化しないため、水蒸気の分圧が増加した分だけ湿り空気の圧力が高くなる。

$$P_{w2} - P_{w1} = 17.55 - 0.60 \times 17.55 = 7.0 \, [\mathrm{mmHg}]$$

これより、蒸発後の湿り空気の圧力は次のようになる。

$$P_2 = 760 + 7.0 = 767 \, [\mathrm{mmHg}]$$

[演習問題 6.3]

【解 答】

(1) 温度 30 [°C], 相対湿度 80 [%] の湿り空気

① 絶対湿度

$$x_1 = \frac{0.622 \varphi P_s}{P - \varphi P_s}$$

$$= \frac{0.622 \times 0.80 \times 4.247 \times 10^3}{101.3 \times 10^3 - 0.80 \times 4.247 \times 10^3} = 0.0216 \ [\text{kg/kg}']$$

② 比エンタルピー

$$h_1 = 1.005 \, t_1 + x_1 (2\,500 + 1.861 \, t_1)$$

$$= 1.005 \times 30 + 0.0216 \times (2\,500 + 1.861 \times 30) = 85.36 \ [\text{kJ/kg}']$$

③ 比体積

$$v_1 = 0.4555 (0.622 + x_1) \frac{T_1}{100}$$

$$= 0.4555 \times (0.622 + 0.0216) \frac{303}{100} = 0.888 \ [\text{m}^3/\text{kg}']$$

④ 乾き空気の質量

$$m_a = \frac{V}{v_1} = \frac{1\,000}{0.888} = 1\,126 \ [\text{kg}]$$

(2) 15 [°C] の飽和湿り空気

① 絶対湿度

$$x_2 = \frac{0.622 \varphi P_s}{P - \varphi P_s}$$

$$= \frac{0.622 \times 1 \times 1.706 \times 10^3}{101.3 \times 1 \times 10^3 - 1 \times 1.706 \times 10^3} = 0.0107 \ [\text{kg/kg}']$$

② 比エンタルピー

$$h_2 = 1.005 \, t_2 + x_2 (2\,500 + 1.861 \, t_2)$$

$$= 1.005 \times 15 + 0.0107 \times (2\,500 + 1.861 \times 15) = 42.12 \ [\text{kJ/kg}']$$

(3) 冷却によって奪うべき熱量

$$Q_{12} = m_a (h_1 - h_2) = 1\,126 \times (85.36 - 42.12) \times 10^3$$

$$= 4.87 \times 10^7 \ [\text{J}] = 48.7 \ [\text{MJ}]$$

(4) 発生する凝縮水量

$$X_w = m_a(x_1 - x_2) = 1\,126 \times (0.021\,6 - 0.010\,7) = 12.27 \ [\text{kg}]$$

[演習問題 7.1]

【解　答】 圧縮過程は断熱変化であるため，
$$P_1 V_1^\kappa = P_2 V_2^\kappa$$
が成り立つ。これにより，圧縮比 ε は次のように計算できる。
$$\varepsilon = \frac{V_1}{V_2} = \left(\frac{P_2}{P_1}\right)^{\frac{1}{\kappa}}$$

この式で，比熱比 κ は定圧比熱 c_p とガス定数から計算すると，
$$\kappa = \frac{c_p}{c_p - R} = \frac{1.170 \times 10^3}{1.170 \times 10^3 - 287} = 1.325$$

となるため，圧縮比は次のようになる。
$$\varepsilon = \left(\frac{1.6 \times 10^6}{0.08 \times 10^6}\right)^{\frac{1}{1.325}} = 9.59$$

理論熱効率 η_{th} は，この値を式 (7.9) に代入すればよい。
$$\eta_{th} = 1 - \frac{1}{\varepsilon^{\kappa-1}} = 1 - \frac{1}{9.59^{0.325}} = 0.520$$

平均有効圧力は，圧力比 ξ が
$$\xi = \frac{P_3}{P_2} = \frac{6}{1.6} = 3.75$$

であることから，式 (7.10) に代入すれば計算できる。
$$\begin{aligned}
P_m &= P_1 \frac{(\xi - 1)(\varepsilon^\kappa - \varepsilon)}{(\kappa - 1)(\varepsilon - 1)} \\
&= 0.08 \times 10^6 \frac{(3.75 - 1)(9.59^{1.325} - 9.59)}{(1.325 - 1)(9.59 - 1)} \\
&= 0.820 \times 10^6 \ [\text{Pa}] = 0.820 \ [\text{MPa}]
\end{aligned}$$

[演習問題 7.2]

【解　答】
(1) 定圧比熱とガス定数から比熱比を求める。

$$\kappa = \frac{c_p}{c_v} = \frac{c_p}{c_p - R}$$
$$= \frac{1.10 \times 10^3}{1.10 \times 10^3 - 287} = 1.353$$

可逆断熱圧縮であるため圧縮機出口における温度は次のようになる。

$$T_2 = T_1 \left(\frac{P_2}{P_1}\right)^{\frac{\kappa-1}{\kappa}} = 300 \times (9)^{\frac{0.353}{1.353}} = 532 \text{ [K]}$$

(2) 圧縮に必要な動力はエンタルピー変化に等しい。

$$\dot{W}_c = \dot{m}(h_2 - h_1) = \dot{m}c_p(T_2 - T_1)$$
$$= 20 \times 1.10 \times 10^3 \times (532 - 300) = 5.10 \times 10^6 \text{ [W]} = 5.10 \text{ [MW]}$$

(3) タービンでの膨張は可逆断熱変化であるため，タービン出口温度は次のようになる。

$$T_4 = T_3 \left(\frac{P_4}{P_3}\right)^{\frac{\kappa-1}{\kappa}} = T_3 \left(\frac{P_1}{P_2}\right)^{\frac{\kappa-1}{\kappa}} = 1\,300 \times \left(\frac{1}{9}\right)^{\frac{0.353}{1.353}} = 733 \text{ [K]}$$

(4) タービン発生動力はエンタルピー変化と等しい。

$$\dot{W}_t = \dot{m}c_p(T_3 - T_4)$$
$$= 20 \times 1.10 \times 10^3 \times (1\,300 - 733)$$
$$= 1.247 \times 10^7 \text{ [W]} = 12.47 \text{ [MW]}$$

(5) 発電機を駆動する動力は，タービンの発生動力と圧縮機の所要動力の差である。

$$\dot{W} = \dot{W}_t - \dot{W}_c$$
$$= 1.247 \times 10^7 - 5.10 \times 10^6 = 7.37 \times 10^6 \text{ [W]} = 7.37 \text{ [MW]}$$

[演習問題 7.3]

【解　答】

　与えられた蒸気表より，タービン入口における過熱蒸気は $h_1 = 3\,310.8$ [kJ/kg]，$s_1 = 6.347\,9$ [kJ/(kg·K)] である。タービンでの膨張過程が可逆断熱変化であるとすれば，再熱開始前の蒸気は，圧力が 3 [MPa] で比エントロピーは s_1 と等しくなる。与えられた蒸気表より，この蒸気は 250 [℃] と 300 [℃] の間の温度をもつ過熱蒸気であることがわかる。過熱蒸気の温度を計算すると次のようになる。

$$t = 250 + 50 \times \frac{6.3479 - 6.2893}{6.5412 - 6.2893} = 262 \ [℃]$$

この蒸気に対する比エンタルピーを比例計算で求める。

$$h_{1'} = 2856.6 + \frac{262 - 250}{300 - 250} \times (2994.4 - 2856.6)$$

$$= 2889.7 \ [kJ/kg]$$

再熱後の過熱蒸気は圧力 3 [MPa], 温度 500 [℃] であるため, $h_{2'} = 3457.0$ [kJ/kg], $s_{2'} = 7.2356$ [kJ/(kg·K)] となる。

タービンでは可逆断熱変化により膨張を行うとすれば $s_{2'} = s_2$ となることから, 出口の乾き度 x_ad は次のように計算できる。

$$x_\mathrm{ad} = \frac{s_{2'} - s'}{s'' - s'} = \frac{7.2356 - 0.6492}{8.1489 - 0.6492} = 0.878$$

これより, タービン出口における比エンタルピーは次のようになる。

$$h_2 = h' + x_\mathrm{ad}(h'' - h')$$

$$= 191.8 + 0.878 \times (2583.9 - 191.8)$$

$$= 2292.1 \ [kJ/kg]$$

また, 復水器出口の状態は圧力 10 [kPa] の飽和水であるため $h_3 = h' = 191.8$ [kJ/kg] となる。

これらの数値を式 (7.39) に代入すれば理論熱効率は次のように計算できる。

$$\eta_\mathrm{th} = \frac{(h_1 - h_{1'}) + (h_{2'} - h_2)}{(h_1 - h_3) + (h_{2'} - h_{1'})}$$

$$= \frac{(3310.8 - 2889.7) + (3457.0 - 2292.1)}{(3310.8 - 191.8) + (3457.0 - 2889.7)}$$

$$= 0.430$$

熱分野 II 熱と流体の流れの基礎

2編 流体工学の基礎

1章
流れの基礎

1.1 流体の物理的性質

1.1.1 密度および比重

　自由に流れることができ，それが入っている容器の形状どおりに形が変わる物質を流体とよぶ．流体は気体と液体に分けられるが，気体は容器に入れると容器全体に充満する．これに対し，液体はどのような形状の容器に入れても体積は変化せず，容器内で自由表面をもつ．

　流体の性質を表す量として密度と粘性係数が重要である．密度は単位体積当たりの質量であり ρ で表し，単位は kg/m^3 となる．液体では密度を使うことが多いが，気体の場合には密度の逆数すなわち単位質量当たりの体積である比体積を使うのが一般的である．

　また，液体の密度を水の密度との比で表すことがあり，これを比重とよんでいる．液体の密度は温度によって変化するため，比重を使用する場合には液体および水の温度も明示する必要がある．一般には液体と水を同じ温度にしたときの比重を使用するが，燃料の比重は，4℃における水の密度に対する15℃の燃料の密度の比で表すことが多い．これは，4℃において水の密度は最大となり，1 000 kg/m³ となるためである．

1.1.2 粘　度

　流体中のある部分が運動しており，それと接する他の部分との間に相対速度

があると，境界面に沿って流れに抵抗する力が作用する。この力の大きさを表すのが粘度である。

図1.1に示すように2枚の平板がδの間隔をおいて平行に置かれている。

この平行平板の間に流体を満たし，上の板に一定の力Fを加えながら一定速度Vで動かしている。このとき，上の板に接する流体の速度はV，下の固定板に接する流体の速度はゼロとなり，流体内の速度分布は直線になる。板の面積をAとすれば，力Fは面積Aおよび速度に比例し間隔δに反比例するため，

$$F \propto \frac{AV}{\delta}$$

となり，流体の単位面積当たりの力，すなわちせん断応力は次のようになる。

$$\tau = \frac{F}{A} \propto \frac{V}{\delta} \quad [\text{Pa}]$$

この式の比例定数をμとおけば，

$$\tau \doteq \mu \frac{V}{\delta} \quad [\text{Pa}]$$

となる。このような比例定数μを粘性係数（粘度，粘性率）とよぶ。速度分布が直線でないときには，せん断応力は各場所で異なり，任意の点におけるせん断応力は次のようになる。

$$\tau = \mu \frac{dU}{dy} \quad [\text{Pa}] \tag{1.1}$$

粘性係数は[Pa·s]の単位をもち，流体に特有な値である。粘性係数は圧力によってはほとんど変化しないが，温度では大きく変化する。液体の粘性係数は温度の上昇とともに急激に減少するのに対し，気体の場合には温度ととも

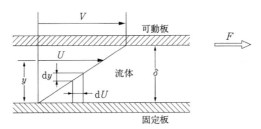

図1.1 流体に働くせん断応力と速度勾配

に増大する。

　せん断応力と速度勾配の関係が式 (1.1) で表せるような流体をニュートン流体，それ以外の流体を非ニュートン流体とよぶ。流体として一般によく使用される水，油，空気などはニュートン流体であるが，高分子物質の溶液や乳濁液，懸濁液のように複雑な構造をもつ流体は非ニュートン流体である。

　流体の運動を考えるときには，粘性係数ではなく粘性係数を密度で割った動粘度 ν を使うことが多い。粘性係数の単位が〔Pa・s〕であることから，動粘度の単位は次のようになる。

$$\nu = \frac{\mu}{\rho}\left[\frac{\text{Pa·s}}{\frac{\text{kg}}{\text{m}^3}}\right] = \left[\frac{\frac{\text{N}}{\text{m}^2}\text{·s}}{\frac{\text{kg}}{\text{m}^3}}\right] = \left[\frac{\frac{\text{kg·}\frac{\text{m}}{\text{s}^2}}{\text{m}^2}\text{·s}}{\frac{\text{kg}}{\text{m}^3}}\right] = \left[\frac{\text{m}^2}{\text{s}}\right]$$

　このように動粘度の単位は長さと時間のみによって表され，力を表すものが入ってこない。

[例題 1.1]

　容器の中に温度 30°C の重油が 10 kL 入っている。この温度における重油の比重を 0.83，動粘度を 50 mm²/s とするとき，重油の質量および粘性係数を求めよ。
　ただし，重油の比重は 4°C の水に対する値とする。

【解　答】

　重油の比重から密度を計算する。

$$\rho = 0.83 \times 1\,000 = 830 \text{ kg/m}^3$$

　体積が〔kL〕で与えられているが，

$$1 \text{ kL} = 1 \text{ m}^3$$

であることから，重油の質量が計算できる。

$$m = \rho V = 830 \times 10 = 8\,300 \text{ kg}$$

　動粘度は $\nu = \mu/\rho$ であることから，粘性係数は次のようになる。

$$\mu = \rho\nu$$
$$= 830 \times 50 \times 10^{-6} = 0.041\,5 \text{ Pa·s}$$

1.2 流体の静力学

1.2.1 圧　力

　任意の面に垂直に作用する単位面積当たりの力を圧力とよぶ。流体の圧力はすべての方向に同じ強さで伝えられる。これをパスカルの原理という。この原理を利用すれば，小さな力を加えることにより大きな力を発生することが可能となる。

　図 1.2 に示すような装置を考え，ピストンの断面積をそれぞれ A_1, A_2 とし，ピストンに加わる力を F_1, F_2 とすれば，流体の圧力 p が流体中で等しいことから，

$$p = \frac{F_1}{A_1} = \frac{F_2}{A_2} \quad [\mathrm{Pa}] \tag{1.2}$$

となり，

$$\frac{F_2}{F_1} = \frac{A_2}{A_1} \tag{1.3}$$

となる。すなわちピストンの断面積比 A_2/A_1 大きくすれば，F_2/F_1 がそれに比例して大きくなることがわかる。

　また圧力を測定するときには，大気圧を基準とし大気圧との差で表すことが多い。実際の圧力はこの値に大気圧を加えたものとなる。そこでこれらを区別するため，大気圧から測定した圧力をゲージ圧力，ゲージ圧力に大気圧を加えたものを絶対圧力とよんでいる。

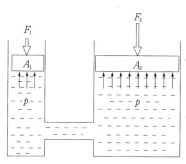

図 1.2　パスカルの原理

大気圧は場所や日時によって変化するが，0 ℃において水銀柱 760 mm のとき標準大気圧とよび，atm で表す。

$$1 \text{ atm} = 760 \text{ mmHg} = 1.013 \times 10^5 \text{ Pa}$$
$$= 0.101\,3 \text{ MPa}$$

1.2.2 ヘッド

比較的低い圧力を表すのに水柱あるいは水銀柱を使用することがある。これは，ある面に加えられる圧力により，水または水銀をどれくらいの高さまで押し上げられるかを示すものである。

図 1.3 に示すような液柱を考え，液柱の高さを H〔m〕とすれば，液柱の底面に働く圧力は，

$$p = \rho g H \quad \text{〔Pa〕} \tag{1.4}$$

となる。この式から液体の種類と液柱の高さを指定すれば圧力は計算できる。

水柱の場合を考えると水の密度は 1 000 kg/m³ であることから，水柱 1 mm は次のようにして Pa に変換できる。

$$1 \text{ mmH}_2\text{O} = \rho g H$$
$$= 1\,000 \times 9.81 \times \frac{1}{1\,000}$$
$$= 9.81 \text{ Pa}$$

また，水銀の比重は 0 ℃において 13.6 であることから，水銀柱の場合には次のようになる。

$$1 \text{ mmHg} = 13.6 \text{ mmH}_2\text{O}$$
$$= 13.6 \times 9.81 = 133.4 \text{ Pa}$$

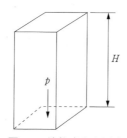

図 1.3　液柱高さと圧力

液体高さはこのように圧力の尺度として用いられるほかに，流体のもつエネルギーの尺度としても用いられる。単位体積の流体を高さHだけ変化させるとき，その位置エネルギーは$\rho g H$変化することになるが，この値は流体の種類を指定するとHのみによって決定できる。そこで液体の高さHをヘッドまたは水頭とよび，液体のもつエネルギーの大きさを表すのに用いる。

1.2.3 液体の深さと圧力の関係

液体の中に図1.4に示すような円柱を考えると，力のバランスから，

$$p_1 dA - p_2 dA + \rho g (z_2 - z_1) dA = 0 \quad [\text{N}] \tag{1.5}$$

となり，次のように表せる。

$$p_2 - p_1 = \rho g (z_2 - z_1) \quad [\text{Pa}] \tag{1.6}$$

この式を使えば，液の自由表面からzの点における圧力pは次のようになる。

$$p = p_0 + \rho g z \quad [\text{Pa}] \tag{1.7}$$

ただし，p_0は液体の表面における圧力である。

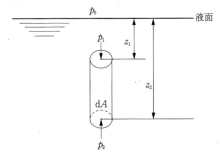

図1.4 液体深さと圧力

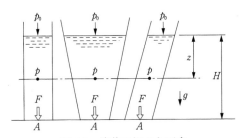

図1.5 液体の深さと圧力

このように，液体中の圧力は高さのみにより変化し，容器の形状によって変化しないことになる（図1.5）。

[例題 1.2]

図に示すように，水銀を入れたU字管を使って圧力差を測定する。p_1および p_2には水圧がかかり，それぞれ 0.25 MPa，0.18 MPa であるとき，水銀柱の高さの差はいくらになるか。ただし，水銀の比重を13.6，水の密度を $1\,000\,\mathrm{kg/m^3}$ とする。

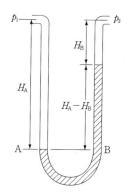

【解　答】

図中のA点における圧力 p_A とB点における圧力 p_B は，水および水銀の密度を ρ_1，ρ_2 とすれば次のようになる。

$$p_A = p_1 + \rho_1 g H_A$$
$$p_B = p_2 + \rho_1 g\,H_B + \rho_2 g (H_A - H_B)$$

p_A と p_B は等しいことから，この式を $(H_A - H_B)$ について解くと次のようになる。

$$(H_A - H_B) = \frac{p_1 - p_2}{\rho_2 g - \rho_1 g} = \frac{p_1 - p_2}{g(\rho_2 - \rho_1)}$$

この式に，与えられた数値を代入すれば H_B は計算できる。

$$(H_A - H_B) = \frac{(0.25-0.18) \times 10^6}{9.81 \times (13.6-1) \times 1\,000} = 0.566 \text{ m}$$

1.3 層流と乱流

　流体の流れは，流体の粘性や速度によってまったく異なる様相を示す。流体の速度が小さく粘性が大きいときには，流れに乱れが発生しても流体の粘性によって減衰されるため，流体の各部は層状になって流れる。このような流れを層流とよぶ。これに対し，流体の速度が大きく粘性が小さい場合には，流体の内部に発生した乱れが増幅され，流体各部の塊が互いに入り乱れながら流れるようになる。このような流れを乱流とよぶ。

　層流と乱流では流れの内部構造がまったく異なり，流動特性や伝熱特性にも大きな違いがある。このため，対象としている流れが層流であるか乱流であるかを見きわめることが必要である。

　流れが層流になるか乱流になるかは，次式で定義されるようなレイノルズ数の大きさから決定される。

$$Re = \frac{(流体の代表速度) \times (物体の代表長さ)}{(流体の動粘度)}$$

　レイノルズ数の物理的な意味は，流体の慣性力と粘性力の比であり，レイノルズ数が大きいほど粘性力に対して慣性力が大きくなり，流れが乱流になることを示している。

　レイノルズが円管に対して行った実験結果によれば，管の直径や流体の種類によらずレイノルズ数が2 300付近で層流から乱流に変化する。円管以外の場合でも代表長さと代表速度を適当に決めれば，あるレイノルズ数のところで層流から乱流に遷移する。このようなレイノルズ数の臨界値を臨界レイノルズ数，または遷移レイノルズ数とよんでいる。

1章の演習問題

＊解答は，編の末尾 (p.260) 参照

[演習問題 1.1]

図に示すような逆U字管を用いて，管内を流れる水の圧力差を測定している。測定結果が図中の数値のようになったとき，A, B両管内の圧力差はいくらか。

ただし，油の比重を 0.90，水の密度を 1 000 kg/m³ とする。

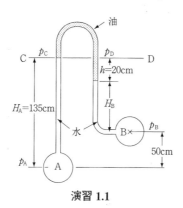

演習 1.1

[演習問題 1.2]

内径 15 mm の管に温度 20°C の水を流すとき，流れが層流であるためには流速は何 m/s 以内であればよいか。また，水の代わりに空気を流す場合はどうか。

ただし，水および空気の物性値は次表の値を使用する。

	密 度 [kg/m³]	粘性係数 [mPa·s]
水	998	1.002
空 気	1.205	0.018 0

2章 流れの力学

2.1 流れの基礎式

　流体の運動を考えるとき，基本となるのは質量保存則，エネルギー保存則および運動量保存則である。これらを実際の流れに適用することにより各種の問題を解くことができる。

　一般的な流れを考えるため，図 2.1 に示すような断面積 A，速度 V の流路を考え，速度は各断面内で一様であるような 1 次元流れとする。

　断面 1 から断面 2 までの部分について 3 つの保存則を適用すると次のようになる。

2.1.1 質量保存則

　流路を流れる流体の質量流量は，任意の断面において一定である。質量流量を M 〔kg/s〕とすれば，質量保存則は次のようになる。

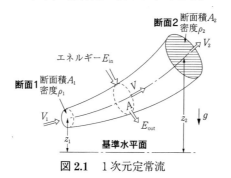

図 2.1　1 次元定常流

$$M = \rho V A = \rho_1 V_1 A_1 = \rho_2 V_2 A_2 = 一定 \quad [kg/s] \tag{2.1}$$

ただし，ρ は流体の密度〔kg/m³〕である．また，体積流量 Q〔m³/s〕を使って表すと，$Q = M/\rho$ となることから次のようになる．

$$M = \rho Q = \rho_1 Q_1 = \rho_2 Q_2 = 一定 \quad [kg/s] \tag{2.2}$$

流体が液体のときには非圧縮性流体と考えられ，密度を一定としてもよい．このようなときには質量流量だけでなく体積流量も各断面で一定になる．

2.1.2 エネルギー保存則

任意の断面を通過する流体がもつエネルギーを，流体の単位質量当たりについて考える．

流体のもつエネルギーは，エンタルピー，運動エネルギー，位置エネルギーであるため，単位質量当たりでは次のようになる．

$$h + \frac{V^2}{2} + gz$$

ただし，h：比エンタルピー〔J/kg〕
V：断面における平均速度〔m/s〕
z：基準面からの高さ〔m〕

断面1と断面2の間で流体の単位質量当たりに加えられるエネルギーの合計（ポンプや送風機により加えられる仕事や加熱による熱量）を E_{in}，流体から外部に取り出されるエネルギーの合計（タービンで取り出される仕事や冷却によって奪われる熱量）を E_{out} とすれば，エネルギー保存則は次のように表すことができる．

$$\left(h_1 + \frac{V_1^2}{2} + gz_1\right) + E_{in} = \left(h_2 + \frac{V_2^2}{2} + gz_2\right) + E_{out} \quad [J/kg] \tag{2.3}$$

断面1と断面2が十分に近い場合を考えると，この式は微分形式となり次のようになる．

$$dh + d\left(\frac{V^2}{2}\right) + gdz = dE \quad [J/kg] \tag{2.4}$$

ここで，E は流体に出入りするエネルギーの合計である．この式は，気体や液体などあらゆる流体に対して成り立つだけでなく，摩擦損失がある場合など

のいかなる流れについても成り立つ一般的な関係式である。

　管路により流体を輸送するとき，流体の粘性により流体内部や壁面との間に摩擦仕事が発生する。この仕事は流体のもつ圧力エネルギーから供給され，管路内で発生する摩擦仕事の分だけ圧力が降下することになる。また，この摩擦仕事は熱に変換され，この熱が流体に加えられる。

　任意の物体に熱が加えられた場合の基本的な法則は熱力学の第一法則であり，比エンタルピーを使って表すと次のようになる。

$$dq = dh - vdp$$

　ただし，q：物体に加えた熱量〔J/kg〕
　　　　v：物体の比体積〔m³/kg〕

　摩擦仕事による圧力損失をE_lossとし，流体に対して熱力学の第一法則を適用すると次のようになる。

$$\begin{aligned}dE_\mathrm{loss} &= dh - vdp \\ &= dh - \frac{1}{\rho}dp \quad \text{〔J/kg〕}\end{aligned} \quad (2.5)$$

これより，

$$dh = dE_\mathrm{loss} + \frac{1}{\rho}dp$$

となる。この式を式 (2.4) に代入すると次式が得られる。

$$\frac{1}{\rho}dp + d\!\left(\frac{V^2}{2}\right) + gdz = dE - dE_\mathrm{loss} \quad \text{〔J/kg〕} \quad (2.6)$$

　流体が液体の場合や，気体の場合で流路内の圧力変化や温度変化が小さい場合には，密度はほぼ一定と考えられる。断面1と断面2の間で密度が一定であると仮定すれば，式 (2.6) は次のようになる。

$$\begin{aligned}&\frac{p_1}{\rho} + \frac{V_1^2}{2} + gz_1 + E_\mathrm{in} - E_\mathrm{out} - E_\mathrm{loss} \\ &\quad = \frac{p_2}{\rho} + \frac{V_2^2}{2} + gz_2 \quad \text{〔J/kg〕}\end{aligned} \quad (2.7)$$

　断面1と断面2の間でエネルギーの出入りがなく，流体の粘性による圧力損失も無視できる場合には，

$$\frac{p_1}{\rho} + \frac{V_1^2}{2} + gz_1 = \frac{p_2}{\rho} + \frac{V_2^2}{2} + gz_2 \quad (2.7')$$

すなわち,

$$p + \frac{1}{2}\rho V^2 + \rho g z = 一定 \quad [\text{Pa}] \tag{2.8}$$

となり,各項とも圧力の単位 Pa をもつ。

この式は一般にベルヌーイの式とよばれているものである。ベルヌーイの式はエネルギー保存則を非圧縮性流体に適用し,さらにエネルギーの出入りや粘性による圧力損失が無視できると仮定して導いた式であることがわかる。エネルギーの出入りや粘性による圧力損失を考慮した式 (2.7) はベルヌーイの式を一般化したものである。

ベルヌーイの式において第1項の p を静圧,第2項の $\rho V^2/2$ を流れの動圧,第3項の $\rho g z$ を静止流体圧という。なお,静圧 p は流れに垂直な方向の圧力である。

式 (2.7′) を重力加速度 g で割ると,

$$\frac{p_1}{\rho g} + \frac{V_1^2}{2g} + z_1 = \frac{p_2}{\rho g} + \frac{V_2^2}{2g} + z_2$$

すなわち,式 (2.8) に対応して

$$\frac{p}{\rho g} + \frac{V^2}{2g} + z = 一定$$

となる。この式の各項は単位質量当たりのエネルギーを表しており,長さ [m] の単位をもつ。このためこれらの各項をヘッドとよび $p/\rho g$ を圧力ヘッド,$V^2/2g$ を速度ヘッド,z を位置ヘッドという。とくに流体が水の場合にはヘッドの代わりに水頭ということがある。

[例題 2.1]

> 図に示すような傾斜した管内を,比重 0.85 の油が流れており,A点での流速が 3.0 m/s である。A点での液柱高さが 2.0 m であるとき,C管とD管の液柱高さの差はいくらになるか。ただし,A点とB点の間で摩擦損失は無視できるものとする。

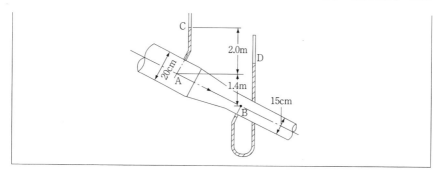

【解　答】

A点での流速からB点の流速を計算する。
$$V_B = V_A \frac{A_A}{A_B} = V_A \left(\frac{D_A}{D_B}\right)^2$$
$$= 3.0 \times \left(\frac{0.20}{0.15}\right)^2 = 5.33 \text{ m/s}$$

また，A点の液柱高さから圧力が計算できる。
$$p_A = \rho g H_C + p_0$$
$$= 0.85 \times 1\,000 \times 9.81 \times 2.0 + 101.3 \times 10^3 = 1.180 \times 10^5 \text{Pa}$$

A点とB点の間にベルヌーイの定理を適用すると，B点の圧力は次のようになる。

$$p_B = p_A + \frac{1}{2} \rho V_A^2 - \frac{1}{2} \rho V_B^2 + \rho g z_A - \rho g z_B$$
$$= p_A + \frac{1}{2} \rho (V_A^2 - V_B^2) + \rho g (z_A - z_B)$$
$$= 1.180 \times 10^5 + \frac{1}{2} \times 0.85 \times 1\,000 \times (3.0^2 - 5.33^2) + 0.85 \times 1\,000 \times 9.81 \times 1.4$$
$$= 1.214 \times 10^5 \text{Pa} = 121.4 \text{ kPa}$$

この圧力を液柱高さに換算すると次のようになる。
$$p_B = \rho g H_D + p_0 \quad \text{より}$$
$$H_D = \frac{p_B - p_0}{\rho g}$$
$$= \frac{1.214 \times 10^5 - 101.3 \times 10^3}{0.85 \times 1\,000 \times 9.81} = 2.41 \text{ m}$$

これより，C管とD管の液柱高さの差は，B点を基準とした液柱高さの差として，次のように計算できる。

$H_C + (z_A - z_B) - H_D$
$= 2.0 + 1.4 - 2.41 = 0.99$ m

2.1.3 運動量保存則

管内を流れる流体の圧力や速度の変化は，エネルギー保存則から計算できるが，管路などが流体から受ける力を求めるには運動量保存則が必要になる。

力学では，物体に加わる力 F と加えられる時間 t との積を力積とよび，力積＝運動量変化 の関係がある。この考え方を流体の流れに適用すると，

(単位時間当たりの力積) ＝ (単位時間当たりの運動量変化)

となり，単位時間当たりの力積＝力 となるため，

(力) ＝ (単位時間当たりの運動量変化)

となる。また，

(単位時間当たりの運動量変化) ＝ (質量流量) × (速度変化)

となるため，x 方向については次のように表せる。

$$F_x = M(V_{2x} - V_{1x}) \ [\text{N}] \tag{2.9}$$

ここで，F_x：流体に加えられる力の x 方向成分〔N〕

V_{1x}, V_{2x}：断面1，断面2における速度の x 方向成分〔m/s〕

質量流量 M の代わりに体積流量 Q を使うと $M = \rho Q$ となることから次のようになる。

$$F_x = \rho Q (V_{2x} - V_{1x}) \ [\text{N}] \tag{2.10}$$

y 方向，z 方向についても同様の式が得られる。

$$F_y = M(V_{2y} - V_{1y}) \ [\text{N}] \tag{2.11}$$

$$F_z = M(V_{2z} - V_{1z}) \ [\text{N}] \tag{2.12}$$

実際の力はこれらの各成分を合成したものとなる。

［例題 2.2］

内径 400 mm と内径 200 mm の管を，断面積がゆるやかに減少する縮小管によって接続している。管内には毎時 1500 トンの水が流れており，接続部入口における圧力が 0.50 MPa であるとき，縮小管にかかる力はい

くらになるか。ただし，縮小管における摩擦損失は無視できるものとする。

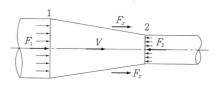

【解　答】

縮小前と縮小後の流速は流量と管径から計算できる。

$$V_1 = \frac{Q}{A_1} = \frac{\dfrac{M}{\rho}}{\dfrac{\pi}{4}D_1^2}$$

$$= \frac{\dfrac{1\,500 \times 10^3}{3\,600} \times \dfrac{1}{1\,000}}{\dfrac{\pi}{4} \times 0.400^2} = 3.32 \text{ m/s}$$

$$V_2 = V_1 \frac{A_1}{A_2} = V_1 \left(\frac{D_1}{D_2}\right)^2$$

$$= 3.32 \times \left(\frac{0.400}{0.200}\right)^2 = 13.28 \text{ m/s}$$

縮小前と縮小後においてベルヌーイの定理を適用して縮小後の圧力を計算する。

$$p_2 = p_1 + \frac{1}{2}\rho V_1^2 - \frac{1}{2}\rho V_2^2$$

$$= 0.50 \times 10^6 + \frac{1}{2} \times 1\,000 \times 3.32^2 - \frac{1}{2} \times 1\,000 \times 13.28^2$$

$$= 4.17 \times 10^5 \text{Pa} = 417 \text{ kPa}$$

縮小部の前後の面にかかる圧力による力は次のようになる。

$$F_1 = p_1 A_1$$

$$= 0.50 \times 10^6 \times \frac{\pi}{4} \times 0.400^2 = 6.28 \times 10^4 \text{N}$$

$$F_2 = p_2 A_2$$

$$= 4.17 \times 10^5 \times \frac{\pi}{4} \times 0.200^2 = 1.309 \times 10^4 \mathrm{N}$$

縮小部に対して運動量保存則を適用すると，この部分に加わる力は圧力によるものと管から受けるものの合計になるため次のようになる。

$$F_1 - F_2 + F_x = M(V_2 - V_1)$$

計算した値をこの式に代入すれば F_x は求められる。

$$\begin{aligned}F_x &= F_2 - F_1 + M(V_2 - V_1) \\ &= 1.309 \times 10^4 - 6.28 \times 10^4 + \frac{1\,500 \times 10^3}{3\,600} \times (13.28 - 3.32) \\ &= -4.56 \times 10^4 \mathrm{N} = -45.6\,\mathrm{kN}\end{aligned}$$

この結果から，流体には流れ方向とは逆向きに 45.6 kN の力が作用していることになり，管にはこの反作用として流れ方向に 45.6 kN の力がかかる。

2.2 管内の流れ

図 2.2(a)に示すように，入口に丸みをもった管路を流体が流れる場合を考える。

管入口では流体の速度は一様であるが，管壁を流れる流体は管壁に付着するため速度はゼロとなる。流体の粘性によりこの影響は徐々に管の中心に向かって広がっていく。このため，管壁近くで速度が急激に変化する部分と，管壁の影響が及ばない部分とに分けられる。管壁近くで速度が急激に変化する部分は境界層とよばれ，管路の摩擦損失や伝熱現象に大きな影響を与える。これに対し，境界層の外で管壁の影響が現れない部分を主流とよんでいる。

境界層の厚さは入口からの距離が長くなると徐々に大きくなり，ついには境界層厚さが管の半径と等しくなる。境界層が管の中心まで到達すると境界層は

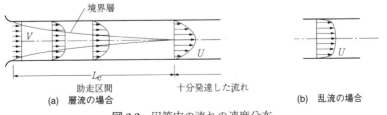

図 2.2 円管内の流れの速度分布

それ以上厚くなることはできないため,この地点から先では速度分布が変化しない。このように,速度分布が変化しなくなった流れを十分発達した流れとよび,入口からそれまでの区間を助走区間とよぶ。

しかし,管径が大きい場合や速度が大きく流体内での乱れが大きい場合には,境界層が管の中心に到達する前に不安定になり,途中で乱流境界層に遷移してしまう。乱流境界層は層流境界層に比べて厚さの増加が急激であるため,乱流境界層が発生するとすぐに管全体が乱流境界層に含まれてしまう(図2.2(b))。

管路の摩擦損失は,境界層が層流であるか乱流であるか,助走区間内か発達した流れかにより大きく異なる。層流境界層と乱流境界層に分けてその特徴を次に述べる。

なお,流れが層流であるか乱流であるかはレイノルズ数によって決定されるが,境界層の流れについては代表長さとして境界層厚さをとるのが適当である。十分に発達した管内の流れでは,境界層厚さは管の半径に等しいため,レイノルズ数を計算するための代表長さとして管の直径を使うのが一般的である。

このことから,管内流のレイノルズ数は次式によって計算する。

$$Re = \frac{VD}{\nu} \tag{2.13}$$

また,$\nu = \frac{\mu}{\rho}$ であることから,

$$Re = \frac{\rho VD}{\mu} \tag{2.14}$$

と書くこともできる。流体が液体であれば密度ρが一定であるためどちらの式を使用しても同じである。ただし,気体の場合には圧力や温度により速度Vが変化してもρVは一定であるため,式(2.14)を使用したほうが便利である。また,粘性係数μは圧力によってあまり変化しないのに対し,動粘度には密度ρが含まれているため,気体では圧力により動粘度が大きく変化することにも注意する必要がある。

十分発達した管内流れに対する臨界レイノルズ数Re_cは約2 300といわれている。ただし,この値は管の入口の形状,管壁表面の粗さ,流入する流体の乱れの強さ等によって大きく変化し,2 000〜4 000の範囲になる。

式(2.13)または式(2.14)で計算したレイノルズ数が臨界レイノルズ数以下であれば，層流境界層が中心まで成長し，管内全体が層流境界層となる。

これに対し，臨界レイノルズ数以上の場合には，入口で形成された層流境界層は管の中心まで成長する前に乱流境界層に遷移し，管内全体が乱流境界層で満たされる。

2.2.1 円管内層流境界層

管入口から層流境界層が発達し，十分発達した流れになるまでの助走区間 L_e は管の内径と流れのレイノルズ数によって決まり，次式で表される。

$$\frac{L_e}{D} = 0.0575 Re \tag{2.15}$$

一般に管の長さがある程度長ければ，助走区間の長さは無視できる。このため，十分発達した流れだけを考えればよいことになる。

円管内層流境界層の十分発達した流れでは，管壁との摩擦による圧力損失が理論的に計算できる。

図2.3に示すように十分発達した流れを考え，流体中の微小円筒部分に対する力のバランスを考える。

円筒の半径を r，長さを L とし，円筒の両面にかかる圧力をそれぞれ $p, p-\Delta p$ とすれば，円筒の断面に加わる力は，

$$p\pi r^2 - (p-\Delta p)\pi r^2$$

となる。また，円筒の側面には流体の粘性による摩擦せん断応力が加わり，側面の面積が $2\pi rL$ であることから，この力は $\tau 2\pi rL$ となる。十分発達した流れでは速度分布は変化せず，流体はどの断面においても中心からの距離が等しければ一定の流速で流れる。このため，この円筒部分に加わる力の合計はゼロにならなければならない。円筒部分に加わる力を，流れる方向を正として書く

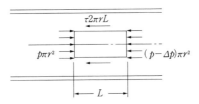

図2.3 円管内の十分発達した流れ

と次のようになる。
$$p\pi r^2 - (p-\Delta p)\pi r^2 - \tau\, 2\pi rL = 0$$
この式をせん断応力 τ について解くと次のようになる。
$$\tau = \left(\frac{\Delta p}{2L}\right) r \quad [\text{Pa}] \tag{2.16}$$

すなわち，任意の断面におけるせん断応力は，半径に比例して直線的に変化することを示している。この関係は流れが層流，乱流にかかわらず，円管内の十分発達した流れに対して成り立つ。

この式に $r = D/2$ を代入すれば，管壁に作用するせん断応力 τ_w と圧力損失 Δp の関係が得られる。

$$\Delta p = 4\tau_w \frac{L}{D} \quad [\text{Pa}] \tag{2.17}$$

流れが層流であればせん断応力と速度分布には一定の関係があるため，この関係を使えば管内の速度分布が計算できる。中心から半径 r の場所の速度を U とすれば，円筒表面でのせん断応力は式 (1.1) より，

$$\tau = -\mu \frac{dU}{dr} \tag{2.18}$$

となる。この式を式 (2.16) に代入すると，

$$-\mu \frac{dU}{dr} = \left(\frac{\Delta p}{2L}\right) r$$

となり，

$$\frac{dU}{dr} = -\frac{1}{2\mu}\frac{\Delta p}{L} r \tag{2.19}$$

が得られる。この式を r について積分すると，

$$U = -\frac{1}{4\mu}\frac{\Delta p}{L} r^2 + C \tag{2.20}$$

ここに，C：積分定数

となるが，管壁で速度がゼロであることから，$r = r_w$ で $U = 0$ を代入すると，

$$C = \frac{1}{4\mu}\frac{\Delta p}{L} r_w^2$$

となり，速度分布は次のようになる。

$$U = -\frac{1}{4\mu}\frac{\Delta p}{L}(r^2 - r_w^2)$$
$$= \frac{1}{4\mu}\frac{\Delta p}{L}(r_w^2 - r^2) \quad [\text{m/s}] \tag{2.21}$$

このように，円管内の流れが層流であれば，十分発達した流れの速度分布は放物線になる。

また，管の中心において速度は最大となり，その速度U_cは式(2.21)に$r=0$を代入することにより得られる。

$$U_c = \frac{1}{4\mu}\frac{\Delta p}{L} r_w^2 \quad [\text{m/s}] \tag{2.22}$$

円管の任意断面における流量は，円管内に図2.4のような環状の部分を考え，この部分を流れる体積流量がUdAとなることから，次のように$r=0$から$r=r_w$まで積分することにより得られる。

$$Q = \int_0^{r_w} U dA = \int_0^{r_w} U 2\pi r dr = \frac{1}{4\mu}\frac{\Delta p}{L} 2\pi \int_0^{r_w}(r_w^2 r - r^3)dr$$

$$= \frac{1}{2\mu}\frac{\Delta p}{L}\pi\left[r_w^2\frac{r^2}{2} - \frac{r^4}{4}\right]_0^{r_w} = \frac{1}{2\mu}\frac{\Delta p}{L}\pi\left(\frac{r_w^4}{2} - \frac{r_w^4}{4}\right)$$

$$= \frac{1}{8\mu}\frac{\Delta p}{L}\pi r_w^4 \quad [\text{m}^3/\text{s}] \tag{2.23}$$

管内の平均流速Vは断面積がπr_w^2であることから次のようになる。

$$V = \frac{Q}{\pi r_w^2} = \frac{1}{8\mu}\frac{\Delta p}{L} r_w^2 \quad [\text{m/s}] \tag{2.24}$$

上式と式(2.22)を比較することにより，平均流速と管中心流速の関係が得られる。

$$V = \frac{1}{2}U_c \quad [\text{m/s}] \tag{2.25}$$

すなわち，円管内の流れが層流であれば，管断面の平均流速は管中心流速の1/2になる。

また，管の長さLの間の摩擦による圧力損失エネルギー$\Delta p/\rho$は式(2.24)より次のように計算できる。

$$\frac{\Delta p}{\rho} = \frac{8\mu L V}{\rho r_w^2} \quad [\text{J/kg}] \tag{2.26}$$

一方，管内流のレイノルズ数Reは，

 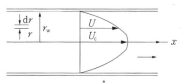

図2.4 流量の計算

$$Re = \frac{VD}{\nu} = \frac{\rho VD}{\mu}$$

となり，$r_w = D/2$ であることから式(2.26)は次のように変形できる．

$$\frac{\Delta p}{\rho} = \frac{8\mu LV}{\rho\left(\frac{D}{2}\right)^2} = \frac{32\mu LV}{\rho D^2} = \frac{32\mu}{\rho VD}\frac{LV^2}{D}$$

$$= \frac{64}{Re}\frac{L}{D}\frac{V^2}{2} \quad [\text{J/kg}] \tag{2.27}$$

この式はハーゲン・ポアズイユの式といわれ，実験結果とよく一致することが確かめられている．

2.2.2 円管内乱流境界層

流れのレイノルズ数が臨界レイノルズ数（2 000～4 000）を超えると乱流境界層が発生する．乱流境界層では流体内部での混合が活発であるため，助走区間 L_e は層流の場合に比べて非常に短くなる．乱流境界層における助走区間を計算するのに次式が使われる．

$$\frac{L_e}{D} = 0.69 Re^{\frac{1}{4}} \tag{2.28}$$

また，十分に発達した乱流境界層における速度分布も，流体内部での混合により平坦になり，次式に示すような指数の関係で示される．

$$\frac{U}{U_c} = \left(1 - \frac{r}{r_w}\right)^{\frac{1}{7}} \tag{2.29}$$

層流の場合と同様に，この式を任意の断面内で $r=0$ から $r=r_w$ まで積分すれば体積流量 Q が計算でき，その値を円管の断面積で割れば平均速度が計算できる．これによると，管内平均速度 V と管中心速度 U_c の間には次の関係がある．

$$V = 0.816 U_c \quad [\text{m/s}] \tag{2.30}$$

2.3 管路の圧力損失

2.3.1 直管の圧力損失

図 2.5 に示すような断面積一様の水平円管を考え，距離 L の間に圧力が p_1 か

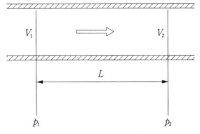

図 2.5 直管の圧力損失

ら p_2 に変化したとする。

区間 L に対して式 (2.7) のエネルギー保存則を適用すると，$V_1 = V_2$, $z_1 = z_2$, $E_{in} = 0$, $E_{out} = 0$ であるため，

$$E_{loss} = \frac{1}{\rho}(p_1 - p_2) \quad [\text{J/kg}] \tag{2.31}$$

となる。すなわち，管壁との摩擦仕事により失われる損失エネルギーは圧力降下によって賄われている。単位質量当たりの損失エネルギーを計算するのに一般には次式が使用される。

$$\frac{1}{\rho}(p_1 - p_2) = f\frac{L}{D}\frac{V^2}{2} \quad [\text{J/kg}] \tag{2.32}$$

この式は，流れが層流，乱流を問わず使用され，f は管摩擦係数とよばれる。

管路の計算では，損失エネルギーよりも圧力損失そのものを必要とすることが多いため，式(2.32)の両辺に ρ をかけて次のような形にして使用することが多い。

$$p_1 - p_2 = f\frac{L}{D}\frac{\rho V^2}{2} \quad [\text{Pa}] \tag{2.33}$$

管摩擦係数は流れの状態や管壁の粗さなどによって変化するため，レイノルズ数と等価相対粗さの関数として実験的な式がつくられている。しかし，層流の場合には，損失エネルギーが理論的に計算でき，式(2.27)のハーゲン・ポアズイユの式で表せる。この式と，式(2.33)を比較すると管摩擦係数は次のようになる。

$$f = \frac{64}{Re} \tag{2.34}$$

このように，流れが層流であれば管摩擦係数は管壁の粗さには関係せず，レ

イノルズ数のみによって決まる。

これに対し，乱流の場合にはレイノルズ数だけでなく管壁の粗さによっても変化し，管壁の粗さによる影響がとくに大きい。実際に使用されている管の管摩擦係数について多くの実験式があるが，一例をあげると次のようになる。

$$\frac{1}{\sqrt{f}} = -2\log_{10}\left[\frac{\varepsilon/D}{3.7} + \frac{2.51}{Re\sqrt{f}}\right] \tag{2.35}$$

ここで，ε：管壁の等価粗さ〔m〕

これはコールブルックの式とよばれるもので，管壁の粗さを表すのに管の内径 D との比である等価相対粗さ ε/D を使用している。

これらの関係式から管摩擦係数を計算するとき，使用する管の管壁粗さが必要になる。実際に使用している管の管壁粗さの値は**表2.1**のようになる。

また，管壁が滑らかな場合についてはブラジウスの式があり，次のようになる。

$$f = \frac{0.3164}{Re^{\frac{1}{4}}} \tag{2.36}$$

ムーディーは管摩擦係数に対するこれらの係数を1枚の図に示しており，ムーディー線図として広く用いられている（**図2.6**）。

この図からわかるように，乱流では管摩擦係数がレイノルズ数と管壁の相対粗さによって変化するが，あるレイノルズ数以上では相対粗さだけによって決まる一定値になる。このため管路の圧力損失を計算するのに式(2.33)を使用すると，f が定数として扱えるため非常に便利である。これに対し，層流の場合には f が Re に反比例して変化するため，式(2.33)を使っても大して効果はない。

表2.1 種々の実用管（新品）の等価粗さ

管の種類（新品）	等価粗さ ε の値〔mm〕	
	範　　囲	設　計　値
黄銅，引抜き鋼管	0.0015	0.0015
銅，ガラス，合成樹脂管	0.0015	0.0015
コンクリート管	0.3 ～3.0	1.2
鋳鉄―無塗装管	0.12 ～0.61	0.24
〃 ―アスファルト塗装	0.061～0.183	0.12
〃 ―ヒューム管	0.003	0.003
亜鉛引き鋼管	0.061～0.24	0.150
市販鋼，溶接鋼管	0.030～0.091	0.061

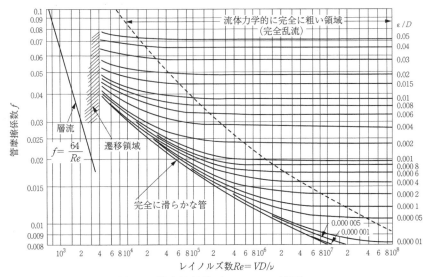

図 2.6 管摩擦係数（ムーディー線図）

また，乱流においては f がほぼ一定となるため圧力損失が V^2 に比例するのに対し，層流では圧力損失が式 (2.26) より，

$$p_1 - p_2 = \frac{8\mu L V}{r_w^2} \quad \text{(Pa)} \tag{2.37}$$

となり，V に比例することがわかる。

[例題 2.3]

内径 20 mm，長さ 50 m の内面が滑らかなホースにより，毎分 30 L の流量で油を送っている。油の密度を 900 kg/m³，粘性係数を 0.052 Pa·s とするとき，管摩擦による圧力降下はいくらか。

【解　答】

層流か乱流かを調べるためレイノルズ数を計算する。
平均流速は流量とホースの内径から計算できる。

$$V = \frac{Q}{\frac{\pi}{4}D^2} = \frac{\frac{30 \times 10^{-3}}{60}}{\frac{\pi}{4} \times 0.020^2} = 1.59 \text{ m/s}$$

これによりレイノルズ数は次のようになる。

$$Re = \frac{VD}{\nu} = \frac{VD}{\frac{\mu}{\rho}}$$

$$= \frac{1.59 \times 0.020}{\frac{0.052}{900}} = 550$$

流れは層流であるため管摩擦係数は式(2.34)から計算できる。

$$f = \frac{64}{Re} = \frac{64}{550} = 0.1164$$

管路の圧力損失は式(2.33)を使って計算する。

$$p_1 - p_2 = f \frac{L}{D} \frac{\rho V^2}{2}$$
$$= 0.1164 \times \frac{50}{0.020} \times \frac{900 \times 1.59^2}{2}$$
$$= 3.31 \times 10^5 \text{Pa} = 331 \text{ kPa}$$

2.3.2 各種管路要素の圧力損失

流体が管路を流れるとき，直管部では管壁との摩擦によってエネルギーの損失があるが，このほかに断面積の変化や流れ方向の変化によってもエネルギーの損失が発生する。

(1) 管路の入口

管路の入口における圧力損失エネルギーは，流体の単位質量当たりについて次のように表される。

$$\frac{\Delta p}{\rho} = K \frac{V^2}{2} \quad [\text{J/kg}]$$

また，圧力損失の形で示すと次のようになる。

$$\Delta p = K \frac{\rho V^2}{2} \quad [\text{Pa}]$$

これらの式でVは管断面での平均流速，Kは入口損失係数である。流れが乱流であればKの値は入口の形状のみによって決まる。代表的な入口形状に対するKの値を図 2.7 に示す。

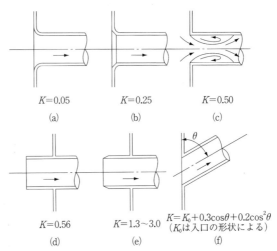

図2.7 各種管路入口形状に対する損失係数

管入口でのエネルギー損失は，管の入口付近で流れが収縮し，再び元の断面積まで戻るときに発生するため，入口部のかどの丸みが大きく影響する．

(2) 急拡大管

図2.8に示すように，断面積 A_1 の管路を流速 V_1 で流れてきた流体が，断面積 A_2 の管路に流入し最終的には流速 V_2 で流出するときを考える．

断面積が急激に広がるため，流速は減少し圧力は徐々に増加する．断面1と断面2の間にエネルギー保存則を適用すると $z_1=z_2$, $E_{in}=0$, $E_{out}=0$ であるため，

$$E_{loss} = \frac{p_1-p_2}{\rho} + \frac{1}{2}(V_1^2 - V_2^2) \quad [\text{J/kg}] \tag{2.38}$$

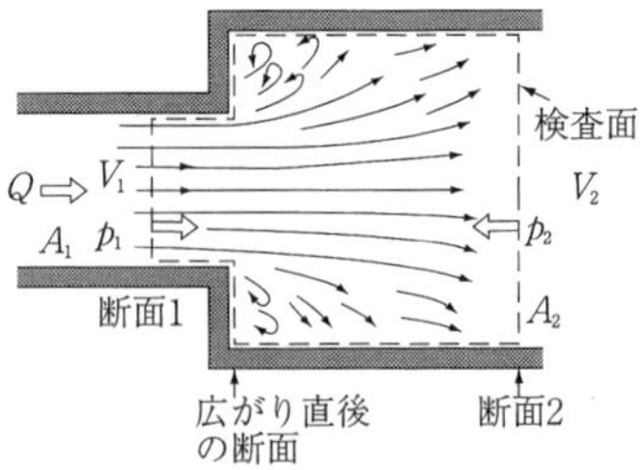

図2.8 急拡大管の流れ

が得られる。圧力差 (p_1-p_2) を求めるため，図の中に破線で示した領域について運動量保存則を適用する。流れ方向に作用する力は，
$$p_1 A_1 + p_1(A_2 - A_1)$$
流れと反対方向に作用する力は，
$$p_2 A_2$$
であり，運動量の変化量が，
$$\rho Q V_2 - \rho Q V_1$$
となることから次式が成り立つ。
$$p_1 A_1 + p_1(A_2 - A_1) - p_2 A_2 = \rho Q V_2 - \rho Q V_1$$
$$(p_1 - p_2) A_2 = \rho Q (V_2 - V_1)$$
ここで，$Q = A_2 V_2$ であることから次の式が得られる。
$$p_1 - p_2 = \rho V_2 (V_2 - V_1) \quad [\mathrm{Pa}] \tag{2.39}$$
式(2.38)に式(2.39)を代入すればエネルギー損失は次のようになる。
$$E_{\mathrm{loss}} = V_2(V_2 - V_1) + \frac{1}{2}(V_1^2 - V_2^2) = \frac{1}{2}(V_1^2 - 2V_2V_1 + V_2^2)$$
$$= \frac{1}{2}(V_1 - V_2)^2 \quad [\mathrm{J/kg}] \tag{2.40}$$
また，$Q = A_1 V_1 = A_2 V_2$ であることから，
$$V_2 = \frac{A_1}{A_2} V_1$$
となり，式(2.40)は次のように表せる。
$$E_{\mathrm{loss}} = \frac{1}{2}\left(V_1 - \frac{A_1}{A_2} V_1\right)^2$$
$$= \left(1 - \frac{A_1}{A_2}\right)^2 \frac{V_1^2}{2} \quad [\mathrm{J/kg}] \tag{2.41}$$
管入口での損失と同じように損失係数 K を使えば，
$$E_{\mathrm{loss}} = K \frac{V_1^2}{2} \quad [\mathrm{J/kg}] \tag{2.42}$$
となるため，
$$K = \left(1 - \frac{A_1}{A_2}\right)^2 \tag{2.43}$$
となる。実際には急拡大部でうずが発生するため，損失係数はこの値にある係数 ξ をかけた値となるが，実験によれば $\xi \fallingdotseq 1$ となるため損失係数は式(2.43)から計算すればよい。

なお，急拡大管の特別な例として容器内に管路から流体を供給している場合を考えると，$A_1/A_2 \ll 1$ であるため式(2.41)より，

$$E_{\text{loss}} = \frac{V_1^2}{2} \quad [\text{J/kg}] \tag{2.44}$$

となる．すなわち，容器に流体が流入するとき，流体のもっていた速度エネルギーはすべて損失となり，容器内の流体を攪拌することにより熱となって消散する．

(3) 急縮小管

縮小管では管入口と同様に流れはいったん壁から離れて収縮した流れとなり，その後は拡大管の場合のように管全体に流れるようになる．このため，急縮小管のエネルギー損失は入口から縮小部までの損失と，収縮部からの広がりによる損失の合計となる．一般に，入口から収縮部までの損失は非常に小さく，管入口における損失も収縮部から拡大するときに発生する．

収縮部から拡大するときの損失は，拡大管の式がそのまま利用でき，収縮部の面積と流速がわかれば計算できる（**図 2.9**）．

収縮部の断面積を A_c，平均流速を V_c とすれば，式(2.40)より縮小管の損失エネルギーは次のようになる．

$$E_{\text{loss}} = \frac{1}{2}(V_c - V_2)^2$$

ここで，$Q = A_c V_c = A_2 V_2$ であることから，

$$V_c = \frac{A_2}{A_c} V_2$$

となるため，次のように表すことができる．

$$E_{\text{loss}} = \frac{1}{2}\left(\frac{A_2}{A_c} V_2 - V_2\right)^2$$

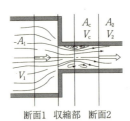

断面1　収縮部　断面2

図 2.9 急縮小管の流れ

表 2.2　急縮小管の損失係数

A_2/A_1	A_c/A_2	K
0.1	0.61	0.41
0.2	0.62	0.38
0.3	0.63	0.34
0.4	0.65	0.29
0.5	0.67	0.24
0.6	0.70	0.18
0.7	0.73	0.14
0.8	0.77	0.089
0.9	0.84	0.036
1.0	1.00	0

$$= \left(\frac{A_2}{A_c}-1\right)^2 \frac{V_2^2}{2} \ [\text{J/kg}] \tag{2.45}$$

縮小部での損失係数を K とすれば，

$$E_\text{loss} = K\frac{V_2^2}{2} \ [\text{J/kg}], \qquad K = \left(\frac{A_2}{A_c}-1\right)^2 \tag{2.46}$$

となる。一般に A_c/A_2 は入口の状態によって大きく変化するが，入口部のかどに丸みがない場合には**表 2.2** の値となり，これを使えば式(2.46)から K が計算できる。表 2.2 にはこのようにして計算した K の値も示してある。なお入口部のかどに丸みをつけるとこれらの値は著しく減少する。

(4) ゆるやかな広がり管

管の断面がゆるやかに広がる場合でも，変化の角度が大きいと流れが管壁からはく離するため大きな損失となる。これに対し，変化の角度が小さいときには，管壁との摩擦損失とほぼ等しくなる。

管の断面積が A_1 から A_2 までゆるやかに広がるときの損失エネルギーは，急拡大管と同様の式を用いて次のように表される（**図 2.10**）。

$$E_\text{loss} = K_1\frac{(V_1-V_2)^2}{2} \ [\text{J/kg}] \tag{2.47}$$

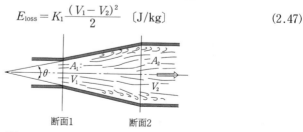

図 2.10　ゆるやかな広がり管の流れ

$$E_{\text{loss}} = K_2 \frac{V_1^2}{2} \quad \text{[J/kg]} \tag{2.47}'$$

ただし,

$$K_2 = K_1 \left(1 - \frac{A_1}{A_2}\right)^2$$

の関係がある。

損失係数 K_1 は面積比 A_2/A_1 や広がり角度によって変化するが,広がり管の内径の比 D_2/D_1 に対して示すと表 2.3 に示すような値となる。

(5) ベンド,分岐管,弁

流体がベンド,分岐管,弁などを通過するときにも損失エネルギーが発生するが,これらはすべて次の形で整理されている。

$$E_{\text{loss}} = K \frac{V^2}{2} \quad \text{[J/kg]} \tag{2.48}$$

損失係数 K の値は,広範囲の実験により測定されているので,必要なときには便覧などを参照すればよい。

また,これとは別に損失エネルギーの大きさを,これと同じ損失に相当する直管の管路長さ L_e で表すことがある。このような管路長さを相当長さとよぶ。直管の損失エネルギーは,

$$E_{\text{loss}} = f \frac{L_e}{D} \frac{V^2}{2} \quad \text{[J/kg]} \tag{2.49}$$

で与えられるため損失係数は次のように表すことができる。

$$K = f \frac{L_e}{D} \tag{2.50}$$

弁や継手類に対する相当長さの例を表 2.4 に示す。

表 2.3 広がり管の損失係数

D_2/D_1	広がり角(円すい頂角)						
	4°	10°	15°	20°	30°	50°	60°
1.2	0.02	0.04	0.09	0.16	0.25	0.35	0.37
1.4	0.03	0.06	0.12	0.23	0.36	0.50	0.53
1.6	0.03	0.07	0.14	0.26	0.42	0.57	0.61
1.8	0.04	0.07	0.15	0.28	0.44	0.61	0.65
2.0	0.04	0.07	0.16	0.29	0.46	0.63	0.68
2.5	0.04	0.08	0.16	0.30	0.48	0.65	0.70
3.0	0.04	0.08	0.16	0.31	0.48	0.66	0.71
4.0	0.04	0.08	0.16	0.31	0.49	0.67	0.72
5.0	0.04	0.08	0.16	0.31	0.50	0.67	0.72

表2.4 バルブ，継手類の相当長さ

バルブ	L_e/D	バルブ，継手類	L_e/D
玉形弁　$D=1\sim2.5''$	45	90°アングル弁	100〜120
$D=3\sim6''$	60	90°エルボ$D=3/8\sim2.5''$	30
仕切弁　全　　開	0	$D=3\sim6''$	40
3/4　開	10	標準　90°ベンド	10〜20
1/2　開	100	45°エルボ，長径エルボ	15〜20
1/4　開	900	T継手	40〜80

(6) 損失ヘッド

管路における圧力損失エネルギーは以下のようになることがわかった。

直管　　　　　　　　　　$E_{\text{loss}} = f\dfrac{L}{D}\dfrac{V^2}{2}$

管路の入口　　　　　　　$E_{\text{loss}} = K\dfrac{V^2}{2}$

急拡大管　　　　　　　　$E_{\text{loss}} = K\dfrac{V_1^2}{2} = \left(1 - \dfrac{A_1}{A_2}\right)^2 \dfrac{V_1^2}{2}$

急縮小管　　　　　　　　$E_{\text{loss}} = K\dfrac{V_2^2}{2}$

ゆるやかな広がり管　　　$E_{\text{loss}} = K\dfrac{V_1^2}{2}$

弁や継手　　　　　　　　$E_{\text{loss}} = K\dfrac{V^2}{2} = f\dfrac{L_e}{D}\dfrac{V^2}{2}$

これらの式で，管路の断面積が変化する場合には，平均流速として断面積の小さいほうの値を使用することに注意する必要がある。

また，エネルギー保存則を適用して損失エネルギーと静圧変化の関係を求めると，$z_1 = z_2$，$E_{\text{in}} = 0$，$E_{\text{out}} = 0$ となるため，

$$E_{\text{loss}} = \dfrac{p_1 - p_2}{\rho} + \dfrac{1}{2}(V_1^2 - V_2^2)$$

となる。管路の断面積が変化しない場合には，

$$E_{\text{loss}} = \dfrac{p_1 - p_2}{\rho}$$

となり，静圧の変化は ρE_{loss} で与えられる。しかし，断面積が変化する場合には，平均流速の変化分をも考慮して静圧の変化を計算する必要がある。

$$p_1 - p_2 = \rho E_{\text{loss}} - \dfrac{1}{2}\rho(V_1^2 - V_2^2)$$

このため，管路におけるエネルギー損失を計算するとき，損失エネルギーそのものを求めるのか，摩擦損失による静圧の変化を求めるのかを明確にしてお

く必要がある。

なお，損失エネルギーの大きさを表すのに，単位質量当たりの損失エネルギーである E_{loss} の代わりに損失ヘッドを使うことがある。これは，管路に流体を流した場合の損失エネルギーを，その流体の位置エネルギーの大きさに換算したものである。単位体積の液体を高さ H だけ持ち上げると，位置エネルギーは $\rho g H$ になる。流体の種類を決めれば，この高さ H によりエネルギーの大きさを表すことができ，この高さをヘッドという。流体の単位体積当たりの損失エネルギー ρE_{loss} をヘッドに換算したもの，すなわち損失ヘッドは次のようになる。

$$H = \frac{\rho E_{loss}}{\rho g} = \frac{E_{loss}}{g}$$

このように，単位質量当たりの損失エネルギー E_{loss} を損失ヘッド H に換算するには，重力加速度で割ればよいことがわかる。このことは，単位のうえからも確認できる。

$$\frac{E_{loss}}{g} = \frac{\frac{J}{kg}}{\frac{m}{s^2}} = \frac{\frac{N \cdot m}{kg}}{\frac{m}{s^2}} = \frac{\frac{kg \cdot \frac{m}{s^2} m}{kg}}{\frac{m}{s^2}} = m$$

[例題 2.4]

内径 50 mm の管路を流量 0.30 m³/min で水が流れている。この管を内径 70 mm の管路に接続するとき，そのまま接続した場合と，広がり角 30°の接続管を用いた場合について，エネルギー損失および断面拡大後の圧力を求めよ。

【解　答】

断面拡大部の直径比，面積比および断面拡大前後の流速は次のようになる。

$$\frac{D_2}{D_1} = \frac{0.070}{0.050} = 1.40$$

$$\frac{A_2}{A_1} = \frac{D_2^2}{D_1^2} = 1.40^2 = 1.96$$

$$V_1 = \frac{Q}{A_1} = \frac{Q}{\frac{\pi}{4}D_1^2} = \frac{\frac{0.30}{60}}{\frac{\pi}{4}\times 0.050^2} = 2.55 \text{ m/s}$$

$$V_2 = \frac{Q}{A_2} = \frac{Q}{\frac{\pi}{4}D_2^2} = \frac{\frac{0.30}{60}}{\frac{\pi}{4}\times 0.070^2} = 1.30 \text{ m/s}$$

急拡大部におけるエネルギー損失は,式(2.42),(2.43)から計算できる.

$$E_{\text{loss}} = K\frac{V_1^2}{2} = \left(1 - \frac{A_1}{A_2}\right)^2 \frac{V_1^2}{2}$$

$$= \left(1 - \frac{1}{1.96}\right)^2 \times \frac{2.55^2}{2} = 0.780 \text{ J/kg}$$

質量流量は体積流量から計算でき,

$$M = \rho Q = 1\,000 \times \frac{0.30}{60} = 5.0 \text{ kg/s}$$

となるため,拡大部でのエネルギー損失は次のようになる.

$$ME_{\text{loss}} = 5.0 \times 0.78 = 3.90 \text{ W}$$

また,断面拡大後の圧力は次のように計算できる.

$$p_1 - p_2 = \rho E_{\text{loss}} - \frac{1}{2}\rho(V_1^2 - V_2^2)$$
$$= 1\,000 \times 0.780 - \frac{1}{2} \times 1\,000 \times (2.55^5 - 1.30^2)$$
$$= -1.626 \times 10^3 \text{ Pa} = -1.626 \text{ [kPa]}$$

これより,

$$p_2 = p_1 + 1.626 \times 10^3 \text{ [Pa]}$$

となり,拡大前より1.626〔kPa〕だけ圧力が高くなる.

広がり角30°の接続管を用いた場合には,損失エネルギーは式(2.47)から計算できる.この式で損失係数K_1は表2.3から求められる.表2.3において$D_2/D_1 = 1.40$で広がり角30°のとき$K_1 = 0.36$となるため,

$$E_{\text{loss}} = K_1 \frac{(V_1 - V_2)^2}{2}$$

$$= 0.36 \times \frac{(2.55 - 1.30)^2}{2} = 0.281 \text{ J/kg}$$

となり,質量流量をかけると次のようになる.

$$ME_{\text{loss}} = 5.0 \times 0.281 = 1.405 \text{ W}$$

断面拡大後の圧力は次のように計算できる.

$$p_1 - p_2 = \rho E_{\text{loss}} - \frac{1}{2}\rho(V_1^2 - V_2^2)$$

$$= 1\,000 \times 0.281 - \frac{1}{2} \times 1\,000 \times (2.55^2 - 1.30^2)$$
$$= -2.13 \times 10^3 \mathrm{Pa} = -2.13\,\mathrm{kPa}$$

すなわち，
$$p_2 = p_1 + 2.13 \times 10^3 \mathrm{Pa}$$
となり，急拡大した場合より圧力は高くなる。

2.3.3 断面が円形以外の管路

断面が円形以外の長方形管やだ円管の中を流体が流れる場合の圧力損失は，適当な直径を定義すれば円管の場合と同じ計算式が使用できる。

図 2.11 に示すような管長 L で断面積 A の長方形断面の流路を考え，流路断面が流体に接触している壁の長さを L_P とする。流路の壁面におけるせん断応力を τ_w とすれば，流体に作用するせん断力は $\tau_\mathrm{w} L_\mathrm{P} L$ となるため，力のつり合いの式は次のようになる。

$$pA - (p - \Delta p)A - \tau_\mathrm{w} L_\mathrm{P} L = 0 \quad [\mathrm{N}] \tag{2.51}$$

この式を Δp について解くと，
$$\Delta p = \tau_\mathrm{w} \frac{L_\mathrm{P}}{A} L \quad [\mathrm{Pa}] \tag{2.52}$$

となる。一方，円管の場合には Δp と τ_w の関係が (2.17) 式で表され，
$$\Delta p = 4\tau_\mathrm{w} \frac{L}{D}$$

となる。これらの式を比較すると，断面が円形以外の場合でも $L_\mathrm{P}/A = 4/D$ すなわち，

$$D = \frac{4A}{L_\mathrm{P}} \quad [\mathrm{m}] \tag{2.53}$$

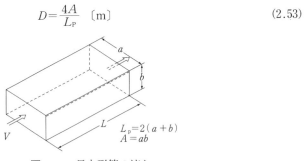

図 2.11 長方形管の流れ

となるような直径をもつ円管を考えれば，円管の計算式がそのまま使用できることがわかる。このような直径を等価直径（相当直径，水力直径）とよびD_eで表す。

断面が長方形で両辺がそれぞれa, bの場合には，
$$L_P = 2(a+b)$$
$$A = ab$$
となるため，
$$D_e = \frac{4A}{L_P} = \frac{4ab}{2(a+b)} = \frac{2ab}{a+b} \quad [\mathrm{m}] \tag{2.54}$$
となる。

また，直径がD_1, D_2の2重円管からなる環状流路では，
$$L_P = \pi(D_1+D_2)$$
$$A = \frac{\pi}{4}(D_2^2 - D_1^2)$$
であるため，
$$D_e = \frac{4A}{L_P} = \frac{4 \cdot \frac{\pi}{4}(D_2^2 - D_1^2)}{\pi(D_1+D_2)} = D_2 - D_1 \quad [\mathrm{m}] \tag{2.55}$$
となる。

2.4 流量測定

流体の流れの基本式であるベルヌーイの定理を利用して，流量または流速を測定することがある。ベルヌーイの定理の理解を深めるのに適していると思われるので，これらの測定法について述べる。

2.4.1 ヘッドタンクからの流れ

図2.12に示すように，断面積が比較的大きなタンクの下部側面に水平な短管を取り付ける。上方から連続的に流体を流し込み，下方の短管から流出している場合を考える。定常状態では上方からの流入量と短管からの流出量が等しくなるが，短管からの流出量はタンク内の水面高さによって変化するため，タンク内の水面高さを測定することにより上方からの流入量を測定することがで

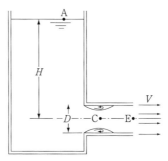

図 2.12　ヘッドタンクからの流れ

きる。

(1) 流出流量

短管の中心から高さ H [m] のところでタンク内の水面が一定になったとし，短管の直径を D [m] とする。短管内でエネルギー損失がないと仮定したときの流出速度 V_0 は，点 A と点 E の間にベルヌーイの式 (2.8) を適用することにより計算できる。ベルヌーイの式は，

$$\frac{p_A}{\rho} + 0 + gH = \frac{p_E}{\rho} + \frac{V_0^2}{2} + 0$$

となり，$p_A = p_E =$ 大気圧　であるため V_0 は次のように計算できる。

$$V_0 = \sqrt{2gH} \quad [\text{m/s}] \tag{2.56}$$

これより，損失がない理想的な場合の流量 Q_0 は次のようになる。

$$Q_0 = A_E V_0 = A_E \sqrt{2gH} \quad [\text{m}^3/\text{s}] \tag{2.57}$$

しかし，短管の入口部分で縮流が起こり，流路の断面積が管出口の断面積より小さくなるとともに，摩擦損失により縮流部の速度も V_0 より小さくなる。このため，実際の流量 Q は，

$$Q = CQ_0 = CA_E \sqrt{2gH} \quad [\text{m}^3/\text{s}] \tag{2.58}$$

と表される。このとき C を流出係数とよんでいる。流出係数は縮流部の速度係数 C_{vc} と収縮係数 C_c の積であり，

$$C = C_{vc} C_c \tag{2.59}$$

となる。ただし，$C_{vc} = V_c/\sqrt{2gH}$，$C_c = A_c/A_E$ であり，V_c，A_c は縮流部における流速と流路断面積である。

(2) エネルギー損失

短管出口の流速は，エネルギー損失がない場合には V_0 となるが，実際の流速はこれより小さな値となる．一般に，エネルギー損失がない理想的な流れと仮定して計算した流速 V_0 に対する実際の流速の比を速度係数とよび C_V で表す．速度係数 C_V を使えば，実際の出口速度 V_E は次のようになる．

$$V_E = C_V V_0 \quad [\text{m/s}] \tag{2.60}$$

短管から流出する際のエネルギー損失を計算するため，点Aから点Eまでエネルギー保存則を適用すると，式 (2.7) は次のようになる．

$$\frac{p_A}{\rho} + 0 + gH - E_{\text{loss}} = \frac{p_E}{\rho} + 0 + \frac{V_E^2}{2}$$

$p_A = p_E = $ 大気圧　であることから E_{loss} は次のようになる．

$$E_{\text{loss}} = gH - \frac{V_E^2}{2}$$

ここで，$V_E = C_V V_0 = C_V \sqrt{2gH}$ より，

$$gH = \frac{1}{2}\left(\frac{V_E}{C_V}\right)^2$$

となることから E_{loss} は次のように表せる．

$$E_{\text{loss}} = \frac{1}{2}\left(\frac{V_E}{C_V}\right)^2 - \frac{V_E^2}{2}$$

$$= \left(\frac{1}{C_V^2} - 1\right)\frac{V_E^2}{2} \quad [\text{J/kg}] \tag{2.61}$$

(3) 縮流部の圧力

縮流部の圧力を計算するため，点Aと点Cの間にエネルギー保存則の式 (2.7) を適用すると次のようになる．

$$\frac{p_A}{\rho} + gH - E_{\text{loss}} = \frac{p_C}{\rho} + 0 + \frac{V_C^2}{2} \quad [\text{J/kg}] \tag{2.62}$$

ここで，E_{loss} は急縮小管のエネルギー損失と考えられるため次のように表せる．

$$E_{\text{loss}} = K\frac{V_C^2}{2} \quad [\text{J/kg}]$$

また，各断面における体積流量が一定であることから，

$$Q = A_C V_C = A_E V_E$$

となり，

$$V_E = C_V\sqrt{2gH}, \qquad \frac{A_E}{A_C} = \frac{1}{C_C}$$

を使うと V_C は次のようになる。

$$V_C = \frac{A_E}{A_C}V_E = \frac{A_E}{A_C}C_V\sqrt{2gH}$$

$$= \frac{C_V}{C_C}\sqrt{2gH}$$

これらの関係を式(2.62)に代入して p_C を計算すると次のようになる。

$$p_C = p_A - \rho\left(\frac{V_C^2}{2} + E_{loss} - gH\right) = p_A - \rho\left(\frac{V_C^2}{2} + K\frac{V_C^2}{2} - gH\right)$$

$$= p_A - \rho\left[(1+K)\frac{1}{2}\left(\frac{C_V}{C_C}\sqrt{2gH}\right)^2 - gH\right]$$

$$= p_A - \left[\left(\frac{C_V}{C_C}\right)^2(1+K) - 1\right]\rho gH \quad [\text{Pa}] \tag{2.63}$$

この式をみると縮流部の圧力はタンク内の液面高さに比例して減少することがわかる。

縮流部の圧力が低くなると，管内で蒸気が発生して，流量が急激に減少することがある。液体は圧力一定で温度を上げたり，温度一定で圧力を下げたりすると沸騰を開始するが，沸騰が起こる圧力と温度は飽和圧力，飽和温度とよばれており，液体の種類によって一定の関係がある。液体の温度を一定としたとき，圧力が飽和圧力以下まで下がると短管内で沸騰が起こり，管壁付近に蒸気が発生する。このため，管内の中心部分だけを液体が流れるようになり，流量は急激に減少するから注意する必要がある。また，管が長いときや，管出口が大気に開放されていない場合には，管内に蒸気が閉じ込められてキャビテーションが発生する。

[例題 2.5]

図に示すように，タンクの側壁に短管を取り付け，水を噴出させている。短管の流出係数が 0.82 であり，短管の入口部での収縮係数が 0.62 であるとき，縮流部における負圧により，下の容器の水を吸い上げる高さはいくらになるか。ただし，入口部のエネルギー損失は無視できるものとする。

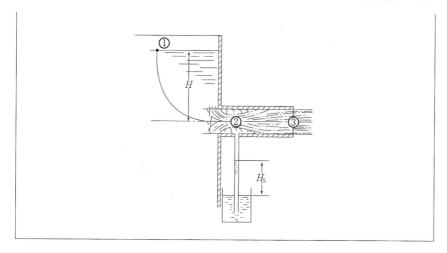

【解　答】

　タンクの水面と短管の縮流部の間にベルヌーイの定理を適用すると，$V_1=0$，$p_1=p_0$（大気圧）であるため次のようになる。

$$\frac{p_0}{\rho}+gz_1=\frac{p_c}{\rho}+\frac{V_c^2}{2}+gz_2$$

$z_1-z_2=H$であることから，縮流部の圧力は次のように計算できる。

$$p_c-p_0=\rho gH-\frac{\rho V_c^2}{2}$$

一方，短管出口における流量は式(2.58)から計算できる。

$$Q=CA_E\sqrt{2gH}=0.82A_E\sqrt{2gH}$$

縮流部でも流量は同じであるため，縮流部の速度は次のようになる。

$$V_c=\frac{Q}{A_c}=\frac{0.82A_E\sqrt{2gH}}{A_c}$$

ここで$A_c/A_E=C_c=0.62$であることから，

$$V_c=\frac{0.82}{0.62}\sqrt{2gH}=1.323\sqrt{2gH}$$

となる。この値を代入すれば縮流部の圧力は次のようになる。

$$p_c-p_0=\rho gH-\frac{\rho}{2}\left(1.323\sqrt{2gH}\right)^2$$

$$=\rho gH-1.75\rho gH$$

$$=-0.75\rho gH\;\mathrm{[Pa]}$$

　容器の水面には大気圧がかかっているため，吸い上げる高さをH_sとすれば，

$$p_c+\rho gH_s=p_0$$

となることから，

$$H_s = \frac{p_0 - p_C}{\rho g} = 0.75H$$

すなわち，タンク内の水面高さの 75 ％に相当する高さまで，容器から水を吸い上げる．

2.4.2 ベンチュリー管の流れ

図 2.13 に示すように，ゆるやかに縮小したあと徐々に拡大するような管をベンチュリー管と呼び，断面積が最小となる部分をのど部という．ベンチュリー管に入る前の圧力と，のど部の圧力の差を測定することにより管路の流量が測定できる．

ベンチュリー管の縮小部においてエネルギー損失がないと仮定するとベルヌーイの式が成り立ち，次のようになる．

$$\frac{p_A}{\rho} + \frac{V_A^2}{2} + 0 = \frac{p_B}{\rho} + \frac{V_{B0}^2}{2} + 0$$

これより，のど部の速度は次のように計算できる．

$$V_{B0} = \sqrt{2\left(\frac{p_A}{\rho} - \frac{p_B}{\rho}\right) + V_A^2} \quad \text{[m/s]} \tag{2.64}$$

一方，各断面における体積流量が等しいことから $V_A A_A = V_B A_B$ となり，

$$V_A = \frac{A_B}{A_A} V_{B0}$$

が得られる．この関係を式(2.64)に代入すると，

$$V_{B0} = \sqrt{2\left(\frac{p_A}{\rho} - \frac{p_B}{\rho}\right) + \left(\frac{A_B}{A_A}\right)^2 V_{B0}^2}$$

となるため V_{B0} は次のようになる．

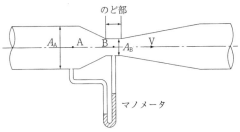

図 2.13 ベンチュリー管の流れ

$$V_{B0} = \sqrt{\frac{2\left(\dfrac{p_A}{\rho} - \dfrac{p_B}{\rho}\right)}{1-\left(\dfrac{A_B}{A_A}\right)^2}} \quad [\mathrm{m/s}] \tag{2.65}$$

このことから,エネルギー損失がない場合の流量 Q_0 は次のように表せる。

$$Q_0 = A_B V_{B0} = A_B \sqrt{\frac{\dfrac{2}{\rho}(p_A - p_B)}{1-\left(\dfrac{A_B}{A_A}\right)^2}} \quad [\mathrm{m^3/s}] \tag{2.66}$$

実際の流れではエネルギー損失があるため,流量はこの値よりも小さくなる。実際の流量 Q は $Q = CQ_0$ として計算し,C を流出係数とよぶ。流出係数を使えば,ベンチュリー管を流れる流量は次式から計算できる。

$$Q = CQ_0 = CA_B \sqrt{\frac{\dfrac{2}{\rho}(p_A - p_B)}{1-\left(\dfrac{A_B}{A_A}\right)^2}} \quad [\mathrm{m^3/s}] \tag{2.67}$$

流出係数 C の値はほぼ 1 に近いため $Q = Q_0$ として計算してもよい。

また,流量を計算するとき式(2.67)の代わりに次式を使うことがある。

$$Q = C_m A_B \sqrt{\frac{2}{\rho}(p_A - p_B)} \quad [\mathrm{m^3/s}] \tag{2.68}$$

この式の C_m を流量係数とよんでいる。式(2.67)と式(2.68)を等置することにより流量係数と流出係数の関係が次式で表される。

$$C_m = \frac{C}{\sqrt{1-\left(\dfrac{A_B}{A_A}\right)^2}}$$

ここで,$A_B/A_A = C_C$ すなわち収縮係数であることから次のようになる。

$$C_m = \frac{C}{\sqrt{1-C_C^2}} \tag{2.69}$$

このほか,エネルギー損失がない場合の流量と比較する代わりに,速度を比較することがある。エネルギー損失がない場合の速度を V_0,実際の速度を V とするとき $C_V = V/V_0$ を速度係数という。速度係数を使って流量を計算すると,

$$Q = A_B V_B = A_B C_V V_{B0}$$

となり,式(2.67)と比較すると $C_V = C$ になることがわかる。

[例題 2.6]

　直管部の直径が 100 mm，のど部の直径 50 mm のベンチュリー管により，水の流量を測定したところ，差圧が水銀柱で 150 mm となった。速度係数を 0.95 とするとき，水の流量はいくらか。ただし，水の密度を 1 000 kg/m³，水銀の比重を 13.6 とする。

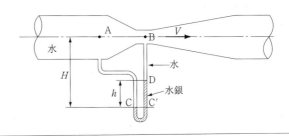

【解　答】

　ベンチュリー管を流れる流量は式(2.67)から計算できる。

$$Q = CA_B \sqrt{\frac{\frac{2}{\rho}(p_A - p_B)}{1 - \left(\frac{A_B}{A_A}\right)^2}}$$

　A点とB点の圧力差は水銀柱の高さの差で測定されているので，圧力差を計算によって求める。水の密度を ρ_1，水銀の密度を ρ_2 とすれば，図のC点，D点の圧力は次のようになる。

$$p_C = p_A + \rho_1 g H$$
$$p_D = p_B + \rho_1 g (H - h)$$

　また，差圧計でC点とC'点の圧力は等しいため，

$$p_C = p_D + \rho_2 g h$$

となる。これらの関係より圧力差が次のように計算できる。

$$p_A - p_B = (p_C - \rho_1 g H) - \{p_D - \rho_1 g (H - h)\}$$
$$= p_C - p_D - \rho_1 g h = (p_D + \rho_2 g h) - p_D - \rho_1 g h$$
$$= (\rho_2 - \rho_1) g h$$

　このように，差圧計に管内の流体が浸入する場合には，実際の圧力差と差圧計の読みとの関係は，それぞれの液の密度 ρ_1，ρ_2 を使って次のように表せる。

$$p_A - p_B = (\rho_2 - \rho_1) gh$$

なお，流体が気体のときには，$\rho_2 \gg \rho_1$ となるため，

$$p_A - p_B = \rho_2 gh$$

と考えてもよい。

与えられた数値を代入することにより流量が計算できる。

$$Q = C \frac{\pi}{4} D_B^2 \sqrt{\frac{\frac{2}{\rho_1}(\rho_2 - \rho_1) gh}{1 - \left(\frac{D_B^2}{D_A^2}\right)^2}}$$

$$= 0.95 \times \frac{\pi}{4} \times 0.050^2 \sqrt{\frac{\frac{2}{1\,000} \times (13.6-1) \times 1\,000 \times 9.81 \times 0.150}{1 - \left(\frac{0.050}{0.100}\right)^4}}$$

$$= 0.011\,7\ \mathrm{m^3/s}$$

2.4.3 オリフィスの流れ

オリフィスを通る流れは急縮小後拡大する流れである。オリフィスを通過したあとも流体に管中心方向の力が働くため，オリフィスの開口面積より小さな断面積まで流れが縮小したのち，管路の断面積まで拡大する（図 2.14）。

断面積が最小となる部分を縮流部とよび，オリフィス開口面積に対する縮流部の面積を縮流係数とよぶ。一方，管断面積に対するオリフィス開口面積の比を開口比とよぶ。

オリフィスを通る流量は，オリフィス前と縮流部の間に仮想的なベンチュリー管を考えれば次のように計算できる。

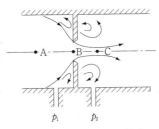

図 2.14　オリフィスの流れ

$$Q = CA_\mathrm{C} \sqrt{\frac{\frac{2}{\rho}(p_1 - p_2)}{1 - \left(\frac{A_\mathrm{C}}{A_\mathrm{A}}\right)^2}} \quad [\mathrm{m^3/s}] \tag{2.70}$$

この式で A_C はわからないため A_B を使って表すと，

$$Q = C \frac{A_\mathrm{C}}{A_\mathrm{B}} A_\mathrm{B} \sqrt{\frac{\frac{2}{\rho}(p_1 - p_2)}{1 - \left(\frac{A_\mathrm{C}}{A_\mathrm{B}} \frac{A_\mathrm{B}}{A_\mathrm{A}}\right)^2}}$$

となるが，収縮係数 $C_\mathrm{C} = A_\mathrm{C}/A_\mathrm{B}$ および開口比 $m = A_\mathrm{B}/A_\mathrm{A}$ であることにより，次のようになる。

$$Q = CC_\mathrm{C} A_\mathrm{B} \sqrt{\frac{\frac{2}{\rho}(p_1 - p_2)}{1 - (C_\mathrm{C} m)^2}}$$

この式の C_C および C は流れのレイノルズ数や開口比 m によって決まるもので，実験によって決定される。このとき，これらの係数を一まとめにして次のように表すことが多い。

$$Q = C_\mathrm{m} A_\mathrm{B} \sqrt{\frac{2}{\rho}(p_1 - p_2)} \quad [\mathrm{m^3/s}] \tag{2.71}$$

この式の C_m を流量係数とよび，実験によって求める。

2.5 圧縮性流体の流れ

気体の流れであっても流速が比較的小さい場合には，液体と同様に非圧縮性流体として扱ってもよい。しかし，気体が高速で流れるときには流れの途中で圧力や温度が大きく変化するため，圧縮性流体として扱う必要がある。

2.5.1 全圧と全温度

高速で流れる流れの中に温度計を挿入し，気体の温度を測定する場合を考える（図 2.15）。

温度計を挿入したことにより，温度計の前方では V の流速であったものが，温度計の壁に衝突して流速が 0 になる。このように壁面と衝突して流速が 0 になる点をよどみ点とよぶ。温度計の前方と壁面の間にエネルギー保存則を適用

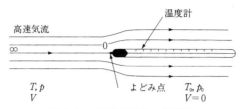

図 2.15 高速気流中の温度計

すると，式(2.3)において $E_{in}=0$, $E_{out}=0$, $z_1=z_2$, $V_2=0$ であるため，

$$h+\frac{V^2}{2}=h_0=一定 \quad [J/kg] \tag{2.72}$$

となる。ここで h_0 はよどみ点における比エンタルピーであり全エンタルピーという。

流体が理想気体であれば $h=c_pT$ となるため，式(2.72)は次のように表せる。

$$c_pT+\frac{V^2}{2}=c_pT_0=一定 \quad [J/kg] \tag{2.73}$$

この式で T_0 はよどみ点における温度であり，全温度という。また，全温度に対し流れの温度 T を静温度という。この式からわかるように，温度計の示す温度は流体の実際の温度より高くなり，流体の速度が大きいほどその差が大きくなることがわかる。

しかし，温度計が示す温度は T_0 にはならない。温度計の感温部は，温度が T の周囲流体によって冷却されるため，T_0 と T の間の温度 T_r を示すことになる。この温度 T_r を回復温度といい，次式で計算できる。

$$T_r=T+r\frac{V^2}{2c_p} \quad [K] \tag{2.74}$$

ここで，r は回復係数とよばれ，層流境界層では次式によって与えられる。

$$r=\sqrt{Pr} \tag{2.75}$$

この式の Pr はプラントル数で，流体の特性を表す物性値であり，空気では 0.71 となる。温度計の感温部は十分に小さいため，壁面には層流境界層が形成されていると考えられるので，大部分の場合には式(2.75)が適用できる。式(2.75)を式(2.74)に代入すると次のようになる。

$$T_r-T=\sqrt{Pr}\frac{V^2}{2c_p} \quad [K] \tag{2.76}$$

また、式(2.73)を温度の代わりに圧力を使って表せば、よどみ点の圧力 p_0 が計算できる。流体が理想気体であれば、理想気体の状態式より $p=\rho RT$ となるため、

$$T=\frac{p}{\rho R}$$

を式(2.73)に代入すると次のようになる。

$$c_p\frac{p}{\rho R}+\frac{V^2}{2}=c_p\frac{p_0}{\rho_0 R} \quad [\text{J/kg}] \tag{2.77}$$

ここで、定圧比熱 c_p は比熱比 $\kappa=c_p/c_v$ を使用すると、

$$c_p=\frac{\kappa}{\kappa-1}R$$

となることから式(2.77)は次のように表せる。

$$\frac{\kappa}{\kappa-1}\frac{p}{\rho}+\frac{V^2}{2}=\frac{\kappa}{\kappa-1}\frac{p_0}{\rho_0}$$

この式より、よどみ点の圧力 p_0 は次のようになる。

$$p_0=\frac{\rho_0}{\rho}p+\frac{\kappa-1}{\kappa}\frac{\rho_0 V^2}{2} \quad [\text{Pa}] \tag{2.78}$$

2.5.2 ノズルを通る流れ

図 2.16 に示すように圧力 p_0、温度 T_0 の気体が容器に入っており、容器の壁に取り付けた先細ノズルから圧力 p_b の大気中に噴出している場合について考える。

容器の体積が十分に大きいと仮定すれば、容器内の圧力と温度は一定と考えてもよい。このとき、ノズル出口における速度 V_e は容器内とノズル出口の間にエネルギー保存則を適用することにより計算できる。式 (2.3) において $E_{\text{in}}=0$、$E_{\text{out}}=0$、$z_1=z_2$、$V_1=0$ であるため、

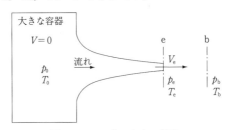

図 2.16 ノズルからの流れ

$$h_0 + 0 = h_e + \frac{V_e^2}{2}$$

となり，V_e は次のようになる．

$$V_e = \sqrt{2(h_0 - h_e)} \quad [\mathrm{m/s}] \tag{2.79}$$

流体が理想気体であれば，$h = c_p T$ となり，$c_p = \dfrac{\kappa}{\kappa-1} R$ となるため，式(2.79)は次のように表せる．

$$\begin{aligned} V_e &= \sqrt{2 c_p (T_0 - T_e)} \\ &= \sqrt{2 \frac{\kappa}{\kappa-1} R (T_0 - T_e)} \quad [\mathrm{m/s}] \end{aligned} \tag{2.80}$$

ノズル内の流れがエネルギー損失のない理想的な流れであれば，気体の状態変化は可逆断熱変化となるため，

$$T_e = T_0 \left(\frac{p_e}{p_0}\right)^{\frac{\kappa-1}{\kappa}}$$

となる．この関係を式(2.80)に代入して整理すると，エネルギー損失のない理想的な場合の速度 $V_{e,\mathrm{is}}$ は次のようになる（添字 is は可逆断熱変化すなわち等エントロピー変化を示す）．

$$V_{e,\mathrm{is}} = \sqrt{\frac{2\kappa}{\kappa-1} R T_0 \left\{1 - \left(\frac{p_e}{p_0}\right)^{\frac{\kappa-1}{\kappa}}\right\}} \quad [\mathrm{m/s}] \tag{2.81}$$

このことから，エネルギー損失がない場合のノズル出口における質量流量 M_{is} は，

$$M_{\mathrm{is}} = \rho_e V_{e,\mathrm{is}} A_e = A_e \rho_e \sqrt{\frac{2\kappa}{\kappa-1} R T_0 \left\{1 - \left(\frac{p_e}{p_0}\right)^{\frac{\kappa-1}{\kappa}}\right\}}$$

となる．ここで，

$$\rho_e = \rho_0 \left(\frac{p_e}{p_0}\right)^{\frac{1}{\kappa}}$$

であることから次のように計算できる．

$$M_{\mathrm{is}} = A_e \sqrt{\frac{2\kappa}{\kappa-1} R T_0 \rho_0^2 \left(\frac{p_e}{p_0}\right)^{\frac{2}{\kappa}} \left\{1 - \left(\frac{p_e}{p_0}\right)^{\frac{\kappa-1}{\kappa}}\right\}}$$

一方，理想気体の状態式から $\rho_0 = \dfrac{p_0}{R T_0}$ となるため，M_{is} は次のように表せる．

$$M_{\mathrm{is}} = A_e \sqrt{\frac{2\kappa}{\kappa-1} \frac{p_0^2}{R T_0} \left(\frac{p_e}{p_0}\right)^{\frac{2}{\kappa}} \left\{1 - \left(\frac{p_e}{p_0}\right)^{\frac{\kappa-1}{\kappa}}\right\}} \quad [\mathrm{kg/s}] \tag{2.82}$$

この式を使えば出口圧力 p_e から質量流量 M_{is} が計算できる。

出口圧力を下げるに従いノズルから流出する気体の質量は図 2.17 の 1 → 2 → 3 → 4 と増加するが，圧力をさらに下げても気体の流量はこれ以上増加せず，出口圧力によらず一定値となる。これは点 4 の状態でノズル出口における流速が音速となり，出口圧力が下がったという信号が流れの上流方向に伝達しないためである。このように，圧力を下げても流量が変化しない状態を臨界状態または閉そく状態という。流れが臨界状態になると出口圧力は音速に相当する臨界圧力 p_c で一定になり，ノズルを出たあと大気圧 p_b まで急激に膨張する（図 2.18）。

臨界圧力 p_c は，ノズル出口における流速が音速であることから計算できる。音速 a は，一般に $a=\sqrt{\kappa R T_c}$ となるが，気体の状態変化が可逆断熱変化であることから，

$$T_c = T_0 \left(\frac{p_c}{p_0}\right)^{\frac{\kappa-1}{\kappa}}$$

となるため，

$$a = \sqrt{\kappa R T_0 \left(\frac{p_c}{p_0}\right)^{\frac{\kappa-1}{\kappa}}} \quad [\mathrm{m/s}] \qquad (2.83)$$

となる。

また，ノズル出口速度は式(2.81)で表されることから，式(2.81)と式(2.83)を等置すると，

$$\frac{2}{\kappa-1}\left\{1-\left(\frac{p_c}{p_0}\right)^{\frac{\kappa-1}{\kappa}}\right\} = \left(\frac{p_c}{p_0}\right)^{\frac{\kappa-1}{\kappa}}$$

となり，p_c/p_0 は次のように計算できる。

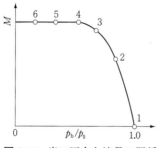

図 2.17 出口圧力と流量の関係

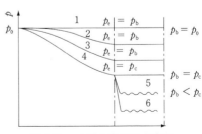

図 2.18 ノズル内の圧力変化

$$\frac{p_\mathrm{C}}{p_0} = \left(\frac{\dfrac{2}{\kappa-1}}{1+\dfrac{2}{\kappa-1}}\right)^{\frac{\kappa}{\kappa-1}}$$

$$= \left(\frac{2}{\kappa+1}\right)^{\frac{\kappa}{\kappa-1}} \tag{2.84}$$

このように,p_C/p_0 は比熱比 κ のみによって決まるが,p_C/p_0 を臨界圧力比とよぶ。流体として空気を使用すると,空気の比熱比は常温付近で1.40となるため,$p_\mathrm{C}/p_0=0.528$ となる。このことは,周囲圧力が $0.528\,p_0$ 以下になると臨界状態になり,流量は一定になることを示している。

臨界状態における流速は式(2.81)に式(2.84)を代入することにより計算できる。

$$V_\mathrm{C} = \sqrt{\frac{2\kappa}{\kappa-1} RT_0 \left(1-\frac{2}{\kappa+1}\right)}$$

$$= \sqrt{\frac{2\kappa}{\kappa+1} RT_0} \quad [\mathrm{m/s}] \tag{2.85}$$

この式は,出口の音速をタンク内の状態から計算するときに使用できる。この式によれば臨界状態における流速はタンク内の圧力 p_0 や周囲圧力 p_b によらず,タンク内の温度のみによって決定されることがわかる。

臨界状態における質量流量 M_C は,式(2.82)に臨界圧力比を代入することにより,次のように計算することができる。

$$M_\mathrm{C} = A_\mathrm{e} \sqrt{\frac{2\kappa}{\kappa-1} \frac{p_0{}^2}{RT_0} \left(\frac{2}{\kappa+1}\right)^{\frac{2}{\kappa-1}} \left(1-\frac{2}{\kappa+1}\right)}$$

$$= A_\mathrm{e} \sqrt{\frac{2\kappa}{\kappa-1} \left(\frac{2}{\kappa+1}\right)^{\frac{2}{\kappa-1}} \frac{\kappa-1}{\kappa+1}}\ \frac{p_0}{\sqrt{RT_0}}$$

$$= A_\mathrm{e} \sqrt{\kappa \left(\frac{2}{\kappa+1}\right)^{\frac{\kappa+1}{\kappa-1}}}\ \frac{p_0}{\sqrt{RT_0}} \quad [\mathrm{m/s}] \tag{2.86}$$

以上の計算はノズル内でエネルギー損失がないと仮定したものであるが,実際の流量 M はこの値より小さくなり,係数 C をかけたものとなる。

$$M = CM_\mathrm{is} \quad [\mathrm{kg/s}] \tag{2.87}$$

この係数 C をノズルの流量係数という。

また,ノズル出口における実際の流速 V_e は,理想的な流れに対する流速

$V_{e,is}$ より小さくなるため,

$$V_e = C_V V_{e,is} \quad [\text{m/s}] \tag{2.88}$$

と表し,C_V をノズルの速度係数という.

質量流量 M は流速 V から計算できるため,流量係数 C と速度係数 C_V の間には一定の関係がある.$M_{is} = \rho_{e,is} A_e V_{e,is}$,$M = \rho_e A_e V_e$ となることから C は次のようになる.

$$C = \frac{M}{M_{is}} = \frac{\rho_e V_e A_e}{\rho_{e,is} V_{e,is} A_e} = \frac{\rho_e}{\rho_{e,is}} C_V \tag{2.89}$$

ノズルを流れるときエネルギー損失があると摩擦仕事により熱が発生し,この熱が流体に加えられる.このため気体の温度はエネルギー損失がない場合に比べて高くなる.すなわち,ノズル出口における流体の比エンタルピーがエネルギー損失のない場合より大きくなり,気体の運動エネルギーはそのぶんだけ小さくなる.摩擦損失を E_{loss},ノズル出口の比エンタルピーを h_e として,この関係を式の形で示すと次のようになる.

$$E_{loss} = h_e - h_{e,is} = \frac{1}{2}(V_{e,is}^2 - V_e^2) \quad [\text{J/kg}] \tag{2.90}$$

ノズルにおける摩擦損失の大きさを表すのに,ノズル効率 η_n や摩擦損失係数 K_f が使用され,次のように定義されている.

$$\eta_n = \frac{\dfrac{V_e^2}{2}}{\dfrac{V_{e,is}^2}{2}} \tag{2.91}$$

$$K_f = \frac{E_{loss}}{\dfrac{V_{e,is}^2}{2}} \tag{2.92}$$

当然のことながら,これらは速度係数 C_V や流量係数 C と一定の関係がある.η_n,K_f と C_V の関係は次のようになる.

$$\eta_n = \frac{V_e^2}{V_{e,is}^2} = C_V^2 \tag{2.93}$$

$$K_f = \frac{\dfrac{V_{e,is}^2 - V_e^2}{2}}{\dfrac{V_{e,is}^2}{2}} = 1 - \left(\frac{V_e}{V_{e,is}}\right)^2 = 1 - \eta_n$$

$$= 1 - C_V^2 \tag{2.94}$$

2.5.3 オリフィスを通る流れ

非圧縮性流体の場合と同様に，流体はオリフィスの開口部を通過したあと流路面積が最小になり，その後はもとの面積まで回復する。このため，オリフィスを通る流体の流量は，オリフィス開口部から縮流部までを先細ノズルと考えて計算できる（図 2.19）。

オリフィス開口部の面積を A_0，収縮係数を C_c，ノズルの流量係数を C' とすれば，流量は式(2.82)，(2.87)から次のようになる。

$$M = C' C_c A_0 \sqrt{\frac{2\kappa}{\kappa-1} \frac{p_1^2}{RT_1} \left\{ \left(\frac{p_2}{p_1}\right)^{\frac{2}{\kappa}} - \left(\frac{p_2}{p_1}\right)^{\frac{\kappa+1}{\kappa}} \right\}}$$

$$= C A_0 \sqrt{\frac{2\kappa}{\kappa-1} p_1 \rho_1 \left\{ \left(\frac{p_2}{p_1}\right)^{\frac{2}{\kappa}} - \left(\frac{p_2}{p_1}\right)^{\frac{\kappa+1}{\kappa}} \right\}}$$

この式を非圧縮性流体に対する流量計算式（式(2.71)）と同様の形にすると次のようになる。

$$M = C A_0 C_\varepsilon \sqrt{2\rho_1 (p_1 - p_2)} \quad \text{[kg/s]} \tag{2.95}$$

ただし，

$$C_\varepsilon = \sqrt{\frac{\kappa}{\kappa-1} \frac{p_1}{p_1 - p_2} \left\{ \left(\frac{p_2}{p_1}\right)^{\frac{2}{\kappa}} - \left(\frac{p_2}{p_1}\right)^{\frac{\kappa+1}{\kappa}} \right\}}$$

であり，流体の圧縮性の影響を補正する係数である。オリフィスを使って流量測定するときは p_1 に比べて，$p_1 - p_2$ が小さいため，$C_\varepsilon \fallingdotseq 1$ となることが多い。$p_1 - p_2$ の値が小さいときには C_ε を次式で計算してもよい。

$$C_\varepsilon \fallingdotseq 1 - \frac{3(p_1 - p_2)}{4\kappa p_1} \tag{2.96}$$

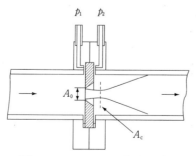

図 2.19 オリフィスを通る流れ

220 2編 流体工学の基礎

また式(2.95)のCは摩擦や縮流などの影響を含めたオリフィスの流量係数で，開口比とレイノルズ数の関数となる。ただし，レイノルズ数が10^5以上ではレイノルズ数によらず開口比のみの関数となり，$0.6 \sim 0.8$の値となる。

[例題 2.7]

> 開口部の断面積が50 mmのオリフィスを使って空気の流量を測定したところ，オリフィス入口のゲージ圧力は100 mmHg，温度は20℃であり，オリフィス前後の差圧は250 mmH$_2$Oであった。オリフィスの流量係数を0.85とするとき，空気の流量はいくらになるか。また，空気を非圧縮性流体と考えて計算すると，どの程度の誤差となるか。
> ただし，空気のガス定数を287 J/(kg・K)，比熱比を1.40とする。

【解 答】
オリフィスを通過する流体の流量は式(2.95)から計算できる。

$$M = CA_0 C_\varepsilon \sqrt{2\rho_1(p_1-p_2)}$$

ここで，

$$C_\varepsilon = \sqrt{\frac{\kappa}{\kappa-1}\frac{p_1}{p_1-p_2}\left\{\left(\frac{p_2}{p_1}\right)^{\frac{2}{\kappa}}-\left(\frac{p_2}{p_1}\right)^{\frac{\kappa+1}{\kappa}}\right\}}$$

与えられた条件から，オリフィス開口面積，オリフィス入口の圧力，密度，オリフィス出口の圧力を計算する。

$$A_0 = \frac{\pi}{4}D_0^2 = \frac{\pi}{4}\times 0.050^2 = 1.963\times 10^{-3}\,\text{m}^2$$

$$p_1 = p_0 + \rho g H_1$$
$$= 101.3\times 10^3 + 13.6\times 10^3\times 9.81\times 0.100 = 1.146\times 10^5\,\text{Pa}$$

$$\rho_1 = \frac{p_1}{RT} = \frac{1.146\times 10^5}{287\times(20+273)} = 1.363\,\text{kg/m}^3$$

$$p_2 = p_1 - \rho g H_2$$
$$= 1.146\times 10^5 - 1\,000\times 9.81\times 0.250 = 1.121\times 10^5\,\text{Pa}$$

これらの値を代入すれば流量は計算できる。

$$C_\varepsilon = \sqrt{\frac{1.40}{1.40-1}\frac{1.146\times 10^5}{(1.146-1.121)\times 10^5}\left\{\left(\frac{1.121}{1.146}\right)^{\frac{2}{1.40}}-\left(\frac{1.121}{1.146}\right)^{\frac{2.40}{1.40}}\right\}}$$

$$= 0.988$$
$$M = 0.85 \times 1.963 \times 10^{-3} \times 0.988\sqrt{2 \times 1.363 \times (1.146-1.121) \times 10^5}$$
$$= 0.136 \text{ kg/s}$$

圧縮性の影響はC_εによって表され，非圧縮性流体として計算するときには$C_\varepsilon = 1$となるため，誤差は次のように計算できる．

$$\frac{1-C_\varepsilon}{C_\varepsilon} = \frac{1-0.988}{0.988} = 0.0121 \quad (1.21\%)$$

なお，C_εの計算に式(2.96)の近似式を使用すると，

$$C_\varepsilon \fallingdotseq 1 - \frac{3(p_1-p_2)}{4\kappa p_1}$$
$$= 1 - \frac{3 \times (1.146-1.121) \times 10^5}{4 \times 1.40 \times 1.146 \times 10^5}$$
$$= 0.988$$

となり，有効数字2桁以内では同じ数値が得られる．

2.6 単相流と混相流

どのような物質でも圧力と温度に応じてその相が変化し，固相，液相，気相の3相が生じる．このうち液相から気相への相変化のように，変化の前後における相がどちらも流体であると，相変化が管内で連続的に行われることが多い．このような場合には，相変化の途中で管内を気相と液相が混合して流動する領域が発生する．また，液体や気体中に固体の粒子を浮かべて管路により輸送することも広く利用されている．

このように，管内を2つ以上の相が混合して流れるような流れを混相流という．これに対し，空気や水が単独で流れ，管路の途中で相変化を起こさないような流れを単相流という．

混相流の各相の組合せはいろいろ考えられるが，もっとも一般的なものは気体や蒸気が液体とともに流れる気液二相流，気体中に固体粒子を混合して輸送する固気二相流，液体により固体粒子を輸送する固液二相流である．

混相流では各相の混合割合により流動様式が大きく変化し，圧力損失や伝熱特性に大きな影響を与える．また，各相の密度に大きな差があるため，2つの相が同じ速度では流れず，両相の間に大きな速度差が発生する．このようなことから混相流は非常に複雑となり，単相流のような簡単な方法では解析できない．

2.6.1 気液二相流

気液二相流はボイラや蒸発缶などの各種蒸気発生器および復水器などにおいて，沸騰や凝縮をともないながら流動するときにみられる。また，各種気体を液体に吸収させるための気泡塔のように相変化をともなわない気液二相流もある。

気液二相流では，圧力，温度により気体の体積が大きく変化するとともに，変形や合体が自由に行われる流体であるため，両相の混合割合により種々の流動様式が現れる。また，両相の密度差が大きいため重力の影響によって流動様式が変化し，管の傾斜により流動様式は異なったものとなる。

垂直管内の気液二相流で相変化のない場合，すなわち水と空気の二相流のように管路内で液相と気相の質量が変化しないときには，流動様式は空気流量の増加とともに図 2.20 のように変化する。

空気流量が小さいときには，気体は小さな気泡となって液体の中に分散し，液体とともに流動する。このような流れを気泡流という。

気体の流量が増加すると気泡の数が多くなり，合体することにより大きな気泡が発生する。気泡の径が管の内径とほぼ等しくなると，壁面に液膜をもつ円筒状の気相と，少量の気泡を含む液相に分離して流れるようになる。このよう

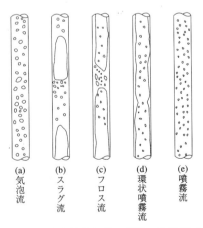

図 2.20　垂直管内気液二相流の流動様式
　　　　（2 成分二相流の場合）

な流れをスラグ流という。

　気体の流量が多くなるにつれ気相の長さが大きくなると，気相周囲の液膜が不安定となり，液膜の落下と上昇を繰り返すようになる。このような流れをフロス流という。スラグ流やフロス流では気相と液相が交互に流れるため管内の圧力が大きく変動する。とくにフロス流は流れ自体が不安定であるため管内の圧力変動も激しい。

　気体の流量をさらに増加すると，気相間の液相が消滅し，管中心部を気相，管壁を液相が流れるようになる。このような流れを環状流という。環状流において気相の流速が大きいと，液膜表面から液滴が発生するようになり，この液滴が気相中を流れて環状噴霧流となる。液相流量に比べて気相流量が著しく大きいと管壁には液膜は存在せず，液相はすべて液滴となり気相とともに流動するようになる。このような流れを噴霧流という。

　噴霧流は気泡流と同じように，連続した相の中にもう1つの相が分散して流れるため，単相流のように安定した流れとなる。

　ボイラ蒸発管のように，管路を流動中に外部から加熱されて相変化が起こるときには，上で述べた流動様式が連続的に発生する。この様子を示したのが図2.21である。

　液単相流で管路に流入し，外部から加熱されることにより蒸気を発生し，管路を流れる間に蒸気の流量が増加する。一般のボイラでは環状流の状態で気水分離ドラムに入り飽和蒸気を発生するが，貫流ボイラではそのままさらに加熱して過熱蒸気とし，蒸気の単相流として取り出す。

　水平な管内流では気体と液体の密度差が著しく大きいため，管の上側に気体が集まりやすくなる。しかし，二相流全体の速度が大きいと重力の影響は小さくなり，垂直管の場合とほぼ同じ流動様式となる。ただし，流速が小さいときには重力の作用で気相と液相が完全に分離され，管断面の上側を気相，下側を液相が連続して流れるようになる。このような流れを層状流，気相流速が大きくなり液膜表面に波が発生したものを波状流という。

　また，環状流においても管壁の液膜厚さは円周方向に一様ではなく，上側に比べて下側が厚くなるが，流速の増加とともにほぼ一様になる。

　このように，気液二相流の流動様式は気相と液相の流量割合によって大きく

変化するが，このほか密度，粘性係数，表面張力など流体の物性値や管径，管長，傾斜角，圧力などによっても変化する．流動様式により管路における圧力損失や伝熱特性が異なるので，気相二相流において流動様式を予測することは非常に重要である．流動様式を整理したり流動特性や伝熱特性を計算するための重要な物理量としてボイド率，クォリティー，スリップ比が使われる（図 2.22）．

ボイド率は一定の管路に含まれる気相の体積割合であり，気体体積率とよばれることもある．環状流のように気相と液相が完全に分離して流れるときには，ボイド率は管断面積に対する気相流路の断面積と等しくなる．

$$f_g = \frac{A_g L}{A_p L} = \frac{A_g}{A_p} = \frac{A_g}{A_g + A_l} \tag{2.97}$$

ただし，L は考えている部分の管長，A は平均的な断面積，添字 p, g, l はそ

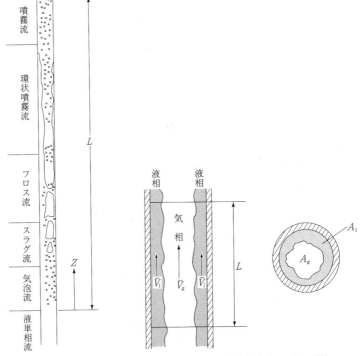

図 2.21　沸騰二相流の流動様式　　図 2.22　ボイド率とスリップ比

れぞれ管，気相，液相を表す．

クォリティーは気相液相の全質量流量に対する気相の質量流量の割合であり，蒸気の場合には乾き度とよばれている．

$$x = \frac{M_g}{M_g + M_l} \tag{2.98}$$

スリップ比は気相と液相の流路断面における平均流速の比であり，次のように表される．

$$s = \frac{\overline{V_g}}{\overline{V_l}} = \frac{\dfrac{Q_g}{A_g}}{\dfrac{Q_l}{A_l}} \tag{2.99}$$

ボイド率，クォリティー，スリップ比の間には一定の関係がある．

式(2.99)より，

$$\frac{A_g}{A_l} = \frac{Q_g}{Q_l}\frac{1}{s} = \frac{M_g}{M_l}\frac{\rho_l}{\rho_g}\frac{1}{s}$$

となり，式(2.98)より，

$$\frac{M_g}{M_l} = \frac{x}{1-x}$$

となることから式(2.97)は次のようになる．

$$f_g = \frac{A_g}{A_g + A_l} = \frac{1}{1 + \dfrac{1}{\dfrac{A_g}{A_l}}} = \frac{1}{1 + \dfrac{1}{\dfrac{x}{1-x}\dfrac{\rho_l}{\rho_g}\dfrac{1}{s}}} = \frac{x}{x + \dfrac{\rho_g}{\rho_l}(1-x)s} \tag{2.100}$$

2.6.2 固気二相流

固気二相流は微粉炭燃焼における燃料の輸送や鉱石，セメント，穀物などの粉体の輸送に広く利用されている．流動様式からいえば気液二相流における噴霧流に相当し，連続した気相の中に固体粒子が浮遊した状態で流動する．しかし，気液二相流で噴霧流となるのは液相流量が非常に小さいところに限られるのに対し，固気二相流では固体流量のかなり大きなものまでみられ，気相と固相の密度差も非常に大きいため，粒子の挙動に着目して流動を考えることが必要になる．

粒子の密度が大きいため，管の姿勢により固気二相流の流動様式は大きく異なる．垂直管内の固気二相流では，気相速度が大きいときは，粒子は管内でほぼ一様に分布しながら流動するが，気相速度が小さくなると粒子が浮遊でき

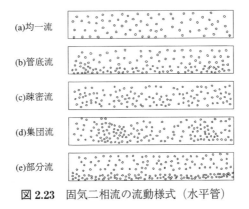

図 2.23　固気二相流の流動様式（水平管）

ず，粒子が落下して管の下方に堆積するため流れは閉塞してしまう。

　水平管内の固気二相流では，気相流速が比較的大きいと粒子の流量を増加するにつれて**図 2.23** のように流動様式が変化する。

　粒子の流量が小さいときには，気相内に速度分布があることから発生する揚力や，管壁と粒子との衝突力などにより，粒子はほぼ均一な分布で流動する。粒子の流量が増加すると，粒子の速度が減少し，浮遊力も低下するため粒子は管の下方にたまって流動しなくなり，上方部だけ粒子が浮遊した状態で流動するようになる。

　粉粒体を空気輸送するときには，両相の流量による固体粒子の挙動を考慮して流量を決定する必要がある。粉粒体を空気で輸送するための空気輸送装置には，輸送管内が大気圧より低くなる吸引式と，大気圧より高くなる圧送式の 2 種類がある（**図 2.24**）。

　吸引式には，
　① 供給部の構造が簡単である
　② 混入機は必要なく空気の吸込み口さえあればよい
　③ 数カ所の吸込み口から吸引して 1 カ所に集めることができる
等の利点があるが，配管途中からの空気の漏れ込みにより輸送量が大幅に低下したり，大量の輸送や長距離の輸送には問題がある。

　一方，圧送式は，
　① 1 カ所から数カ所へ分配輸送することができる

2 章 流れの力学 **227**

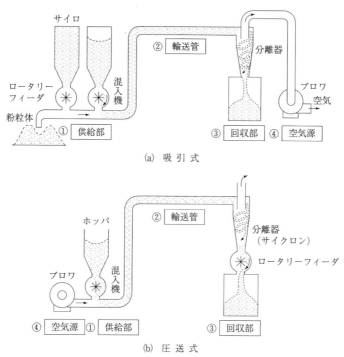

図 2.24 空気輸送装置の構成

② 大容量の輸送や長距離の輸送が可能である
という特徴をもつが，粉粒体を均一に供給するために混入機を工夫しなければならない。

このようなことから，輸送の条件，輸送量，輸送距離などから考えて，どの方式が有利であるか検討する必要がある。とくに，輸送管内では粉粒体が浮遊状態にあり，必要な輸送量を確保するのに必要なブロワや圧縮機の動力を最小にするような条件を見つけ出すことが重要である。また，輸送管と混入機の連結部や曲管部などには粉粒体が堆積しやすいため，閉そくが起こらないように寸法や形状を十分に検討しなければならない。

2章の演習問題

＊解答は，編の末尾 (p.260) 参照

[演習問題 2.1]

図に示すように，ピトー管を使って流速を測定することにより管内の流量を求めたい。管内を流れる流体が水であり，圧力差の測定には比重1.59の四塩化炭素を使っている。測定結果が図中に示すような値になったとすれば，水の流量はいくらになるか。ただし，ピトー管は平均流速が測定できる場所に置かれているものとする。

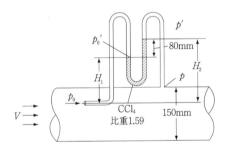

[演習問題 2.2]

大きな貯水池の底から内径250 mmの鋼管を水平に延ばし，1 km離れたところで大気中に放出している。管端から貯水池の水面までの高さを15 m，鋼管の管摩擦係数を0.025とするとき，水の流量はいくらになるか。ただし，管の入口損失は無視できるものとする。

[演習問題 2.3]

水槽側壁に内径5 cmのノズルを取り付け，水を噴出させている。ノズル中心から水面までの高さが1.5 mであり，ノズルの流量係数を0.95とするとき，ノズルからの流量および噴流によって生ずる推力はいくらか。

3章
流体輸送

3.1 液体の輸送

3.1.1 ポンプの種類と用途

　液体の輸送には一般にポンプを使用するが，ポンプは作動方式により**表 3.1**のように分類される。

　ターボ形ポンプは，ケーシング内で羽根車を回転させることにより液体に圧力を与えるものである。容積形ポンプはピストン，プランジャまたはロータの押しのけ作用により液体を圧送するもので，出口圧力が変化しても流量はつねに一定となる。このうち，ピストンやプランジャのように往復運動するものが往復ポンプであり，ロータの回転によるものが回転ポンプである。回転ポンプには歯車ポンプやベーンポンプがある。これらのポンプのなかで，もっとも広く使用されているのはターボ形ポンプである。

表 3.1　ポンプの分類

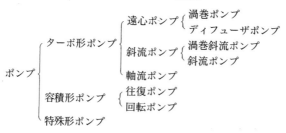

ポンプで必要な動力はエネルギー保存則から計算できる．ポンプの入口，出口をそれぞれ1，2で表し $E_\mathrm{out} = 0$ とすれば，式 (2.7) は次のようになる．

$$E_\mathrm{in} - E_\mathrm{loss} = \left(\frac{p_2}{\rho} + \frac{V_2^2}{2} + gz_2\right) - \left(\frac{p_1}{\rho} + \frac{V_1^2}{2} + gz_1\right)$$

一般に $V_1 \fallingdotseq V_2$ であることから，

$$E_\mathrm{in} - E_\mathrm{loss} = \left(\frac{p_2}{\rho} + gz_2\right) - \left(\frac{p_1}{\rho} + gz_1\right)$$
$$= gH$$

となる．ここで H〔m〕はポンプの入口と出口における全ヘッドの差であり，ポンプの全揚程とよばれる．

このことから，ポンプの駆動動力 P〔W〕は次のように表される．

$$P = E_\mathrm{in} M = (E_\mathrm{in} - E_\mathrm{loss})\frac{M}{\eta_\mathrm{P}} = \frac{MgH}{\eta_\mathrm{P}} = \frac{\rho g H Q}{\eta_\mathrm{P}} \quad 〔\mathrm{W}〕 \tag{3.1}$$

ここで，M：吐出し質量流量〔kg/s〕
Q：吐出し体積流量〔m³/s〕
H：全揚程〔m〕
η_P：ポンプ効率
ρ：液体の密度〔kg/m³〕
g：重力加速度〔m/s²〕

(1) 片吸込み単段渦巻ポンプ

図3.1に示すように吸込み口が軸方向に1つあり，吐出し口が上方向となっている．吐出し量が比較的小さいものに使用されており，吐出し量0.10～3.55 m³/min で全揚程は4～40 m程度のものが多い．このため所要動力も37〔kW〕以下である．用途としては，上水道，工業用水，ビル用水の圧送など一般用として広く用いられている．

(2) 両吸込み単段渦巻ポンプ

軸方向の両側に吸込み口があり，羽根車の両側から吸い込み，上方の吐出し口から送り出される．羽根車の軸はケーシングの両端にある軸受で支持されている．比較的大きな吐出し量のものに使用されており，吐出し量は0.8 m³/min 以上のものが多い．このポンプはあとに述べる斜流ポンプに比べるとケーシングが大きく，しかも吸込み口と吐出し口が直角方向になっているため据付面積を大きくする必要がある．用途としては，片吸込みと同じく上水道，工

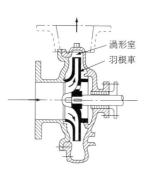

図 3.1　片吸込み単段渦巻ポンプ　　図 3.2　軸流ポンプ

業用水の圧送など一般用として使用される。

(3)　軸流ポンプ

　渦巻ポンプでは羽根車の遠心作用により流体の圧力を上げているため，羽根車の回転軸の方向から吸い込み，それと直角方向の吐出し口から送り出している。これに対し，軸流ポンプでは羽根車の回転軸と液体の流動方向が一致している（図 3.2）。

　ケーシングは上下 2 つ割りになっており分解点検が容易である。渦巻ポンプに比べて回転数を大きくすることができるため吐出し量のわりに小型となり，据付面積も小さくてすむ。このため，低揚程，大容量のポンプとして利用され，横軸式で全揚程 5 m 以下，吐出し量 10〜600 m^3/min，立軸式では全揚程 8 m 以下，吐出し量 10〜1 000 m^3/min の範囲が一般的である。また，構造が簡単でポンプ内の流路に曲がりが少ないため流体損失も少ない。

(4)　斜流ポンプ

　渦巻ポンプと軸流ポンプの中間的な性質をもつポンプで，軸に対して傾斜した羽根の内部で流体に圧力が与えられる（図 3.3）。

　ケーシングは水平分割形になっており，分解して点検するのに容易である。特徴も渦巻ポンプと軸流ポンプの中間になり，全揚程 2〜10 m，吐出し量 2〜600 m^3/min の範囲で使用されることが多い。また，同一仕様の渦巻ポンプと比べると据付面積が小さい。

　各種ポンプの全揚程および吐出し量の適用範囲を示すと図 3.4 のようになる。

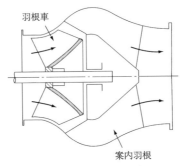

図 3.3 斜流ポンプ

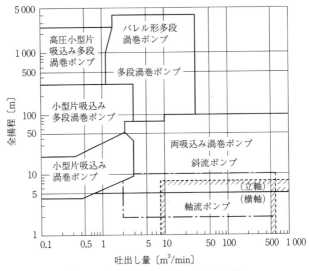

図 3.4 ポンプの適用範囲（50〔Hz〕）

[例題 3.1]

　吐出し口の内径 150 mm，吸込み口の内径 200 mm のポンプがあり，吐出し側のゲージ圧力は 215 kPa，吸込み側のゲージ圧は -250 mmHg である。このポンプで流量が $0.085 \text{ m}^3/\text{s}$ のとき軸動力が 26 kW であればポンプ効率はいくらか。ただし，圧力測定位置の高さの差は無視できるものとする。また，水銀の比重を 13.6，水の密度を $1\,000 \text{ kg/m}^3$ とする。

【解　答】

吸込み口および吐出し口の流速を，流量と管の内径から計算する。

$$V_1 = \frac{Q}{A_1} = \frac{Q}{\frac{\pi}{4}D_1^2}$$

$$= \frac{0.085}{\frac{\pi}{4} \times 0.200^2} = 2.71 \quad [\text{m/s}]$$

$$V_2 = \frac{Q}{A_2} = \frac{Q}{\frac{\pi}{4}D_2^2}$$

$$= \frac{0.085}{\frac{\pi}{4} \times 0.150^2} = 4.81 \quad [\text{m/s}]$$

吸込み側および吐出し側の絶対圧力は，大気圧を p_0，水銀の密度を ρ_1 とすれば次のようになる。

$$p_1 = \rho_1 g H_1 + p_0$$
$$= 13.6 \times 1\,000 \times 9.81 \times (-250 \times 10^{-3}) + p_0$$
$$= -3.34 \times 10^4 + p_0 \quad [\text{Pa}]$$
$$p_2 = 215 \times 10^3 + p_0 \quad [\text{Pa}]$$

これらの値をエネルギー保存則に代入する。吸込み側と吐出し側の高さの差が無視できることから次のようになる。

$$E_{\text{in}} - E_{\text{loss}} = \left(\frac{p_2}{\rho} + \frac{V_2^2}{2}\right) - \left(\frac{p_1}{\rho} + \frac{V_1^2}{2}\right)$$

$$= \frac{1}{\rho}(p_2 - p_1) + \frac{1}{2}(V_2^2 - V_1^2)$$

$$= \frac{1}{1\,000}\{215 \times 10^3 + p_0 - (-3.34 \times 10^4 + p_0)\} + \frac{1}{2}(4.81^2 - 2.71^2)$$

$$= 256 \quad [\text{J/kg}]$$

ポンプの所要動力は，

$$P = (E_{\text{in}} - E_{\text{loss}})\frac{M}{\eta_\text{P}} = (E_{\text{in}} - E_{\text{loss}})\frac{\rho Q}{\eta_\text{P}}$$

となることから，ポンプ効率は次のようになる。

$$\eta_\text{P} = \frac{(E_{\text{in}} - E_{\text{loss}})}{P}\rho Q$$

$$= \frac{256}{26 \times 10^3} \times 1\,000 \times 0.085$$

$$= 0.837 \quad (83.7\,\%)$$

一般には，ポンプ入口と出口の流速がほぼ等しいため，所要動力を式 (3.1) から計

算する．この式で全揚程は入口と出口の圧力差を水のヘッドに換算したものであり，水の密度を ρ_2 とすれば次のように計算できる．

$$H_\mathrm{t} = \frac{p_1 - p_1}{\rho_2 g}$$

$$= \frac{(215 \times 10^3 + p_0) - (-3.34 \times 10^4 + p_0)}{1\,000 \times 9.81} = 25.3\,\mathrm{m}$$

この値を使うと，式 (3.1) からポンプ効率は計算できる．

$$\eta_\mathrm{P} = \frac{\rho g H_\mathrm{t} Q}{P}$$

$$= \frac{1\,000 \times 9.81 \times 25.3 \times 0.085}{26 \times 10^3}$$

$$= 0.811 (81.1\,\%)$$

3.1.2 ポンプの特性

(1) 比速度

形が相似で大きさの異なる羽根車において，羽根車の内部における流体の流れが相似である条件は，次式で定義する比速度 N_s が一致することである．

$$N_\mathrm{s} = N \frac{\sqrt{Q}}{H^{\frac{3}{4}}} \tag{3.2}$$

ここで，N：回転数〔rpm〕

H：全揚程〔m〕

Q：吐出し量〔m³/min〕

すなわち，実物と相似なポンプをつくり，この仮想ポンプを揚程 1 m，吐出し量 1 m³/min で運転するのに必要な回転数である．ただし，比速度は無次元数ではなく，N, H, Q にはどのような単位を使うかによりその値が変わってしまう．そこで，SI 単位では比速度の代わりに無次元数である形式数 K を用いる．

$$K = \frac{2\pi n \sqrt{q}}{(gH)^{\frac{3}{4}}}$$

ここで，n：回転数〔1/s〕

q：吐出し量〔m³/s〕

g：重力加速度〔m/s²〕

H：全揚程〔m〕

形式数 K と比速度 N_s との関係は次のように表される．

$$K = 2.44 \times 10^{-3} N_s$$

比速度はポンプの形式を選定するとき重要なパラメータとなる。比速度の値は羽根車の形状によって決まり，代表的な羽根車の形状に対する比速度および形式数は図3.5のようになる。

（2） 性能曲線

ポンプの全揚程や軸動力は吐出し量とともに変化し，変化の様子はポンプの種類によって異なる。そこで，これらの関係を線図の形で表した性能曲線が使用される。性能曲線はポンプの回転数を一定にして運転し，吐出し量を変化させた場合の全揚程，軸動力，ポンプ効率の変化を示すようになっている。ポンプを選択したり運転するときには，そのポンプの性能曲線を知る必要がある。

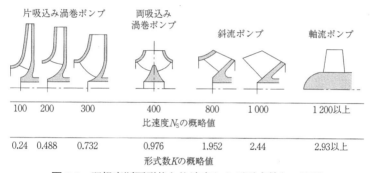

図 3.5 羽根車断面形状と比速度および形式数との関係

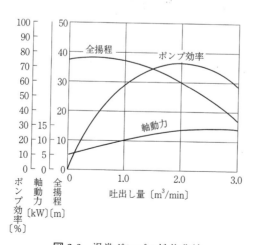

図 3.6 渦巻ポンプの性能曲線

渦巻ポンプの性能曲線の例を図 3.6 に示す。吐出し量ゼロのところから全揚程はやや増加し，その後は徐々に減少するような山形の揚程曲線となる。全揚程や軸動力の変化の程度を表すのに，ポンプ効率が最高となる点での値と比較することが多い。吐出し量ゼロすなわち締切り点での全揚程は一般に最高効率点の値に対して 110〜120 % になる。

軸動力は締切り点で最小となり，吐出し量の増加とともに徐々に増加する。最高効率点の値に対し，締切り点では 50〜80 %，最大吐出し量では 110〜120 % の軸動力となる。軸動力がこのようになることから，渦巻ポンプを始動するときには吐出し弁を全閉にして軸動力を最小にする。

ポンプ効率の曲線はゆるやかな山形となり，他の形式のポンプに比べポンプ効率の変化は比較的少ない。

斜流ポンプの性能曲線を図 3.7 に示す。

全揚程は締切り点で最大となり，吐出し量の増加とともに減少する。また，揚程曲線は変曲点をもち，締切り点および最大吐出し量の付近で急激に変化し，締切り点における全揚程は最高効率点の 160〜230 % にもなる。軸動力は吐出し量が増加してもほとんど変化せず，吐出し量の全流量域においてほぼ一定となる。ポンプ効率は吐出し量の増加とともにほぼ直線的に増加し，最大吐

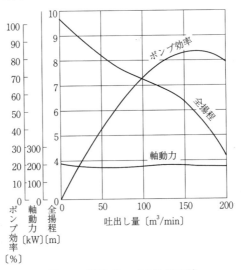

図 3.7　斜流ポンプの性能曲線

出し量付近でやや減少する。斜流ポンプはこのような特性をもっているため，最高効率点以外の吐出し量でも安定した運転が可能である。なお，締切り点での軸動力が他の吐出し量における値より大きくなるため，吐出し弁を全開の状態で始動するのが普通である。

軸流ポンプの性能曲線を図 3.8 に示す。

全揚程は斜流ポンプと同じように締切り点で最大となり，吐出し量の増加とともに減少する。吐出し量に対する全揚程の変化はかなり大きく，締切り点での全揚程は最高効率の値の 180～220 % にもなる。軸動力も全揚程と同様に締切り点で最大となり，吐出し量の増加とともに減少する。締切り点での軸動力は最高効率点における値の 160～250 % になる。ポンプ効率も斜流ポンプと同じく直線的に増加し，最大吐出し量付近で急激に減少する。このように，軸流ポンプは締切り点での軸動力が著しく大きくなることが取扱い上の欠点である。なお，軸流ポンプでは最高効率点の約 50 % のところで失速現象を起こし運転が不安定となるため，常用の運転範囲は最高効率点の 60～70 % 以上にする必要がある。

(3) キャビテーション

液体の圧力を下げていき，液体の圧力がその温度における飽和蒸気圧力にな

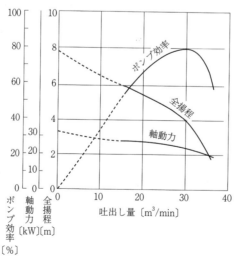

図 3.8 軸流ポンプの性能曲線

ると，液体の内部に蒸気泡が発生する．このような状況がポンプ入口などの液体中に発生すると，吐出し量や揚程の減少をもたらす．このように，流動する液体中に気泡が発生し，液体中に空洞が現れる現象をキャビテーションという．液体中には少量の空気が溶解しているため，その温度に相当する飽和蒸気圧力まで下がる前に，液体中に気泡を発生することが多い．流れの低圧部で発生した気泡は流れとともに高圧部分に運ばれ急激に破壊される．このとき空洞部に向かって周辺の液体が高速度で浸入するため激しい衝撃作用が生じる．衝撃作用によって発生する圧力は非常に高いため，大きな振動や騒音を起こしたり，気泡と接触する壁面に機械的な損傷を与える．

ポンプを運転中にキャビテーションが発生すると，揚程が急激に低下し，吐出し弁を開いても吐出し量が増加しなくなり，この状態を長時間続けると羽根の入口部分が浸食作用を受ける．このようなことから，ポンプを運転する際にはキャビテーションが発生する条件を知ることが重要になる．

キャビテーションが発生する場所は，ポンプの中で圧力が一番低い部分であるため，この部分における圧力が液体の飽和蒸気圧力と等しくなる条件を見つければよい．ポンプで圧力が一番低いのは羽根の入口部分であるが，羽根の入口とポンプの吸込み口における圧力差はほぼ決まった値となるため，ポンプの吸込み口における圧力によってキャビテーション発生の条件を表すことができる．ポンプ吸込み口における液体の吸込み全揚程から飽和蒸気圧力を差し引いた値を有効吸込み揚程（Net Positive Suction Head，略して NPSH）とよび，NPSH によってキャビテーションが発生するかどうかを判断する．NPSH が，そのポンプにおいて羽根車に液体を押し込むのに必要な圧力と一致すれば，羽根の入口において圧力が飽和蒸気圧力と等しくなりキャビテーションが発生する．羽根車に液体を押し込むのに必要な圧力は，それぞれのポンプに固有の値であるため，NPSH もポンプ固有の値となり，キャビテーション特性を示す量となる．回転数，流量を一定にすれば，キャビテーションの発生は NPSH のみによって決定される．

幾何学的に相似なポンプであれば，キャビテーションが発生する条件に一定の関係がある．吐出し量 Q 〔m³/min〕，回転数 N 〔rpm〕における NPSH を H_{SV} 〔m〕とするとき，これらの値を使って計算した比速度は次のようになる．

$$S = \frac{N\sqrt{Q}}{H_{\mathrm{SV}}^{\frac{3}{4}}} \tag{3.3}$$

このような比速度を吸込み比速度とよび，幾何学的に相似なポンプのキャビテーション状態を表すパラメータの一つとして使用される。正常運転時の流量を使って表すと，Sの値はポンプの形式に関係なくほぼ1 200となる。また，キャビテーション発生開始点として揚程が3％低下した点をとると，Sの値は渦巻および斜流ポンプに対して1 500～2 000，軸流ポンプでは1 500くらいになる。

3.1.3 運転上の注意

(1) サージング

ポンプを運転するとき，揚程曲線が右下がりであれば吐出し量の減少とともに揚程が増加するため，何らかの影響により吐出し量が減少しても自然に元の吐出し量に戻る。斜流ポンプや軸流ポンプでは吐出し量の全体において揚程曲線が右下がりであり，つねに安定した運転が可能である。これに対し，揚程曲線の右上がりの領域で運転すると，吐出し量の減少とともに揚程も減少するため安定した運転が不可能となる。吐出し量がこの範囲に入ると何らかの影響により吐出し量が変動しても元の状態に戻ることができず，吐出し量と吐出し圧力が周期的に大きく変動するようになり，ついにはポンプを運転することが不可能となる。このような現象をサージングとよぶ。

サージングを防止するには，吐出し量を調節するのにポンプの吐出し口に近い流量調節弁で行ったり，管路の途中に空気だまりができないように弁や曲がり部など複雑な形状の部分をつくらないようにすればよい。また，揚程曲線の右上がり部分で運転するのが短時間であれば，吐出し量の一部をバイパスすることによりポンプを流れる流量を多くし，揚程曲線の右下がり部分で運転するようにすればよい。

(2) 水撃作用

管内を液体が流れているとき，出口の弁を急に閉鎖して流れをせき止めると，弁の上流側の液体は速度が急激に変化するため圧力が急激に上昇する。このような現象を水撃作用という。水撃作用は停電によりポンプが急に停止した

場合にも起こり，吸込み管の長さが長いときや流入速度が大きいときには発生する圧力が高いため，ポンプ本体の振動だけでなく管路の破損を招くこともある。このため，ポンプを運転する際には水撃作用を起こさないように十分注意する必要がある。

水撃作用を防止するには次のような方法が考えられる。

① ポンプにフライホイールを取り付け，停電の際にもポンプが急に停止するのを防ぐ。
② 弁の急激な閉鎖を行わないように緩閉式仕切り弁をつける。
③ 水撃作用で発生した高い圧力が上流側に伝播しながら減衰するように緩閉式逆止弁をつける。
④ 停電時に作動する自動水圧調節弁をつけ，圧力の急激な上昇を防ぐ。
⑤ サージタンクを取り付け，圧力の急激な上昇を吸収する。

3.2 気体の輸送

3.2.1 送風機の種類と用途

気体にエネルギーを与え，その圧力と速度を高めることにより圧力の低い所から高い所へ送り出す機械を送風機，圧縮機という。送風機と圧縮機は吐出し側の気体の圧力によって分類しており，送風機はさらにファンとブロワに分類している。この関係を表 3.2 に示す。

気体の輸送に使用されるのは送風機であるが，送風機もポンプと同じように作動方式により図 3.9 のように分類される。

ターボ形送風機はケーシング内にある羽根車が回転することにより，羽根を通過する気体に揚力や遠心力を与え，気体の圧力と速度を高めるものである。

表 3.2 送風機と圧縮機

名 称		吐出し圧力（ゲージ圧）
送 風 機	ファン	1 000〔mmH$_2$O〕未満
	ブロワ	1〜10〔mH$_2$O〕
圧 縮 機		98〔kPa〕（10〔mH$_2$O〕）以上

3章 流体輸送 **241**

名称	送風機 ファン	送風機 ブロワ	圧縮機
圧力種別	1 000〔mmH$_2$O〕未満	1以上10〔mH$_2$O〕未満	98〔kPa〕(10mH$_2$O)以上
軸流式 — 軸流	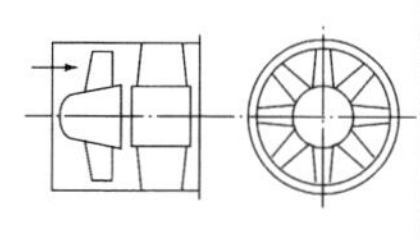 〇	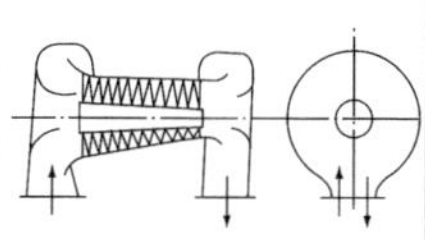 〇	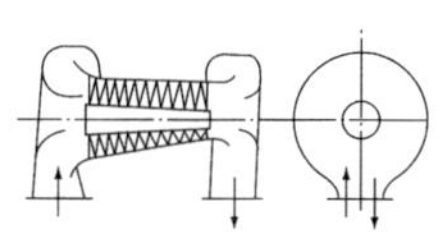 〇
ターボ形 遠心式 — 多翼 (a:羽根車の出口角 $\alpha>90°$)	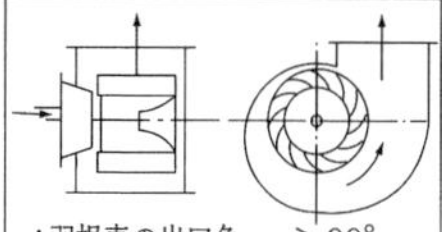 〇		
ターボ形 遠心式 — ラジアル ($\alpha=90°$)	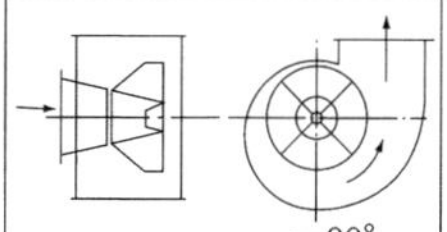 〇	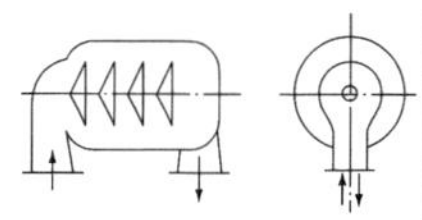 〇	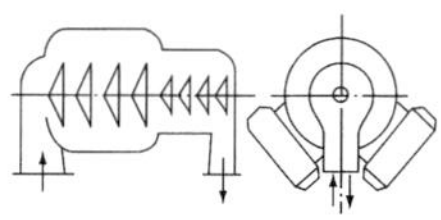 〇
ターボ形 遠心式 — ターボ ($\alpha<90°$)	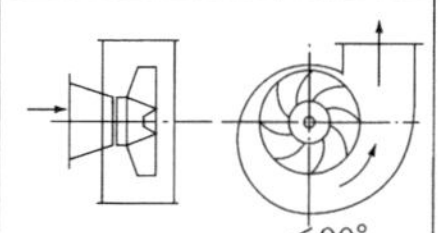 〇	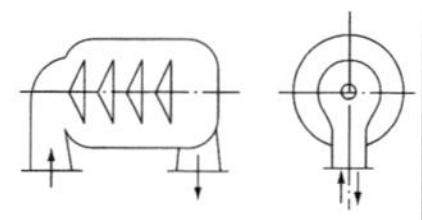 〇	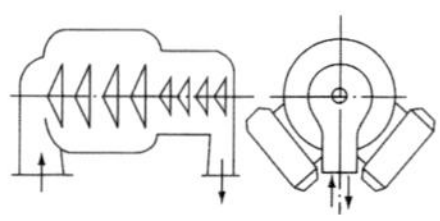 〇
容積形 回転式 — ルーツ		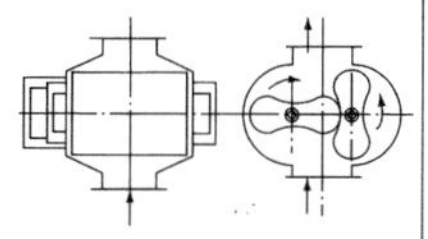 〇	
容積形 回転式 — 可動翼			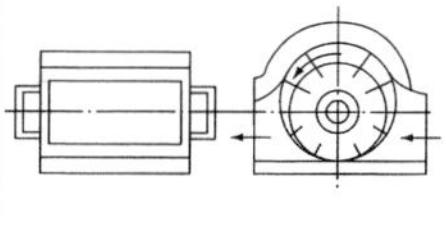 〇
容積形 回転式 — ねじ			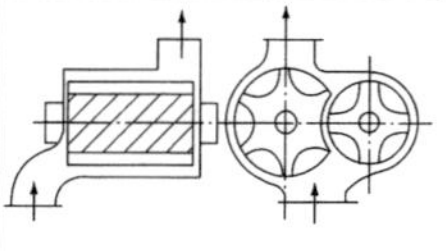 〇
容積形 往復式 — 往復			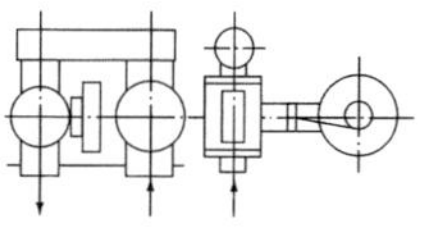 〇

図 3.9 送風機・圧縮機の分類

ターボ形送風機は構造上から遠心式と軸流式に分けられる。

容積形送風機は一定体積内に吸い込んだ気体をピストンやロータによって圧縮し，圧力を高めて送り出すものである。容積形は往復式と回転式に分けられるが，往復式は高圧の発生に用いられるため，送風機として使われているのは回転式である。

(1) ターボ形送風機

ターボ形送風機は，軸方向の吸込み口から流入し半径方向に吐き出される遠心式と，軸方向に流れながら圧力が高められる軸流式に分けられる。遠心式は遠心ポンプの原理と同じであり，ケーシング内の羽根車が回転することにより気体に遠心力が作用することを利用したものである。遠心式は羽根車出口の角度が90°より大きいか，90°に等しいか，90°より小さいかにより多翼，ラジアル，ターボに分けられる（図3.10）。

多翼ファンは羽根車出口の方向が回転方向に対して前向きのもので，短くて幅の広い多数の羽根（32～64枚）をもっている。一般にはシロッコファンと呼ばれており，一定の風量に対しもっとも小型であるため，建物の空気調和用，工場や船舶の換気用などスペースが問題となるところで広く用いられている。しかし，前向き羽根であるため効率が低く，高圧用には不向きであり騒音も大きいという欠点がある。

ターボファンは回転方向に対して後向きの長い羽根（8～24枚）をもち，多翼ファンに比べて効率が高く騒音も小さい。羽根車出口が後向きであるため，周速度を同じとしたときやや大型となる。しかし，効率が高いことから高速ダクト方式の空気調和用，工場などの排風と送風，ボイラの押込みおよび誘引用など広範囲に使用されている（図3.11）。

ターボファンの羽根の形状に改良を加え，羽根の断面形状が航空機の翼形の

図 3.10　遠心送風機の分類

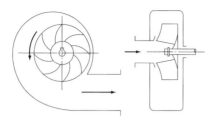

図 3.11　ターボ形送風機

形状をしているものを翼形ファンという。これは効率が高いだけでなく騒音の面においても一般のターボファンよりすぐれている。

　ラジアルファンは放射状の直線羽根をもち，羽根の数は 6～12 枚が多い。その性能と効率は多翼ファンとターボファンの中間的な性質をもっている。羽根が放射状で直線になっているため，遠心力に対して十分な強度をもたせることができる。また，設計や製作が簡単であることから，腐食性の気体や高温でダストを含む気体の輸送にも使用できる。火力発電所の微粉炭輸送用など，摩耗性のダストを含む気体の輸送や固体の空気輸送用に使用されている。

　軸流式は軸の半径方向に取り付けた数枚の羽根の間を気体が通過するとき，羽根表面での揚力作用により気体の圧力が高くなるものである。軸流式はターボ式に比べて高速回転に適しており，送風方向も軸方向であるため一定の風量に対して小型であり，管路の途中に簡単に取り付けることができる（図 3.12）。

　軸流ファンの羽根車は数枚から十数枚の羽根を取り付けたものであり，羽根の形が翼の形をしていることから動翼という。羽根車の後方または前方には案内羽根があり，この案内羽根を静翼という。軸流ファンは効率が高く，管路の

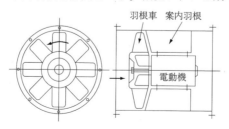

図 3.12　軸流送風機

抵抗が増減しても風量の変化が小さいという特徴がある。これに対し，他の形式に比べて騒音が大きく，羽根の汚れや腐食によって効率が低下するという欠点がある。しかし，小型軽量であり，管路の途中に設置できることから，ボイラの押込みおよび誘引用，各種工場での排風，送風および冷却用など多くの用途がある。また，冷却塔や空冷式熱交換器の通風用などには，静翼をもたないプロペラ形の軸流ファンが使用される。

以上は主としてファンについて述べたが，さらに高い圧力が必要となるような気体輸送においては，遠心ブロワや軸流ブロワが使用される。一般的な性質は遠心ファンや軸流ファンとほぼ同一である。

(2) 容積形送風機

容積形は外部から気体を吸い込み，この気体を密閉した空間内に閉じ込めて圧縮し，高圧の気体として吐き出すものであり，往復式と回転式に分けられる。往復式はシリンダ内の気体をピストンにより圧縮するのに対し，回転式はケーシング内でロータを回転させ，ロータとケーシングの間に閉じ込めた気体を圧縮する。回転式はロータの形状によりルーツ形，可動翼形，ねじ形に分けられる。容積形はどの形式においても吐出し圧力が高いため，圧縮機として使用されることが多く，送風機として使用されるのはルーツブロワだけである。

ルーツブロワは図 3.13 に示すように，ケーシングの中に 2 個のまゆ形の回転子を置き，これらを互いに逆方向に回転させるものである。

ケーシングと回転子の間に閉じ込められた気体が，回転子の回転により圧縮され圧力が高くなって吐き出される。遠心送風機に比べると吐出し圧力は高く

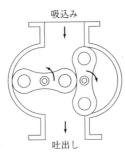

図 3.13　ルーツブロワ

25～500 mmHg であるが，吐出し風量は小さい．ルーツブロワの回転子は相互に接触しておらず，ケーシングの壁面とも接触していないため高速回転が可能であり，潤滑の必要もないため油の混入をきらう気体の輸送にも使用できる．ルーツブロワは一般に溶鉱炉，キュポラなどの一次空気用や空気式のコンベアなどに使用されている．

各種送風機や圧縮機の適用範囲を，吸込み風量と吐出し圧力について示すと図 3.14 のようになる．

3.2.2 送風機の動力

送風機で必要な動力はエネルギー保存則から計算できる．ポンプの場合とは異なり送風機では気体を扱うため，圧力や温度が変化することによる気体の密度変化も考慮する必要がある．式 (2.6) より単位質量流量当たりに必要なエネルギーは次のようになる．

$$E_{in} - E_{loss} = \int_1^2 \frac{1}{\rho} dP + \left(\frac{V_2^2}{2} - \frac{V_1^2}{2}\right) + g(z_2 - z_1)$$

送風機では気体を扱うため，$g(z_2 - z_1)$ は他の項に比べて無視できるほど小さくなる．また，右辺第 2 項の速度エネルギーの増加は，圧縮機の場合には圧

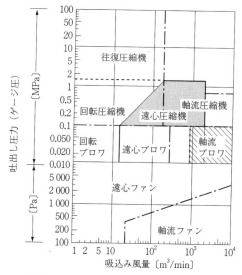

図 3.14 送風機・圧縮機の適用範囲

縮仕事が大きいため無視できるが，送風機では圧力比の小さいときに無視できなくなる。

　右辺第1項は気体を圧縮するのに必要な仕事であり，圧縮の過程が可逆断熱変化であると仮定すれば次のように計算できる。

　可逆断熱変化における圧縮仕事を気体の単位質量当たり W_{ad} とすれば，可逆断熱変化において状態量の間に，

$$p_1 v_1^\kappa = p_2 v_2^\kappa = p v^\kappa = 一定$$

ただし，v：気体の比体積 〔m³/kg〕

の関係があることから次のようになる。

$$\begin{aligned}W_{ad} &= \int_1^2 \frac{1}{\rho} dp = \int_1^2 v \, dp = p_1^{\frac{1}{\kappa}} v_1 \int_1^2 \left(\frac{1}{p}\right)^{\frac{1}{\kappa}} dp \\ &= p_1^{\frac{1}{\kappa}} v_1 \left[\frac{\kappa}{\kappa-1} p^{\frac{\kappa-1}{\kappa}}\right]_{p_1}^{p_2} = \frac{\kappa}{\kappa-1} p_1^{\frac{1}{\kappa}} v_1 \left(p_2^{\frac{\kappa-1}{\kappa}} - p_1^{\frac{\kappa-1}{\kappa}}\right) \\ &= \frac{\kappa}{\kappa-1} p_1 v_1 \left\{\left(\frac{p_2}{p_1}\right)^{\frac{\kappa-1}{\kappa}} - 1\right\}\end{aligned} \quad (3.4)$$

これより，圧力比が大きくて圧縮仕事に比べて他の2つの項が無視できるほど小さいときには，送風機の駆動動力 P〔W〕を次式から計算できる。

$$\begin{aligned}P &= M E_{in} = \frac{(E_{in} - E_{loss}) M}{\eta_c} = \frac{W_{ad} M}{\eta_c} \\ &= \frac{\kappa}{\kappa-1} \frac{p_1 Q_1}{\eta_c} \left\{\left(\frac{p_2}{p_1}\right)^{\frac{\kappa-1}{\kappa}} - 1\right\} \quad 〔W〕\end{aligned} \quad (3.5)$$

ここで，M：質量流量〔kg/s〕

　　　　Q_1：送風機入口における体積流量〔m³/s〕

　　　　η_c：送風機の全断熱効率

なお，送風機の全断熱効率は，送風機を駆動するのに必要な動力に対する気体の受けた仕事を考えたものである。駆動仕事の代わりに実際に気体に加えられた仕事，すなわち駆動仕事から機械損失仕事を差し引いたものを考えるときには，断熱効率 η_{ad} を使用する。機械効率を η_m とすれば，$\eta_c = \eta_m \eta_{ad}$ の関係がある。

　圧力比が比較的大きく $p_2/p_1 > 1.07$ のときには，送風機の駆動動力を計算するのに式(3.5)を使用するが，圧力比の小さなブロワやファンでは圧縮仕事の近似式を用いる。ただし，圧縮仕事に比べて速度エネルギーの増加分が無視で

きなくなるのでこの項も考慮する．圧力比が小さいときには，式 (3.4) において $p_2 = p_1 + \Delta p$ とおけば圧縮仕事の式は次のように近似できる．

$$W_{ad} = \frac{\kappa}{\kappa-1} p_1 v_1 \left\{ \left(1 + \frac{\Delta p}{p_1}\right)^{\frac{\kappa-1}{\kappa}} - 1 \right\}$$

$$= \frac{\kappa}{\kappa-1} p_1 v_1 \left\{ 1 + \frac{\kappa-1}{\kappa} \frac{\Delta p}{p_1} + \frac{\frac{\kappa-1}{\kappa}\left(\frac{\kappa-1}{\kappa}-1\right)}{2} \left(\frac{\Delta p}{p_1}\right)^2 + \cdots\cdots - 1 \right\}$$

$$\fallingdotseq v_1 \Delta p \left\{ 1 - \frac{1}{2\kappa}\left(\frac{\Delta p}{p_1}\right) \right\} \quad [\text{J/kg}] \tag{3.6}$$

さらに，$\Delta p / p_1$ が十分に小さいときには，次のようになる．

$$W_{ad} \fallingdotseq v_1 \Delta p = v_1 (p_2 - p_1) \quad [\text{J/kg}] \tag{3.7}$$

すなわち，非圧縮性流体を扱う場合と同じ式になる．一般に，圧力比が 1.03 から 1.07 の範囲では式 (3.6) を，圧力比が 1.03 より小さいときには式 (3.7) を使用する．

このことから，圧力比が小さい場合の駆動動力 P [W] は次のようになる．

$1.03 < p_2/p_1 < 1.07$ のとき，

$$P = \frac{M}{\eta_c} \left\{ W_{ad} + \left(\frac{V_2^2}{2} - \frac{V_1^2}{2}\right) \right\}$$

$$= \frac{Q_1}{\eta_c} \left\{ (p_2 - p_1)\left(1 - \frac{p_2 - p_1}{2\kappa p_1}\right) + \rho_1 \left(\frac{V_2^2}{2} - \frac{V_1^2}{2}\right) \right\} \quad [\text{W}] \tag{3.8}$$

$p_2/p_1 \leqq 1.03$ のとき，

$$P = \frac{M}{\eta_c} \left\{ W_{ad} + \left(\frac{V_2^2}{2} - \frac{V_1^2}{2}\right) \right\}$$

$$= \frac{Q_1}{\eta_c} \left\{ (p_2 - p_1) + \rho_1 \left(\frac{V_2^2}{2} - \frac{V_1^2}{2}\right) \right\}$$

$$= \frac{Q_1}{\eta_c} (p_{t2} - p_{t1}) \quad [\text{W}] \tag{3.9}$$

ここで，p_{t2}, p_{t1} は送風機の出口と入口における全圧である．

[例題 3.2]

圧力 100 kPa，温度 20°C，密度 1.20 kg/m³ の大気を吸引し，直径 500 mm の吐出し口から流速 40 m/s で送り出す送風機がある．送風機出口における圧力が大気圧より 200 mmH₂O 高く，温度が 50°C であれば，送風機を駆動するのに必要な動力はいくらか．ただし，送風機の断熱効率を

85 % とする。

【解　答】

送風機出口の圧力は 200 mmH₂O であるため，
$$p_2 = \rho g H = 1\,000 \times 9.81 \times 200 \times 10^{-3}$$
$$= 1.962 \times 10^3 \text{Pa} = 1.962 \text{ kPa}$$

となり，密度が計算できる。
$$\rho_2 = \rho_1 \frac{p_2}{p_1} \frac{T_1}{T_2} = 1.20 \times \frac{100 + 1.962}{100} \times \frac{20 + 273}{50 + 273}$$
$$= 1.110 \text{ kg/m}^3$$

送風機を流れる空気の質量流量は次のようになる。
$$M = \rho_2 V_2 A_2 = \rho_2 V_2 \frac{\pi}{4} D_2^2$$
$$= 1.110 \times 40 \times \frac{\pi}{4} \times 0.500^2$$
$$= 8.72 \text{ kg/s}$$

送風機の入口と出口で質量流量は等しいため，送風機入口における体積流量が計算できる。
$$Q_1 = \frac{M}{\rho_1}$$
$$= \frac{8.72}{1.20} = 7.27 \text{ m}^3/\text{s}$$

送風機の所要動力は，圧力比の小さいとき近似式を使って計算できる。圧力比は，
$$\frac{p_2}{p_1} = \frac{100 + 1.962}{100} = 1.02$$

であり十分に小さいため，式 (3.9) を使って計算する。
$$P = \frac{Q_1}{\eta_c} \left\{ (p_2 - p_1) + \rho_1 \left(\frac{V_2^2}{2} - \frac{V_1^2}{2} \right) \right\}$$
$$= \frac{7.27}{0.85} \left\{ (100 + 1.962) \times 10^3 - 100 \times 10^3 + 1.20 \times \left(\frac{40^2}{2} - 0 \right) \right\}$$
$$= 2.50 \times 10^4 \text{W} = 25.0 \text{ kW}$$

3.2.3　送風機の特性

(1) 比速度

ポンプの場合と同様に送風機においても比速度が用いられ，幾何学的に相似な羽根車に対して，大きさや回転数とは無関係に比速度は一定の値となる。送

風機の比速度は次式によって計算される。

$$N_\mathrm{s} = N \frac{\sqrt{Q}}{H_\mathrm{ad}^{\frac{3}{4}}} \tag{3.10}$$

ここで，N：回転数〔rpm〕

Q：吸込み状態に換算した風量〔m³/min〕

H_ad：送風機の断熱ヘッド〔m〕

この式において，送風機の断熱ヘッドは，単位質量の気体を断熱圧縮するのに必要な仕事をヘッドに換算したものである。すなわち，圧縮に必要な仕事により気体を重力に逆らって持ち上げると，どれくらいの高さになるかを示すもので，単位質量当たりの圧縮仕事を重力加速度 g で割ったものに等しくなる。ファンのように圧力比が小さく，圧縮仕事が式 (3.7) で計算できるときには，断熱ヘッドは次のようになる。

$$\begin{aligned}
H_\mathrm{ad} &= \frac{1}{g}\left\{W_\mathrm{ad} + \left(\frac{V_2^2}{2} - \frac{V_1^2}{2}\right)\right\} \\
&= \frac{1}{g}\left\{v_1(p_2 - p_1) + \left(\frac{V_2^2}{2} - \frac{V_1^2}{2}\right)\right\} \\
&\fallingdotseq \frac{1}{\rho_1 g}\left\{\left(p_2 + \frac{\rho_2 V_2^2}{2}\right) - \left(p_1 + \frac{\rho_1 V_1^2}{2}\right)\right\} \\
&= \frac{1}{\rho_1 g}(p_{\mathrm{t}_2} - p_{\mathrm{t}_1}) \quad 〔\mathrm{m}〕
\end{aligned} \tag{3.11}$$

ここで，p_{t_1}, p_{t_2}：送風機の入口と出口における全圧〔Pa〕

送風機の形式と比速度の関係は次のようになる。

遠心ファン　　$N_\mathrm{s} = 300 \sim 1\,000$

遠心ブロワ　　$N_\mathrm{s} = 150 \sim 400$

軸流ファン　　$N_\mathrm{s} = 1\,000 \sim 2\,500$

軸流ブロワ　　$N_\mathrm{s} = 1\,000 \sim 2\,500$

(2) 特性曲線

送風機においてもポンプの場合と同様に，吐出し流量によって吐出し圧力が大きく変化する。そこで，吐出し流量を変化させたときの吐出し圧力，軸動力，効率などを1枚の図に描いた特性曲線を使用する。特性曲線は送風機の形式によって異なるため，送風機を運転するときには参考にする必要がある。

送風機は形状が相似であれば特性曲線も相似になるため，吐出し風量や吐出

し圧力など実際の数値を使わずに，次式で示すような無次元の数値を使って特性曲線を描くことが多い。

$$\text{流量係数} \quad \phi = \frac{Q_{t_1}}{\frac{\pi}{4}D_2^2 U_2}$$

$$\text{圧力係数} \quad \psi = \frac{p_t}{\frac{\rho U_2^2}{2}}$$

$$\text{全圧効率} \quad \eta = \frac{Q_{t_1} p_t}{P}$$

$$\text{動力係数} \quad \lambda = \frac{\phi \psi}{\eta}$$

ここで，Q_{t_1}：吸込み口における全圧に換算した体積流量〔m³/s〕
　　　　p_t：送風機全圧（送風機の吸込み口と吐出し口における全圧の差）〔Pa〕
　　　　D_2：羽根車外径〔m〕
　　　　U_2：羽根車の周速度〔m/s〕
　　　　P：送風機の駆動動力〔W〕

ターボファンの特性曲線を図 **3.15** に示す。

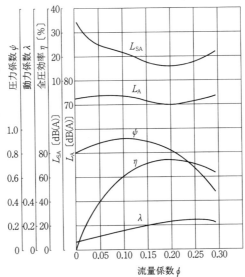

図 **3.15**　ターボファンの特性曲線

風量が増加するにつれ圧力も徐々に高くなり，その後は圧力が減少する．風量に対して圧力が減少する部分すなわち曲線の右下がり領域が広いため，安定して運転できる範囲が広い．駆動動力は風量の増加とともに徐々に増加し，最大風量の少し前で最大となり，その後やや減少する．このように，風量が増加して大風量になっても駆動動力はある一定値を超えないというリミットロード性をもっているため，モータ容量の余裕が少なくてもよい．実際には，モータの余裕は10～20％程度でよく，省エネルギーの観点からも都合がよい．効率は70～80％にもなり，他の形式のファンに比べて非常に高く，騒音も低いという特徴がある．

ラジアルファンの圧力曲線は比較的平坦であり，管路の抵抗変化に対して風量が大きく変化する．効率は一般に65～75％程度である．

多翼ファンの圧力曲線は圧力の極小値と最大値の両方をもつような形になる．すなわち，風量の増加とともに圧力は徐々に減少し，極小値を過ぎると再び増加しはじめ，極大値に達したのち再び減少する．このため，この送風機を安定して運転できるのは，圧力が極大となる流量より右側の領域となる．動力は風量の増加とともに増加する一方であるため，モータ容量は20～30％の余裕をとる必要がある．効率は45～60％となり，他の形式に比べて非常に低く，騒音の発生も多い．

軸流ファンの特性曲線を図3.16に示す．

圧力曲線は多翼ファンの場合と同様に，圧力の極小値と極大値をもつ．このため，安定して運転できる風量範囲は圧力が極大となる風量の右側となり，遠心式に比べると非常に狭くなる．圧力曲線，効率曲線は遠心式に比べると勾配が急になるため，管路の抵抗が大きく変化しても風量の変化は少ない．このため，一定の風量を連続して送る必要があるところには適している．効率は遠心式に比べると高いが，風量によって大きく変化する．

3.2.4　運転上の注意

送風機を選定するとき，必要とする風量が送風機の最高効率点に近くなるようにするが，つねに一定の風量で運転するわけではなく，ある期間は小さな風量で運転することがある．このようなとき，送風機の圧力曲線に極大値をもつ

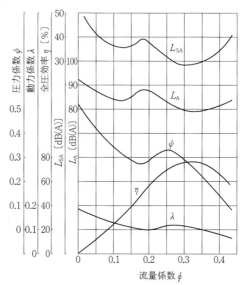

図 3.16　軸流ファンの特性曲線

と，極大値の左側の右上がり部分において風量や圧力が変動し，送風機本体および配管系に振動が発生する。このような現象をサージングとよんでいる。

　送風機の圧力曲線が図 3.17 のようになる場合を考えると，正常な運転点 A から風量を減少するにつれ圧力は曲線上を B まで移動し，さらに減少すると曲線の右上がり部分の C に至る。A から B までは圧力曲線が右下がりであるため，何らかの変化により風量が変化してもすぐに元の風量に戻る。しかし，B から C までの間では，一定の風量で運転することができないだけでなく，送風機本体および配管系が大きく振動するようになる。サージングを防止するには次のような方式が考えられる。

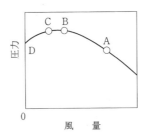

図 3.17　サージングの発生

① 圧力曲線で右上がり部分が小さいような送風機を選ぶ。
② 吐出し風量の一部をそのまま捨てたりバイパスすることにより，圧力曲線の右下がり部分になるような風量で運転する。

なお，軸流送風機のように羽根の揚力によって気体の圧力を高める方式では，サージングのほかに旋回失速も発生する。軸流送風機において，羽根に対する気体の流入角度は風量とともに変化し，ある角度以上になると羽根の出口付近で，はく離が生じる。はく離が発生した羽根では気体の圧力を高める作用は小さくなり，送風機の性能は低下する。このような現象を失速という。ある羽根で失速が生じるとそれと隣接する羽根を通過する流量が変化し，羽根車の回転方向とは逆方向の羽根において失速が発生する。このようにして，失速する羽根が回転軸のまわりを順番に移動するため旋回失速とよんでいる。旋回失速が起こっても失速状態にない羽根は正常に作用しているため，運転音に異常は認められず外部から気づかないことが多い。しかし，この現象が起こると羽根に繰返し応力を及ぼすため，羽根が疲労により破損することがある。

3.2.5 煙突の通風作用

(1) 通風方式

燃焼装置において燃焼に必要な空気を供給し，発生した燃焼ガスをボイラ伝熱面などと接触させたのち，煙道を通して煙突から排出するまでの空気および燃焼ガスの流れを通風という。また，空気や燃焼ガスの流れをつくり出すための圧力差を通風力とよんでいる。

通風力をつくり出す方式には，自然通風と強制通風の2とおりがある。自然通風方式は煙突の通風力を利用して燃焼ガスの流動をつくり出すもので，動力を必要とせず簡単であるため小型の燃焼装置では使用されるが，大きな通風力を必要とする場合には使用できない。

強制通風方式は送風機を使って通風力をつくり出すものであり，送風機の配置方法により押込み通風，誘引通風，平衡通風に分けられる。押込み通風は，燃焼用空気を送風機により大気圧より高い圧力まで上げて送り込むもので，通風力が大きいため空気や燃焼ガスの流速を高くすることが可能となり，燃焼効率や伝熱効率を上げることができる。ただし，燃焼室内や煙道の圧力が大気圧

よりも高いため,燃焼ガスが外部にもれ出すことが考えられるので,燃焼室を気密構造にする必要がある。

誘引通風は,送風機を煙道に取り付け,煙道から燃焼ガスを吸引するものであり,燃焼室内全体が大気圧より低くなる。燃焼用空気は燃焼室と大気との圧力差によって吸引される。この方式では,送風機の吸込み口において圧力がもっとも低くなるため,煙道の壁に割れ目があると外部から空気が侵入し,燃焼用空気の吸引量が減少するので注意しなければならない。また,吸引する燃焼ガスは高温であるため体積が大きくなっており,大型の送風機を使用する必要がある。

平衡通風は,押込み通風と誘引通風を併用したものであり,2台の送風機を調節しながら燃焼室内を大気圧付近に保つものである。この方式では,動力費が大きくなるという欠点はあるが,大きな通風力が得られ,燃焼室内の圧力が一定に保てるため燃焼用空気量の調節が容易である。

(2) 通風抵抗

燃焼用空気が炉に流入し,燃焼ガスとなって煙道を通り煙突から排出されるまでには,伝熱面や流路での摩擦および流路の断面変化,流れ方向の変化などの通風抵抗を受ける。燃焼装置で必要な通風力は,これらすべてを合計することにより計算できる。火格子,ボイラ伝熱面,過熱器,空気予熱器,ダンパ,集じん器,煙道,煙突などを通過するときの摩擦損失をΔp_{f_i},煙道などの曲がり部分による損失をΔp_{b_i},煙道などの断面変化(急拡大や急縮小)による損失をΔp_{s_i},煙道などの流路が高さ方向に変化することによる圧力差をΔp_{h_i}とすれば,全通風抵抗Δp_tは次のようになる。

$$\Delta p_t = \sum_{i=1}^{n} \Delta p_{f_i} + \sum_{i=1}^{n} \Delta p_{b_i} + \sum_{i=1}^{n} \Delta p_{s_i} + \sum_{i=1}^{n} \Delta p_{h_i} \tag{3.12}$$

したがって,必要な通風力Zはこれらの全通風抵抗に,燃焼ガスが煙突から排出されるときの運動エネルギーを加えたものになる。

$$Z = \Delta p_t + \frac{1}{2}\rho V^2 \quad [\text{Pa}] \tag{3.13}$$

ここで,ρ:煙突出口における燃焼ガスの密度〔kg/m³〕
V:煙突出口における燃焼ガスの流速〔m/s〕

各種ボイラおよび煙道中の付属設備の通風抵抗の概略値を**表3.3**に示す。

表 3.3 煙道中における通風抵抗 〔mmH₂O〕

ボイラの形状	抵　抗	設　　　備	抵　抗
炉筒ボイラ	4〜7	過　熱　器	1〜5
煙管ボイラ	7〜10	エコノマイザ	6〜15
横水管ボイラ	5〜14	空気予熱器	3〜8
立水管ボイラ	6〜20		

(3) 煙突の通風力

図3.18 に示すように高さ H〔m〕の煙突を考え，煙突の内部には温度 T_g〔K〕，密度 ρ_g〔kg/m³〕の燃焼ガスが入っており，煙突の外部の空気は，温度 T_a〔K〕，密度 ρ_a〔kg/m³〕であるとする。

煙突の下面における圧力を内部で p_1，外部で p_2 とすれば，煙突上面の圧力 p_0 が等しいことから次のようになる。

$$\left. \begin{array}{l} p_1 = p_0 + \rho_g g H \\ p_2 = p_0 + \rho_a g H \end{array} \right\} \quad 〔\text{Pa}〕 \tag{3.14}$$

通風力はこの圧力差であるため次のように書くことができる。

$$Z = p_2 - p_1 = (\rho_a - \rho_g) g H \quad 〔\text{Pa}〕 \tag{3.15}$$

一方，燃焼ガスの密度 ρ_g および空気の密度 ρ_a は，理想気体の状態式を使えば計算できる。圧力はどちらも大気圧 p_0 に等しいとすれば次のようになる。

$$\rho_a = \frac{p_0}{R_a T_a} \ 〔\text{kg/m}^3〕, \quad \rho_g = \frac{p_0}{R_g T_g} \ 〔\text{kg/m}^3〕 \tag{3.16}$$

ここで，R_a, R_g：空気および燃焼ガスのガス定数〔J/(kg・K)〕

式(3.16)を式(3.15)に代入すれば，通風力は次のようになる。

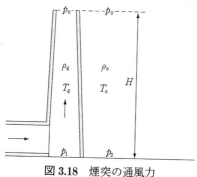

図 3.18　煙突の通風力

$$Z = \left(\frac{1}{R_a T_a} - \frac{1}{R_g T_g}\right) p_0 g H \quad [\text{Pa}] \tag{3.17}$$

燃焼ガスのガス定数は空気のガス定数と等しく287 J/(kg·K)であるとし，$p_0 = 1.013 \times 10^5$ Paを代入すれば，次のような近似式が得られる。

$$Z \fallingdotseq 3\,459\left(\frac{1}{T_a} - \frac{1}{T_g}\right) H \quad [\text{Pa}] \tag{3.18}$$

一般に通風力は非常に小さな値であるため，その大きさを表す単位としてPaの代わりにmmH₂Oを使うことが多い。このときには，式(3.18)を重力加速度gで割ればよいため次のようになる。

$$Z \fallingdotseq 353\left(\frac{1}{T_a} - \frac{1}{T_g}\right) H \quad [\text{mmH}_2\text{O}] \tag{3.19}$$

(4) 煙突の大きさ

煙突の高さと直径は，発生する燃焼ガス量と通風力から決定される。すなわち，燃焼ガスの温度が与えられれば式(3.18)より煙突高さと通風力の関係が得られる。一方，通風力と通風抵抗が等しくなるような燃焼ガスの流速が決まるため，燃焼ガス量と煙突の直径との関係が求まる。このようにして得られた煙突高さと直径の組合せのなかから適切なものを選べばよい。しかし，実際には通風抵抗が煙突の直径によって大きく変化するため，標準的な燃焼ガス流速を決めておいて煙突の直径を決定することが多い。

燃焼量をM_f〔kg/s〕，燃料の理論空気量をA_0〔kg/kg燃料〕，空気比をμ，燃焼によって発生する灰などの固形物をM_0〔kg/s〕とすると，燃焼ガスの質量流量M_g〔kg/s〕は次のようになる。

$$M_g = (1 + \mu A_0) M_f - M_0 \tag{3.20}$$

一方，煙突内の燃焼ガス平均流速をV〔m/s〕，燃焼ガスの密度をρ_g〔kg/m³〕，煙突の直径をD〔m〕とすれば，煙突の断面積が$\frac{\pi}{4}D^2$となることから次式が成り立つ。

$$M_g = \rho_g V \frac{\pi}{4} D^2$$

この式に式(3.20)を代入して直径Dについて解けば次式が得られる。

$$D = \sqrt{\frac{(1 + \mu A_0) M_f - M_0}{\frac{\pi}{4} \rho_g V}} \tag{3.21}$$

なお，この式で直径Dを計算するとき，標準的な燃焼ガス流速Vが必要に

なる。一般には，煙突入口において 3〜4 m/s，最大でも 6 m/s くらいにすることが多い。ただし，大気汚染防止の見地から大気拡散効果を高めるため 20〜35 m/s で排出することもある。

また，石炭を燃焼している場合には，燃焼量から煙突の形状を決定するための実験式が提案されている。そのうちよく用いられているケントの式を次に示す。

$$M_f = 0.0408 (F - 0.18\sqrt{F})\sqrt{H'} \qquad (3.22)$$

ここで，M_f：石炭使用量〔kg/s〕

F：煙突の最小断面積〔m²〕

H'：煙突の有効高さ〔m〕

なお，煙突の有効高さは，煙突の高さに排出速度による上昇分を加えた高さである。

一方，通風力と通風抵抗の関係だけでなく，構造上の安定性を考えて直径と高さを決めることも必要である。一般には，直径と高さの比を次のように決めている。

$D \leq 2.5$ m のとき　$H \leq (25〜30) D$ 〔m〕

$D > 2.5$ m のとき　$H \leq 20 D$ 〔m〕

ただし，H は地上からの煙突の高さである。

3章の演習問題

*解答は，編の末尾 (p.260) 参照

[演習問題 3.1]

図に示すように，ポンプを使って貯水槽から揚水槽へ水を送っている．吸水管および送水管の内径が 100 mm，送水管の全長が 100 m であり，流量は毎分 0.471 m^3 である．吸水管でのエネルギー損失は無視でき，送水管では管摩擦によるもののみとして，以下の問いに答えよ．

ただし，送水管の管摩擦係数を 0.020 とする．

(1) 送水管内の平均流速〔m/s〕を求めよ．
(2) ポンプ入口（断面 1）における静圧と大気圧の差〔kPa〕を求めよ．
(3) 送水管出口（断面 3）での静圧と大気圧の差〔Pa〕を求めよ．
(4) ポンプ出口（断面 2）での静圧と大気圧との差〔kPa〕を求めよ．
(5) エネルギー損失がないポンプを用いた場合の，揚水 1 kg 当たりに必要なエネルギー〔J〕を求めよ．
(6) ポンプ効率 70 % のポンプを使用する場合の所要動力〔kW〕を求めよ．

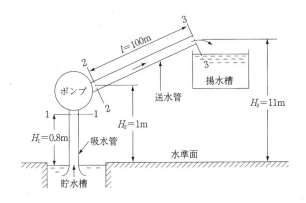

[演習問題 3.2]

温度 20°C，圧力 100 kPa，密度 1.20 kg/m^3 の大気を吸引し，大気圧より 1.50 kPa 高い圧力にしている送風機がある．内径 300 mm の送風機吐出し管で測定し

たところ，温度は 27°C，流速は 40 m/s であった．このとき以下の問いに答えよ．
(1) 空気の質量流量〔kg/s〕を求めよ．
(2) 吸込み口における全圧に換算した体積流量〔m³/s〕を求めよ．
(3) 送風機出口での全圧〔kPa〕を求めよ．
(4) 送風機の駆動動力が 12 kW であるとき，送風機の断熱効率は何〔%〕か．ただし，吸込み側の損失は無視する．

[演習問題 3.3]

毎分 12 m³ の水を送水しているポンプがあり，ポンプの回転数 1 200 rpm，全揚程 9 m，軸動力 25 kW であった．

次の文章の ☐ の中に入るべき適切な字句または数値を解答例にならって答えよ．なお，(1) および (3) については計算の途中経過も記せ．（解答例　ト―送風機）
(1) このポンプのポンプ効率は ☐イ☐〔%〕である．
(2) ポンプの比速度は，☐ロ☐ の 1 乗と ☐ハ☐ の $\frac{1}{2}$ 乗と ☐ニ☐ の $-\frac{3}{4}$ 乗との積として定義される．
(3) このポンプの比速度の値は ☐ホ☐ である．
(4) 定格運転されているこのポンプには，比速度から判断して，軸流ポンプ，渦巻ポンプ，斜流ポンプの中で，☐ヘ☐ポンプが適している．

2編の演習問題解答

[演習問題 1.1]

【解 答】

水および油の密度をρ_1, ρ_2とすれば，図中のC点，D点における圧力は次のようになる．

$$p_C = p_A - \rho_1 g H_A$$
$$p_D = p_B - \rho_1 g H_B - \rho_2 g h$$

$p_C = p_D$ であることから，圧力差 $(p_A - p_B)$ について解く．

$$p_A - p_B = \rho_1 g (H_A - H_B) - \rho_2 g h$$

図より$H_A = h + H_B + 0.50$ mであることから，$H_A - H_B = h + 0.50$ mとなることを考慮して計算すると次のようになる．

$$\begin{aligned}
p_A - p_B &= \rho_1 g(h+0.50) - \rho_2 g h \\
&= gh(\rho_1 - \rho_2) + 0.50\rho_1 g \\
&= 9.81 \times 0.20 \times (1-0.90) \times 1\,000 + 0.50 \times 1\,000 \times 9.81 \\
&= 5.10 \times 10^3 \text{Pa} = 5.10 \text{ kPa}
\end{aligned}$$

[演習問題 1.2]

【解 答】

管内を流体が流れる場合は，レイノルズ数を計算するときの代表長さとして管の内径を使用する．

$$Re = \frac{VD}{\nu} = \frac{VD}{\frac{\mu}{\rho}} = \frac{\rho VD}{\mu}$$

$$= \frac{998 \times 0.015\,V}{1.002 \times 10^{-3}} = 1.494 \times 10^4\,V$$

流れが層流であるためには，レイノルズ数が2 300以下であればよいことから，流速は次のようになる．

$$Re = 1.494 \times 10^4\,V < 2\,300$$
$$V < 0.154 \text{ m/s}$$

空気に対しても同様の計算をすると，流速が次のように求められる。
$$Re = \frac{1.205 \times 0.015\,V}{0.0180 \times 10^{-3}} = 1\,004\,V < 2\,300$$
$$V < 2.29 \text{ m/s}$$
このように，温度20℃の水と空気では，レイノルズ数は水のほうが約15倍大きくなる。

[演習問題 2.1]

【解　答】

ピトー管から十分離れた地点とピトー管の先端部でベルヌーイの定理を適用すると，ピトー管の先端部で速度が0になることから次式が成り立つ。
$$p + \frac{1}{2}\rho V^2 = p_0$$
この式でpを静圧，$\frac{1}{2}\rho V^2$を動圧，p_0を総圧という。この式を使えば流速は次のようになる。
$$V = \sqrt{\frac{2}{\rho}(p_0 - p)}$$
差圧(p_0-p)は液柱計の読みから求める。水と四塩化炭素の密度をρ_1，ρ_2とすれば，図中の記号を使ってp_0，pは次のようになる。
$$p_0 = p_0' + \rho_1 g H_1$$
$$p = p' + \rho_1 g H_2$$
一方，差圧計の読みの関係からp'とp_0'は次のようになる。
$$p_0' - p' = \rho_2 g (H_2 - H_1)$$
これらの式から差圧(p_0-p)は計算できる。
$$\begin{aligned}p_0 - p &= (p_0' + \rho_1 g H_1) - (p' + \rho_1 g H_2)\\&= p_0' - p' - \rho_1 g (H_2 - H_1)\\&= \rho_2 g (H_2 - H_1) - \rho_1 g (H_2 - H_1)\\&= (\rho_2 - \rho_1) g (H_2 - H_1)\\&= (1.59 - 1) \times 1\,000 \times 9.81 \times 80 \times 10^{-3}\\&= 463 \text{ [Pa]}\end{aligned}$$
この値を用いて速度を計算すると次のようになる。
$$V = \sqrt{\frac{2}{\rho}(p_0 - p)} = \sqrt{\frac{2}{1\,000} \times 463}$$

$$=0.962 \text{ m/s}$$

平均流速がわかれば流量は次のように計算できる。

$$Q = VA = V\frac{\pi}{4}D^2$$
$$= 0.962 \times \frac{\pi}{4} \times 0.150^2 = 0.017\,0 \text{ m}^3/\text{s}$$

[演習問題 2.2]

【解　答】

池の水面と管出口の間にエネルギー保存則を適用する。

$$\frac{p_1}{\rho} + \frac{V_1^2}{2} + g\,z_1 - E_{\text{loss}} = \frac{p_2}{\rho} + \frac{V_2^2}{2} + g\,z_2$$

において $V_1 = 0$, $p_1 = p_2 = p_0$（大気圧）, $z_1 - z_2 = 15$ m であることから次式が得られる。

$$E_{\text{loss}} = g\,(z_1 - z_2) - \frac{V_2^2}{2}$$

管路の圧力損失は直管の摩擦損失だけであるため，式(2.32)が使用できる。

$$f\frac{L}{D}\frac{V_2^2}{2} = g\,(z_1 - z_2) - \frac{V_2^2}{2}$$

この式を整理して平均流速を計算する。

$$\frac{V_2^2}{2} = \frac{g\,(z_1 - z_2)}{f\dfrac{L}{D} + 1}$$

$$= \frac{9.81 \times 15}{0.025 \times \dfrac{1\,000}{0.250} + 1} = 1.457$$

$$V_2 = \sqrt{2 \times 1.457} = 1.707 \text{ m/s}$$

この結果より流量は次のようになる。

$$Q = AV_2$$
$$= \frac{\pi}{4}D^2 V_2 = \frac{\pi}{4} \times 0.250^2 \times 1.707$$
$$= 0.083\,8 \text{ m}^3/\text{s}$$

[演習問題 2.3]

【解答】

ノズルからの流量は式(2.58)を使って計算できる。
$$Q = CA\sqrt{2gH} = C\frac{\pi}{4}D^2\sqrt{2gH}$$
$$= 0.95 \times \frac{\pi}{4} \times 0.05^2 \times \sqrt{2 \times 9.81 \times 1.5}$$
$$= 0.0101 \text{ m}^3/\text{s}$$

ノズル出口の流速は次のようになる。
$$V_E = \frac{Q}{A} = \frac{0.0101}{\frac{\pi}{4} \times 0.05^2} = 5.14 \text{ m/s}$$

ノズルの入口と出口に対して運動量保存則を適用すると，ノズル入口における速度がゼロであるため，x 方向の力は次のようになる。
$$F_x = M(V_{2x} - V_{1x}) = \rho Q(V_E - 0)$$
$$= 1000 \times 0.0101 \times 5.14 = 51.9 \text{ N}$$

これは流体にかかる力であるため，タンクにはこの反作用として左向きの力がかかる。

[演習問題 3.1]

【解答】

(1) 平均流速は流量と送水管の内径から計算できる。
$$V = \frac{Q}{\frac{\pi}{4}D^2} = \frac{\frac{0.471}{60}}{\frac{\pi}{4} \times 0.100^2} = 1.00 \text{ m/s}$$

(2) 貯水槽の水面とポンプ入口の間にベルヌーイの式を適用する。
$$\frac{p_0}{\rho} + \frac{V_0^2}{2} + gz_0 = \frac{p_1}{\rho} + \frac{V_1^2}{2} + gz_1$$

この式で p_0 は大気圧，$V_0 = 0$，$z_1 - z_0 = H_1$ を考えると，ポンプ入口のゲージ圧力が計算できる。
$$p_1 - p_0 = -\rho g H_1 - \frac{\rho V_1^2}{2}$$

264　2編　流体工学の基礎

$$= -1\,000 \times 9.81 \times 0.8 - \frac{1\,000 \times 1.00^2}{2}$$
$$= -8.35 \times 10^3\,\text{Pa} = -8.35\,\text{kPa}$$

(3) 送水管出口では圧力が大気圧に等しくなる。
$$p_3 - p_0 = 0 \quad [\text{Pa}]$$

(4) 断面2と断面3の間にエネルギー保存則を適用する。
$$\frac{p_2}{\rho} + \frac{V_2^2}{2} + g\,z_2 - E_{\text{loss}} = \frac{p_3}{\rho} + \frac{V_3^2}{2} + g\,z_3$$

この式において，$p_3 = p_0$（大気圧），$V_3 = V_2 = V$であり，
$$E_{\text{loss}} = f\frac{L}{D}\frac{V^2}{2}$$

となることからポンプ出口圧力は次のようになる。
$$p_2 - p_0 = \rho g\,(H_3 - H_2) + f\frac{L}{D}\frac{\rho V^2}{2}$$
$$= 1\,000 \times 9.81 \times (11-1) + 0.020 \times \frac{100}{0.100} \times \frac{1\,000 \times 1.00^2}{2}$$
$$= 1.08 \times 10^5\,\text{Pa} = 108\,\text{kPa}$$

(5) ポンプ入口と出口の間にエネルギー保存則を適用すると，式(2.7)において $E_{\text{loss}} = 0$，$E_{\text{out}} = 0$，$E_{\text{in}} = E$，$V_1 = V_2$ となるため，
$$E = \frac{p_2 - p_1}{\rho} + g\,(H_2 - H_1)$$
$$= \frac{1.08 \times 10^5 - (-8.35 \times 10^3)}{1\,000} + 9.81 \times (1 - 0.8)$$
$$= 118.3\,\text{J/kg}$$

(6) ポンプの所要動力は式(3.1)から計算できる。
$$P = E_{\text{in}} M = \frac{E_{\text{in}} - E_{\text{loss}}}{\eta_P} M$$
$$= \frac{E}{\eta_P}\rho Q = \frac{118.3}{0.70} \times 1\,000 \times \frac{0.471}{60}$$
$$= 1.33 \times 10^3\,\text{W} = 1.33\,\text{kW}$$

[演習問題 3.2]

【解　答】

(1) 吐出し口における流速が与えられているため，吐出し口の密度と断面積から質量流量を計算する。

$$\rho_2 = \rho_1 \frac{p_2}{p_1} \frac{T_1}{T_2}$$
$$= 1.20 \times \frac{100+1.50}{100} \frac{20+273}{27+273} = 1.19 \text{ kg/m}^3$$
$$M = \rho_2 Q_2 = \rho_2 V_2 \frac{\pi}{4} D^2$$
$$= 1.19 \times 40 \times \frac{\pi}{4} \times 0.300^2 = 3.36 \text{ kg/s}$$

(2) 吸込み口では吸入み管を使用せず，大気からそのまま吸引しているため，全圧は静圧すなわち大気圧に等しくなる。
$$Q_1 = \frac{M}{\rho_1} = \frac{3.36}{1.20} = 2.80 \text{ m}^3/\text{s}$$

(3) 吐出し口における全圧は動圧と静圧の和となる。
$$p_{t_2} = p_{d_2} + p_2$$
$$= \frac{1}{2} \rho_2 V_2^2 + p_2$$
$$= \frac{1}{2} \times 1.19 \times 40^2 + (1.50+100) \times 10^3$$
$$= 1.025 \times 10^5 \text{ Pa} = 102.5 \text{ kPa}$$

(4) 吸込み口と吐出し口の圧力比を計算すると，
$$\frac{p_2}{p_1} = \frac{p_2}{p_0} = \frac{1.5+100}{100} = 1.015$$
となり，圧力比が小さいため，次の近似式が使用できる。
$$P = \frac{Q_1}{\eta_C}(p_{t_2} - p_{t_1})$$
この式より送風機の断熱効率は次のように計算できる。
$$\eta_C = \frac{Q_1(p_{t_2} - p_{t_1})}{P} = \frac{Q_1(p_{t_2} - p_0)}{P}$$
$$= \frac{2.80 \times (1.025 \times 10^5 - 100 \times 10^3)}{12 \times 10^3}$$
$$= 0.583 \text{ (58.3 [\%])}$$

[演習問題 3.3]

【解　答】

(1) ポンプの所要動力は式 (3.1) から計算できる。
$$P = \frac{\rho g H Q}{\eta_P}$$

266　2編　流体工学の基礎

これより，ポンプ効率は次のように計算できる。

$$\eta_P = \frac{\rho g H Q}{P}$$

$$= \frac{1\,000 \times 9.81 \times 9 \times \frac{12}{60}}{25 \times 10^3} = 0.706 \ (70.6 \ [\%])$$

(2) ポンプの比速度は式 (3.2) で与えられ，

$$N_S = N \frac{\sqrt{Q}}{H^{\frac{3}{4}}}$$

ただし，N：回転数〔rpm〕

　　　　H：全揚程〔m〕

　　　　Q：吐出し量〔m³/min〕

となるため，回転数の1乗，流量の $\frac{1}{2}$ 乗，全揚程の $-\frac{3}{4}$ との積になる。

　　　　ロ―回転数　　　ハ―流量　　　ニ―全揚程

(3)
$$N_S = N \frac{\sqrt{Q}}{H^{\frac{3}{4}}} = 1\,200 \times \frac{\sqrt{12}}{9^{\frac{3}{4}}} = 800$$

なお，この式で計算するとき，回転数や吐出し量の単位に注意する必要がある。

(4) ポンプの羽根車形状と比速度の関係は図3.5に与えられており，

　　　N_S が 400 までは，　　渦巻ポンプ

　　　　　800～1 000　　　　斜流ポンプ

　　　　1 200 以上では　　軸流ポンプ

となっているため，この場合は斜流ポンプが適している。

熱分野 II 熱と流体の流れの基礎

3編 伝熱工学の基礎

序章
伝熱の基本様式および主要な単位

（1） 伝熱の基本様式

　熱は温度の高いところから低いところへ移動するが，このように熱が移動する過程を伝熱という。伝熱の基本的な様式は伝導伝熱，対流伝熱，放射伝熱の3つに大別される。それぞれの様式の伝熱の詳細については以下の各章において述べるが，ここではまずそれらの概要を簡単に述べる。

（2） 伝導伝熱（熱伝導）

　熱伝導とは，熱が，物体を構成する原子，分子の運動として順次に隣へと伝播する過程をいう。熱伝導は固体，液体，気体のいずれにおいても観察される現象であるが，液体や気体のような流体においては，熱移動の駆動力となる温度差が対流運動を引き起こすため，次項に述べる対流伝熱も同時に起きることになる。したがって，一般に，液体や気体における伝熱では伝導伝熱と対流伝熱が複合している場合が多い（ただし，温度差，すなわち密度差による対流運動は，重力の作用に起因するものであるから，宇宙空間のような無重力の環境ではそのような運動は起こらない）。

（3） 対流伝熱（熱伝達）

　液体や気体のような流体の内部に温度の不均一があると，高温の部分は密度が小さい（軽い）ために浮力で上昇し，その部分へ低温の密度の大きい流体の塊が入り込み，高温と低温の流体の塊が混合して全体の温度が一様になるまでこのような流動が持続する。このような流動現象を対流という。風呂を沸かしている場合に，加熱された高温の水は上昇し，低温の水は下降する流動が観察されるが，これも対流の一例である。

このように，流体の内部に温度差があれば対流を生じ，高温の流体の塊が低温部に移動し，そこで低温の流体の塊と混合することによって熱が移動する。また，物体表面と流体の間では，高温の物体表面で暖められた流体の塊が流動によって低温の物体表面に移動し，そこで冷却されるというようにして熱が移動する（当然ながら，低温の流体の塊が対流によって高温側に移動し，そこで暖められることによる熱の移動も同時に起こっている）。これが対流伝熱であり，物体表面と流体の間で熱が移動する過程をとくに熱伝達とよんでいる。実際の工業用熱設備においては，流体内部の伝熱よりも物体と流体の間の熱伝達が重要になることが多い。なお，元来，対流とは温度差による密度差に起因して自然に発生する流れを指すが，流れがポンプや送風機などによって人為的につくられる場合でも同じく対流とよんでおり，前者の流れに伴う伝熱を自然対流伝熱（自然対流熱伝達），後者の場合を強制対流伝熱（強制対流熱伝達）という。

(4) 放射伝熱（熱放射）

すべての物体は，その温度によって決定される，ある特定の波長と強さの電磁波をその表面から発散している。これを熱放射（あるいは熱輻射）という。この電磁波が他の物体に吸収されると再び熱となってその物体の温度を上昇させる。温度が異なる物体間では，相互に放射・吸収する電磁波のエネルギーの差し引きの形で，高温物体から低温物体にエネルギーの移動が起こる。このような熱の移動過程を放射伝熱という。温度の等しい物体間の放射伝熱量はゼロであるが，熱放射がないのではなく，両物体間で放射するエネルギーと吸収するエネルギーが等しいのである。

電気炉で物体を加熱するのは放射伝熱の代表的な一例である。地球が太陽からの熱放射で暖められるのは周知のとおりであるが，それによって気温が上昇するのは地球表面と大気の間の対流伝熱によるものである。多くの熱設備においても放射伝熱の現象はみられ，ボイラ火炉内や加熱炉内の伝熱では，とくに放射伝熱が重要な役割を果たしている。

(5) 定常伝熱と非定常伝熱

伝熱の現象は，定常状態におけるものと非定常状態におけるものに分けられる。定常状態とは物体内を移動する熱量が時間によらず一定であり，物体内の

温度分布も変化しない状態である。非定常状態とは移動熱量および温度分布が時間とともに変化する状態である。例えば，蒸気輸送管の内部から外部に向かって管壁内を伝導する熱を考えてみると，蒸気の温度や流量が一定である場合には，管壁内の温度分布や管壁内を移動する熱量は時間的に変化せず，このような熱伝導過程を定常熱伝導という。一方，蒸気の温度や流量が時間とともに変化する場合には，管壁内の温度分布や移動熱量が時間的に変化し，これを非定常熱伝導という。

　さまざまな熱設備においては，非定常伝熱の現象もみられ，その現象を理解するにはかなり高度の解析が必要である。しかしながら，多くの工業用熱設備の管理においては，定常伝熱の現象を確実に理解し，それを活用することによって，十分に熱管理の目的を果たすことができる。したがって，本書では，伝導伝熱，対流伝熱，放射伝熱のいずれについても，定常状態での現象を対象として記述しており，非定常現象については，第1章の末尾で，非定常熱伝導のごく基本的な事項を簡単に記述するだけにとどめる。

(6) 伝熱に関する主要な単位

　伝熱に関係する諸量のSI単位を表に示す。
従来からよく使用されているセルシウス温度〔℃〕もSI単位系に含まれており，ある温度のセルシウス温度表示をθ〔℃〕，熱力学温度表示をT〔K〕とすると，

$$\theta = T - 273.15$$

である。温度間隔（1度の温度差）は熱力学温度とセルシウス温度は同一であるので，表中にあるように，単位温度差当たりの量を表示する場合に，〔K〕と〔℃〕のいずれを用いてもよいが，慣用としてSI単位系では〔K〕が使われることが多い。

　熱量の基準単位は，SIでは〔J〕に定められているが，工業的には，慣用として工学単位の〔cal〕が使用されることも多い。〔J〕単位による熱量表示は一義的であるが，〔cal〕には15℃カロリー，ITカロリー（国際表カロリー），熱化学カロリーなど，いろいろな定義がある。したがって，厳密な数値を問題にする場合，工学単位からSI単位への換算にあたっては，その〔cal〕がいずれの定義のものかに注意しなくてはならない[注1]。

注1)　1 cal₁₅ ＝ 4.185 5 J　（15℃カロリー）
　　　1 cal_IT ＝ 4.186 8 J　（IT カロリー（国際表カロリー））
　　　1 cal_thermochem. ＝4.184 0 J　（熱化学カロリー）
　　　1 cal ＝ 4.186 05 J ＝1/860 W・h　（計量法による）

表　伝熱に関する諸量の SI 単位

	量	単位の名称	単位記号	備　考
空間および時間に関して	長さ	メートル	m	
	面積	平方メートル	m²	
	体積	立方メートル	m³	1 L (リットル)=10^{-3} m³ は併用できる
	時間	秒	s	1 min (分)=60 s, 1 h (時)=60 min, 1 d (日)=24 h は併用できる
	速度, 速さ	メートル毎秒	m/s	
	加速度	メートル毎秒毎秒	m/s²	
力学に関して	質量	キログラム	kg	(重量でも力でもない) 質量の単位で, 国際キログラム原器の質量に等しい
	密度, 濃度	キログラム毎立方メートル	kg/m³	
	力	ニュートン	N	1 N=1 kg·m/s²
	圧力	パスカル	Pa	1 Pa=1 N/m²　1 bar (バール)=10^5 Pa は併用できる
	粘度	パスカル秒	Pa·s	
	動粘度	平方メートル毎秒	m²/s	
	エネルギー, 仕事	ジュール	J	1 J=1 N·m
	仕事率, 電力	ワット	W	1 W=1 J/s
	質量流量	キログラム毎秒	kg/s	
	流量	立方メートル毎秒	m³/s	
熱に関して	熱力学温度	ケルビン	K	水の三重点の温度を 273.16 K と定義
	セルシウス温度	セルシウス度	℃	熱力学温度から 273.15 を減じた値
	温度間隔	ケルビン	K	水の三重点 (273.16 K) と絶対零度 (0 K) との間を 273.16 等分したものを温度間隔 1 K とする　℃を用いてもよい
	熱量	ジュール	J	
	熱流量	ワット	W	
	熱伝導率	ワット毎メートル毎ケルビン	W/(m·K)	K の代わりに℃を用いてもよい
	熱伝達率	ワット毎平方メートル毎ケルビン	W/(m²·K)	
	熱容量	ジュール毎ケルビン	J/K	
	比熱	ジュール毎キログラム毎ケルビン	J/(kg·K)	

1章 伝導伝熱

[記号表]

a	温度伝導率	$[m^2/s]$
A	平板の断面積	$[m^2]$
c	物体の比熱	$[J/(kg \cdot K)]$
l	平板の厚さ	$[m]$
	積層平板（円筒）の i 番目の層については l_i	
L	円筒の長さ	$[m]$
q	熱伝導による熱流束	$[W/m^2]$
	x, y, z 方向への熱流束を明示する場合は，q_x, q_y, q_z	
Q	熱伝導による通過熱量	$[W]$
	x, y, z 方向への通過熱量を明示する場合は，Q_x, Q_y, Q_z	
Q'	単位長さの円筒面を熱伝導で通過する熱量	$[W/m]$
r	円筒（円柱），球殻の半径	$[m]$
	積層円筒の i 番目の層については r_i	
R_c	熱伝導抵抗	$[K/W]$
T	温度	$[K]$ あるいは $[°C]$
	セルシウス温度を明示する場合には便宜的に $\theta\,[°C]$ を使用	
x, y, z	3次元（直角）座標	
δ	熱伝導率の温度変化における温度係数	$[-]$

λ	熱伝導率	〔W/(m・K)〕
	積層平板（円筒）のi番目の層についてはλ_i	
λ_0	ある基準温度における熱伝導率	〔W/(m・K)〕
ρ	物体の密度	〔kg/m³〕
θ, φ	円柱，球座標系における方位角	〔rad〕

1.1 熱伝導の基本式と熱伝導率

　物体内に温度差があると温度の高い部分から低い部分に向かって熱の流れが生じる。いま物体内のある位置での熱の流れに直角な面を考え，その単位面積を単位時間に通過する熱量（これを熱流束といい，その基本的な単位には〔W/m²〕が用いられる）を q とすると，q はその位置における温度勾配に比例する。すなわち，温度を T，熱の流れる方向の距離を x で表すと，

$$q \propto -\frac{dT}{dx} \tag{1.1}$$

となる。ここで上式の比例定数を λ とすれば，

$$q = -\lambda \frac{dT}{dx} \tag{1.2}$$

となる。この比例定数 λ は熱伝導率とよばれ，その物質に固有の値（物性値）であり，熱流束 q に〔W/m²〕，距離 x に〔m〕の単位を用いれば，〔W/(m・K)〕の単位で表される。q は x の正方向に向かう熱流束であり，式 (1.2) の右辺の負号は温度が下降する方向（$(dT/dx)<0$）に熱が流れることを表すために付けられている。

　式 (1.1), (1.2) は熱伝導についての基本的な関係式であり，フーリエの式といわれるものである。次項以降に，平板，円筒，球殻の熱伝導における熱流束や温度分布の計算式を示すが，いずれもフーリエの式が基本となって導かれている。

熱伝導率は式 (1.2) のように，熱流束と温度勾配の間の比例関係を決定する定数であり，温度勾配を一定とすると熱伝導率の値が大きいほど熱流束は大

表 1.1 各種物質の熱伝導率

分類	物質	熱伝導率 [W/(m·K)]	温度 [K]
金属	銅 (Cu)	398 383 371	300 600 800
	アルミニウム (Al)	237 232 220	300 600 800
	機械構造用炭素鋼 S35C (0.34 C)	43.0 38.6 27.7	300 500 800
	ステンレス鋼 SUS 304 (18 Cr-8 Ni)	16.0 19.0 22.5	300 600 800
非金属固体	アルミナ (Al_2O_3) セラミックス (気孔率 2 %)	36.0 10.4 6.13	300 800 1 300
	石英ガラス	1.38 2.17	300 800
	クロロプレンゴム (ネオプレンゴム)	0.25	293
	アクリル樹脂	0.21	293
	高アルミナれんが	25 5.0 2.3	293 1 000 1 300
	硬質ウレタンフォーム	0.018 0.030	273 350
液体 (101.3kPa)	水 (軽水)	0.576 0 0.636 9 0.671 0	280 320 360
	エチレングリコール ($C_2H_4(OH)_2$)	0.255	280
	エタノール (C_2H_5OH)	0.171 9	280
	変圧器油	0.124	300
気体 (101.3kPa)	空気	0.024 16 0.045 6 0.067 2	280 600 1 000
	水蒸気	0.026 84 0.046 40 0.097 32	400 600 1 000

きくなり，熱が伝わりやすいということになる．熱伝導率は各物質に固有の値（物性値）であるが，一般に温度によって変化する．**表1.1**にいくつかの物質の熱伝導率を示すが，代表的な物質については大略の数値を記憶しておくと便利である．熱伝導率の値がもっとも小さいのは気体であり，液体，非金属固体，金属の順に大きくなる．熱の伝導を原子，分子の運動が伝わっていく現象と考えると，気体の熱伝導率の小さいことが理解でき，気体の熱伝導率は一般に温度とともに上昇する．液体の中では，水の熱伝導率が最高である．固体については，結晶体の熱伝導率は，温度とともに低下するが，非晶体の熱伝導率は，逆に増加する傾向がある．

熱伝導率は一般に温度によって変化し，物質によってその変化の様子は異なるが，次式のような一次関数で近似されることが多い．

$$\lambda = \lambda_0(1+\delta T) \tag{1.3}$$

ここで，λ_0 はある基準温度（例えば0℃）におけるその物質の熱伝導率，T は温度，δ は温度係数である．一般に金属は温度の上昇につれて λ の値が低下するものが多く，δ の値は負であるが，そのほかの物質では温度とともに λ が大きくなるものが多く，その場合には δ は正になる．一般に，温度係数 δ はそれほど大きな値ではないので，物体内の温度差が大きくない場合には熱伝導率の値は一定値として取り扱われることが多い．

1.2 平板の熱伝導

図1.1に示すような，厚さ l に対して十分に広く均質な平板で，表面の温度がそれぞれ，T_1, T_2 で均一である場合を考えてみよう．このような場合，温度の変化は板厚方向だけであるから，板厚方向（x方向）だけの（1次元）熱伝導を問題にすればよい．

熱伝導の基本式であるフーリエの式において，板の内部で熱の発生や吸収がなければ，熱流束 q は x のどの位置においても一定値であり，熱伝導率 λ が x や T によらず一定であるとすれば，フーリエの式は簡単に積分され，積分定数を C とすると，

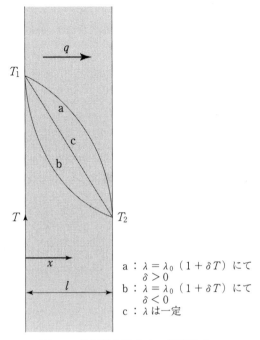

図 1.1 熱伝導と物体内の温度分布

$$q = -\lambda \frac{dT}{dx}$$

$$dT = -\frac{q}{\lambda} dx$$

$$T = -\frac{q}{\lambda} x + C$$

ここで，$x=0$ で $T=T_1$，$x=l$ で $T=T_2$ であるから，この境界条件を上式に代入すると，

$$T_1 = C \tag{a}$$

$$T_2 = -\frac{q}{\lambda} l + C \tag{b}$$

式 (a), (b) より積分定数 C を消去すれば，熱流束 q は，

$$q = \lambda \frac{(T_1 - T_2)}{l} \tag{1.4}$$

となり，熱の流れる方向に直角な断面積 A の面を通過する熱量 Q は，

$$Q = \lambda \frac{(T_1 - T_2)}{l} A$$

$$= \frac{(T_1 - T_2)}{\left(\dfrac{l}{\lambda A}\right)} \tag{1.5}$$

と表される。式 (1.5) の右辺の分母は，熱伝導の駆動力である両表面の温度差によって熱が移動する場合の「抵抗」の意味合いをもっており，熱伝導抵抗とよばれる。

$$(熱伝導による移動熱量) = \frac{(温度差)}{(熱伝導抵抗)} \tag{1.6}$$

式 (1.5) 中の $(T_1 - T_2)$ を電圧に，熱量 Q を電流に，$l/(\lambda A)$ を抵抗に置き換えてみると，まさにオームの法則を記述する式であり，熱伝導抵抗の意味がよく理解されるであろう。したがって，熱伝導抵抗を R_c とすれば，

$$\left. \begin{aligned} Q &= \frac{(T_1 - T_2)}{R_c} \\ R_c &= \frac{l}{\lambda A} \end{aligned} \right\} \tag{1.7}$$

と表される。すなわち，平板が厚いほど，熱伝導率が小さいほど，平板面積が小さいほど，熱伝導抵抗は大きいということになる。

次に平板の板厚方向の温度分布を考えてみよう。板厚方向の距離 x における温度 T は，

$$T = -\frac{q}{\lambda} x + C$$

であり，q に式 (1.4) を，C に式 (a) を代入すれば，

$$T = T_1 - (T_1 - T_2)\frac{x}{l} \tag{1.8}$$

が得られ，平板内の温度分布は，図 1.1 の c で示されるように x 方向に向かって T_1 から T_2 まで直線的に減少する分布となることがわかる。

物体内の温度差があまり大きくない場合には，以上のように熱伝導率の値を一定として取り扱うことができるが，熱伝導率が式 (1.3) のように変化する場合の熱伝導について，以下に簡単に触れてみよう。その場合，フーリエの式は，

$$q = -\lambda \frac{dT}{dx} = -\lambda_0 (1+\delta T)\frac{dT}{dx}$$

となり，これを積分して $x=0$ で $T=T_1$，$x=l$ で $T=T_2$ とすると，

$$\lambda_0 (1+\delta T) dT = -q dx$$

$$\lambda_0 \left(T + \frac{1}{2}\delta T^2\right) = -qx + C \tag{a'}$$

$$\lambda_0 \left(T_1 + \frac{1}{2}\delta T_1^2\right) = C \tag{b'}$$

$$\lambda_0 \left(T_2 + \frac{1}{2}\delta T_2^2\right) = -ql + C \tag{c'}$$

式 (b′)，(c′) より積分定数を消去すれば，この場合の熱流束 q は，

$$\lambda_0 \left\{(T_1 - T_2) + \frac{1}{2}\delta(T_1^2 - T_2^2)\right\} = ql$$

$$q = \lambda_0 \frac{\left\{(T_1 - T_2) + \frac{1}{2}\delta(T_1^2 - T_2^2)\right\}}{l} \tag{1.9}$$

となる．平板内の温度分布を考えてみると，上記式 (a′) に式 (1.9) および式 (b′) を代入して，

$$\lambda_0 \left(T + \frac{1}{2}\delta T^2\right) = -qx + C$$

$$= -\lambda_0 \left\{(T_1 - T_2) + \frac{1}{2}\delta(T_1^2 - T_2^2)\right\}\frac{x}{l} + \lambda_0 \left(T_1 + \frac{1}{2}\delta T_1^2\right)$$

ここで，$\{(T_1 - T_2) + \frac{1}{2}\delta(T_1^2 - T_2^2)\}/l$，$(T_1 + \frac{1}{2}\delta T_1^2)$ は定数なので，それぞれ A および B と置き換えてみると，

$$x = -\frac{\delta}{2A}T^2 - \frac{1}{A}T + \frac{B}{A}$$

となり，図 1.1 で x を縦軸，T を横軸としてみれば，x は T の 2 次関数であり，式 (1.3) の温度係数 δ が 0 （λ が一定）の場合は図中の c の直線分布，δ が正ならば a，負ならば b の分布となる．すなわち，フーリエの式

$$q = -\lambda \frac{dT}{dx}$$

において，熱流束 q は x のどの位置においても一定であるから，λ が一定の場合には温度勾配 (dT/dx) は x によらずに一定となる（直線分布）．δ の値

が正の場合には，温度の上昇とともにλが大きくなるから，高温側（図1.1の左側）の温度勾配が低温側（図の右側）よりも小さくなるため，図のaのように上に凸の分布となる．δが負の場合には，逆にbの分布となる．

熱流束qは式(1.9)で表されることがわかったが，いま，T_1からT_2までの平均熱伝導率として，2点の温度におけるλの値の算術平均値

$$\bar{\lambda} = \lambda_0 \left\{1 + \delta\left(\frac{T_1 + T_2}{2}\right)\right\}$$

を考え，平板内の熱伝導率をこの値で一定であるとして，式(1.4)にてqを求めると，

$$q = \bar{\lambda}\frac{(T_1 - T_2)}{l}$$

$$= \frac{\lambda_0 \left\{1 + \delta\left(\frac{T_1 + T_2}{2}\right)\right\}(T_1 - T_2)}{l}$$

$$= \lambda_0 \frac{\left\{(T_1 - T_2) + \frac{1}{2}\delta(T_1^2 - T_2^2)\right\}}{l}$$

となり，式(1.9)と同じ結果が得られる．したがって，熱伝導率が式(1.3)のように温度の一次関数で表される場合は，2点の温度における熱伝導率の算術平均値で一定として熱流束を計算してもよいことになる．

[例題 1.1]

いま，図のように乾燥炉に施した保温層の外表面温度を測定したところ，$\theta_2 = 50°C$であり，別に熱流束計で保温層の通過熱流束を測定したところ，$q = 130 \text{ W/m}^2$であった．保温層の内面温度θ_1はいくらになるか．

ただし，保温層の厚さは200 mmとし，保温層の熱伝導率λ_θは次式で示される（ただし，θは保温層内外表面の算術平均温度〔°C〕である）．

$$\lambda_\theta = 0.047 + 0.000\,105\,\theta \ \text{[W/(m·K)]}$$

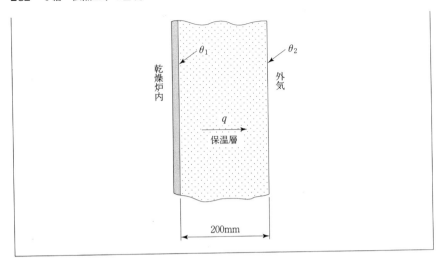

【解　答】

　単一平板を通過する熱流束を表す式（1.4）より，

$$q = \lambda \frac{(\theta_1 - \theta_2)}{l}$$

ここで，題意より，

$$\lambda = \lambda_\theta = 0.047 + 0.000\,105 \left(\frac{\theta_1 + \theta_2}{2}\right)$$

$$= 0.047 + 0.000\,105 \left(\frac{\theta_1 + 50}{2}\right)$$

また，$q = 130\,\mathrm{W/m^2}$，$l = 0.2\,\mathrm{m}$ であるから，

$$130 = \left\{0.047 + 0.000\,105\left(\frac{\theta_1 + 50}{2}\right)\right\}\frac{(\theta_1 - 50)}{0.2}$$

これを整理すれば，

$$0.000\,263\,\theta_1^2 + 0.235\,\theta_1 - 142.4 = 0$$

この2次方程式の解は，

$$\theta_1 = \frac{-0.235 \pm \sqrt{(0.235)^2 + 4 \times 0.000\,263 \times 142.4}}{2 \times 0.000\,263}$$

$$= \frac{-0.235 \pm 0.453}{0.000\,526}$$

=414 あるいは －1 308°C
－1 308°C は不適当であるから，内面温度は 414°C である。

1.3　積層平板の熱伝導

　前節では単一の平板の熱伝導における熱流束や温度分布の計算式を導出したが，次に熱伝導率が異なる何枚かの平板を密着させた積層板の熱伝導を考えてみよう。例えば，燃焼加熱炉の炉壁に耐火材や断熱材などが重ねて施工されているように，各種の熱設備において，積層平板の熱伝導が問題になる実例は多い。いま，図 1.2 のような積層平板を考え，各平板の厚さ l，熱伝導率 λ にそれぞれ添字 1，2，3 を付けて表す。

　各平板の表面温度は一様で，板厚方向以外の方向への熱の流れはないとする。また，隣接する平板の接触面の温度は等しい（密着しているので，接触面での熱伝導抵抗はない）とする。平板 I を通過する熱流束 q は，式 (1.4) より，

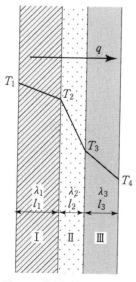

図 1.2　積層平板の熱伝導

$$q = \lambda_1 \frac{(T_1 - T_2)}{l_1}$$

平板II,IIIを通過する熱流束も同じく q であるから,

$$q = \lambda_2 \frac{(T_2 - T_3)}{l_2}, \quad q = \lambda_3 \frac{(T_3 - T_4)}{l_3}$$

これらの式を変形し,

$$(T_1 - T_2) = \frac{l_1}{\lambda_1} q$$

$$(T_2 - T_3) = \frac{l_2}{\lambda_2} q$$

$$(T_3 - T_4) = \frac{l_3}{\lambda_3} q$$

各式の左辺,右辺のそれぞれを加え合わせると,

$$(T_1 - T_4) = \left(\frac{l_1}{\lambda_1} + \frac{l_2}{\lambda_2} + \frac{l_3}{\lambda_3} \right) q$$

となり,結局,

$$q = \frac{(T_1 - T_4)}{\left(\dfrac{l_1}{\lambda_1} + \dfrac{l_2}{\lambda_2} + \dfrac{l_3}{\lambda_3} \right)} \tag{1.10}$$

となる。
また,断面積 A を通過する熱量 Q は,

$$Q = \frac{(T_1 - T_4)}{\left(\dfrac{l_1}{\lambda_1} + \dfrac{l_2}{\lambda_2} + \dfrac{l_3}{\lambda_3} \right)} A = \frac{(T_1 - T_4)}{\left(\dfrac{l_1}{\lambda_1 A} + \dfrac{l_2}{\lambda_2 A} + \dfrac{l_3}{\lambda_3 A} \right)} \tag{1.11}$$

と表される。一般に,平板の枚数がn枚の場合には,上述と同様にn個の式を加え合わせればよく,その結果,次式が得られる。

$$q = \frac{(T_1 - T_{n+1})}{\sum_{i=1}^{n} \left(\dfrac{l_i}{\lambda_i} \right)} \tag{1.10'}$$

$$Q = \frac{(T_1 - T_{n+1})}{\sum_{i=1}^{n} \left(\dfrac{l_i}{\lambda_i} \right)} A = \frac{(T_1 - T_{n+1})}{\sum_{i=1}^{n} \left(\dfrac{l_i}{\lambda_i A} \right)} \tag{1.11'}$$

前述した，

$$(\text{熱伝導による移動熱量}) = (\text{温度差}) / (\text{熱伝導抵抗})$$

という考え方で式 (1.10′)，(1.11′) を見れば，この場合の通過熱量 Q，熱伝導抵抗 R_c は，

$$\left.\begin{array}{l} Q = \dfrac{(T_1 - T_{n+1})}{R_c} \\[2mm] R_c = \displaystyle\sum_{i=1}^{n}\left(\dfrac{l_i}{\lambda_i A}\right) \end{array}\right\} \quad (1.12)$$

と表される。すなわち，積層平板全体としての熱伝導抵抗は各平板の熱伝導抵抗を加え合わせたものになっており，また，積層平板はその前後表面の温度が T_1, T_{n+1} で熱伝導抵抗が $\sum_{i=1}^{n}(l_i/\lambda_i A)$ の1枚の平板と同等であると考えることもできる。このような考え方は，積層平板の熱伝導を理解するうえで，また，通過熱量の計算式を記憶するうえでたいへん有用である。

積層板の中の各平板間の接触面が密着せずに空隙があると，そこには大きな熱伝導抵抗が存在することになり，積層板全体としての熱伝導抵抗は密着している場合よりも著しく大きくなる。

[例題 1.2]

図のように3層の炉材からなる炉壁がある。第1層の厚さ，熱伝導率はそれぞれ $l_1 = 0.22$ m, $\lambda_1 = 1.28$ W/(m·K)であり，第2層は $l_2 = 0.09$ m, $\lambda_2 = 0.14$ W/(m·K)，第3層は $l_3 = 0.20$ m, $\lambda_3 = 0.93$ W/(m·K)である。

いま，ある定常状態下で，この炉壁の内外表面温度がそれぞれ $T_1 = 900$°C, $T_4 = 180$°C であるとし，かつ，各層の接触面での熱抵抗は無視できるとして，

(1) 接触面温度 T_2, T_3 を求めよ。
(2) 炉壁の内外表面温度は変わらないとして，第2層の最高温度を 700°C に保つためには，第1層の厚さをどれだけにすればよいか。また，その場合に炉壁を通過する熱流束を求めよ。

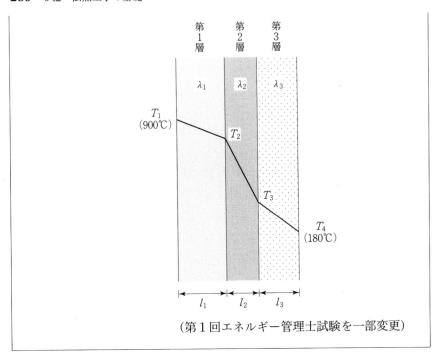

(第1回エネルギー管理士試験を一部変更)

【解　答】

(1) 炉壁を通過する熱流束 q は，式 (1.10) より，

$$q = \frac{(T_1 - T_4)}{\left(\dfrac{l_1}{\lambda_1} + \dfrac{l_2}{\lambda_2} + \dfrac{l_3}{\lambda_3}\right)}$$

$$= \frac{900 - 180}{\dfrac{0.22}{1.28} + \dfrac{0.09}{0.14} + \dfrac{0.20}{0.93}} = 699 \text{ W/m}^2$$

この熱流束の値はいずれの層においても同一であり，第1層においては，式 (1.4) より，

$$q = \lambda_1 \frac{(T_1 - T_2)}{l_1}$$

したがって，

$$T_2 = T_1 - \frac{l_1}{\lambda_1} q$$

$$= 900 - \frac{0.22}{1.28} \times 699 = 780\ \text{°C}$$

同様にして,

$$T_3 = T_4 + \frac{l_3}{\lambda_3} q$$

$$= 180 + \frac{0.20}{0.93} \times 699 = 330\ \text{°C}$$

(2) 第1層の厚さを l_1' とした場合に,炉壁を通過する熱流束 q' は,

$$q' = \frac{900-180}{\dfrac{l_1'}{1.28}+\dfrac{0.09}{0.14}+\dfrac{0.20}{0.93}} = \frac{720}{\dfrac{l_1'}{1.28}+0.858} \tag{a}$$

題意より,$T_2=700\ \text{°C}$ とするのであるから,第1層における熱伝導式は,

$$q' = 1.28 \times \frac{(900-700)}{l_1'} \tag{b}$$

式(a),(b) を等置することにより l_1' が計算され,

$$\frac{720}{\dfrac{l_1'}{1.28}+0.858} = 1.28 \times \frac{(900-700)}{l_1'}$$

$$l_1' = 0.423\ \text{m}$$

したがって,この場合の熱流束は,

$$q' = 1.28 \times \frac{(900-700)}{0.423} = 605\ \text{W/m}^2$$

1.4 円筒の熱伝導

図 1.3 のような円筒(円管)において,円筒の軸に沿う長さ方向に温度の分布はなく,半径方向のみに温度分布がある場合を考える(前述した平板の場合と同様に1次元定常熱伝導)。この場合,熱は内面から外面に向かって(あるいはその逆方向に)半径方向に放射状に流れる。

円筒の長さを L,円筒の軸から半径方向の距離を r とし,半径 r_1 の内表面の温度を T_1,半径 r_2 の外表面の温度を T_2 とする。また,熱伝導率 λ は r に

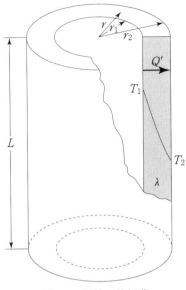

図 1.3 円筒の熱伝導

よらず一定とする。いま，円筒内部で熱の発生や吸収がないとすると，半径が r で軸方向に単位長さ（例えば 1 m）の円筒面を通過する熱量 Q'（単位は〔W/m〕）は，いずれの r においても同一であり，熱流束を q（単位は〔W/m²〕）とすれば，

$$q = \frac{Q'}{2\pi r}$$

となる。これをフーリエの式に適用すると，

$$q = \frac{Q'}{2\pi r} = -\lambda \frac{dT}{dr} \tag{1.13}$$

が成立する。これを積分すると，

$$\frac{Q'}{2\pi r} = -\lambda \frac{dT}{dr}$$

$$dT = -\left(\frac{Q'}{2\pi\lambda}\right)\left(\frac{1}{r}\right)dr$$

$$T = -\frac{Q'}{2\pi\lambda}\ln r + C \tag{a}$$

ここで，境界条件として，$r=r_1$ で $T=T_1$，$r=r_2$ で $T=T_2$ を代入すれば，

$$T_1 = -\frac{Q'}{2\pi\lambda}\ln r_1 + C \tag{b}$$

$$T_2 = -\frac{Q'}{2\pi\lambda}\ln r_2 + C \tag{c}$$

式 (b), (c) から積分定数 C を消去すれば,

$$T_1 - T_2 = \frac{Q'}{2\pi\lambda}(\ln r_2 - \ln r_1) = \frac{Q'}{2\pi\lambda}\ln\left(\frac{r_2}{r_1}\right)$$

したがって,

$$Q' = \frac{(T_1 - T_2)}{\frac{1}{2\pi\lambda}\ln\left(\frac{r_2}{r_1}\right)} \tag{1.14}$$

となり, 長さ L の円筒の内面から外面に向かって通過する全熱量 Q〔W〕は,

$$Q = Q'L = \frac{(T_1 - T_2)}{\frac{1}{2\pi\lambda L}\ln\left(\frac{r_2}{r_1}\right)} \tag{1.15}$$

と表される。また, 熱伝導抵抗 R_c を用いて記述すると,

$$\left.\begin{array}{l} Q = Q'L = \dfrac{(T_1 - T_2)}{R_c} \\[2ex] R_c = \dfrac{1}{2\pi\lambda L}\ln\left(\dfrac{r_2}{r_1}\right) \end{array}\right\} \tag{1.16}$$

となる。式 (1.15) あるいは (1.16) によれば, 円筒の内・外径と内・外表面の温度が与えられると, 円筒全体を通過する熱量 Q が決定されるが, 式 (1.13) をみると, 熱流束 q の値は r によって変化することがわかる。q は単位面積当たりの通過熱量であり, 円筒の全面を通過する熱量が一定であっても, 円筒内部の通過断面積 $2\pi rL$ は半径方向距離 r の位置によって異なる。そのため, q の値は r によって変化することになる。

円筒内部の温度分布は, 式 (a) の Q' に式 (1.14) を代入し, 積分定数を式 (b) あるいは (c) にて与えれば,

$$\begin{aligned} T &= -\frac{Q'}{2\pi\lambda}\ln r + C \\ &= -\frac{(T_1 - T_2)}{\ln\left(\frac{r_2}{r_1}\right)}\ln r + \left\{T_1 + \frac{(T_1 - T_2)}{\ln\left(\frac{r_2}{r_1}\right)}\ln r_1\right\} \end{aligned}$$

$$= T_1 - \frac{(T_1 - T_2)}{\ln\left(\frac{r_2}{r_1}\right)}(\ln r - \ln r_1)$$

$$= T_1 - \frac{(T_1 - T_2)}{\ln\left(\frac{r_2}{r_1}\right)}\ln\left(\frac{r}{r_1}\right) \tag{1.17}$$

あるいは,

$$T = T_2 + \frac{(T_1 - T_2)}{\ln\left(\frac{r_2}{r_1}\right)}\ln\left(\frac{r_2}{r}\right) \tag{1.18}$$

と表され,円筒内の温度分布は,平板の場合における直線的な温度分布とは異なり,対数関数の形となる。

次に,図1.4に示すような積層円筒の熱伝導を考えてみよう。蒸気輸送管の外側に断熱材が巻かれているような場合が積層円筒の代表的な一例である。積層円筒を通過する熱量の計算式は,積層平板の場合と同様な手順で導くことができる。

いま,一般に,n層の円筒が密着している場合を考え,円筒の単位長さ当た

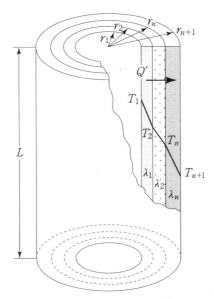

図1.4 積層円筒の熱伝導

りについて，各層ごとに式 (1.14) の通過熱量の式をたて，

$$T_1 - T_2 = \frac{Q'}{2\pi\lambda_1} \ln\left(\frac{r_2}{r_1}\right)$$

$$T_2 - T_3 = \frac{Q'}{2\pi\lambda_2} \ln\left(\frac{r_3}{r_2}\right)$$

$$\vdots$$

$$T_n - T_{n+1} = \frac{Q'}{2\pi\lambda_n} \ln\left(\frac{r_{n+1}}{r_n}\right)$$

これらの辺々を加え合わせると，

$$T_1 - T_{n+1} = Q' \sum_{i=1}^{n} \left\{ \frac{1}{2\pi\lambda_i} \ln\left(\frac{r_{i+1}}{r_i}\right) \right\}$$

$$Q' = \frac{(T_1 - T_{n+1})}{\sum_{i=1}^{n}\left\{\frac{1}{2\pi\lambda_i} \ln\left(\frac{r_{i+1}}{r_i}\right)\right\}} \tag{1.19}$$

が得られる。したがって，長さ L の積層円筒の全面を通過する熱量は，

$$\left. \begin{array}{l} Q = Q'L = \dfrac{(T_1 - T_{n+1})}{R_c} \\[2ex] R_c = \sum_{i=1}^{n}\left\{\dfrac{1}{2\pi\lambda_i L} \ln\left(\dfrac{r_{i+1}}{r_i}\right)\right\} \end{array} \right\} \tag{1.20}$$

となり，積層平板の場合と同様に，積層円筒全体の熱伝導抵抗は各円筒の熱伝導抵抗の和で表される。

[例題 1.3]

> 図のように内壁温度 1 000 K の円筒耐火れんが（内径 4 cm，外径 14 cm，熱伝導率 λ_1）があり，その外側に保温材（厚さ 3 cm，熱伝導率 λ_2）を施工した。保温材の外壁温度は 500 K である。
> $\lambda_1 = 2\lambda_2$ であるとき，耐火れんがと保温材の接触面の温度を求めよ。
> ただし，耐火れんが外壁と保温材との間には熱抵抗はなく，耐火れんが内壁温度および保温材外壁温度は一様とする。

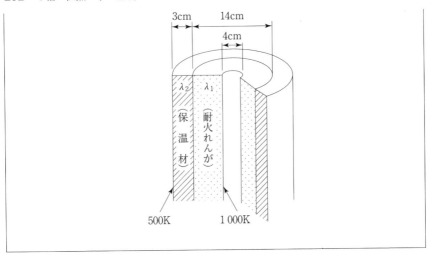

【解　答】

耐火れんが内壁温度を T_1，耐火れんが外壁温度を T_m，保温材外壁温度を T_2 とする。

円筒中心軸より耐火れんが内壁まで，耐火れんが外壁まで，保温材外壁までの半径をそれぞれ r_1，r_m，r_2 とすれば，円筒の単位長さ当たりの通過熱量 Q' は式 (1.14) より，

$$Q' = \frac{(T_1 - T_m)}{\dfrac{1}{2\pi\lambda_1}\ln\dfrac{r_m}{r_1}} = \frac{(T_m - T_2)}{\dfrac{1}{2\pi\lambda_2}\ln\dfrac{r_2}{r_m}}$$

で与えられるから，

$$\frac{T_m - T_2}{T_1 - T_m} = \frac{\lambda_1}{\lambda_2}\frac{\ln\left(\dfrac{r_2}{r_m}\right)}{\ln\left(\dfrac{r_m}{r_1}\right)}$$

となり，これを整理すると，

$$T_m = \frac{\dfrac{\lambda_1}{\lambda_2}\dfrac{\ln\left(\dfrac{r_2}{r_m}\right)}{\ln\left(\dfrac{r_m}{r_1}\right)}T_1 + T_2}{1 + \dfrac{\lambda_1}{\lambda_2}\dfrac{\ln\left(\dfrac{r_2}{r_m}\right)}{\ln\left(\dfrac{r_m}{r_1}\right)}}$$

ここで，

$$\ln\frac{r_2}{r_\mathrm{m}} = \ln\left(\frac{10}{7}\right) = 0.357$$

$$\ln\frac{r_\mathrm{m}}{r_1} = \ln\left(\frac{7}{2}\right) = 1.253$$

したがって，

$$T_\mathrm{m} = \frac{2\times\dfrac{0.357}{1.253}\times 1000 + 500}{1+2\times\dfrac{0.357}{1.253}} = 681\,\mathrm{K}$$

1.5 球殻の熱伝導

図 1.5 に示すような，内表面半径 r_1，外表面半径 r_2 の球殻の熱伝導を考える。内表面温度は T_1，外表面温度は T_2 でそれぞれ一様であるとすれば，やはり，この場合も一次元定常熱伝導の問題となる。

球殻の熱伝導率 λ は r によらず一定とし，球殻内部で熱の発生や吸収がな

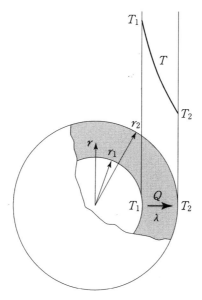

図 1.5 球殻の熱伝導

いとすれば，半径 r の球面を通過する熱量を Q（単位は，例えば [W]），熱流束を q（[W/m^2]）とすると，Q は r によらずに一定であり，この場合のフーリエの式は次式で表される．

$$q = \frac{Q}{4\pi r^2} = -\lambda \frac{dT}{dr} \tag{1.21}$$

これを積分し，

$$dT = -\frac{Q}{4\pi\lambda}\left(\frac{1}{r^2}\right)dr$$

$$T = -\frac{Q}{4\pi\lambda}\left(-\frac{1}{r}\right) + C \tag{a}$$

$r=r_1$ で $T=T_1$，$r=r_2$ で $T=T_2$ という境界条件より，

$$T_1 = \frac{Q}{4\pi\lambda}\frac{1}{r_1} + C \tag{b}$$

$$T_2 = \frac{Q}{4\pi\lambda}\frac{1}{r_2} + C \tag{c}$$

式 (b)，(c) より，通過熱量 Q は，

$$Q = \frac{(T_1 - T_2)}{\dfrac{1}{4\pi\lambda}\left(\dfrac{1}{r_1} - \dfrac{1}{r_2}\right)} \tag{1.22}$$

熱伝導抵抗 R_c を用いて記述すれば，

$$\left.\begin{aligned} Q &= \frac{(T_1 - T_2)}{R_c} \\ R_c &= \frac{1}{4\pi\lambda}\left(\frac{1}{r_1} - \frac{1}{r_2}\right) \end{aligned}\right\} \tag{1.23}$$

と表される．
また，球殻内部の温度分布は，式 (a) に式 (1.22) および式 (b) あるいは (c) を代入することにより，次式となる．

$$T = T_1 - \frac{(T_1 - T_2)}{\left(\dfrac{1}{r_1} - \dfrac{1}{r_2}\right)}\left(\frac{1}{r_1} - \frac{1}{r}\right) \tag{1.24}$$

$$T = T_2 + \frac{(T_1 - T_2)}{\left(\dfrac{1}{r_1} - \dfrac{1}{r_2}\right)} \left(\frac{1}{r} - \frac{1}{r_2}\right) \tag{1.25}$$

[例題 1.4]

金属製球殻（内表面半径 r_1，肉厚 t）の外側表面を厚さ d の断熱材が覆っている球形タンクがあり，内部に氷が蓄えられている。金属製球殻の内表面温度 T_i（氷の温度と同じとする）および断熱材の外表面温度 T_o は，表面全体にわたって均一であり，金属製球殻と断熱材との接触面での熱抵抗および氷の融解による体積変化は無視できるものとする。次の (1)〜(5) の各問に答えよ。

(1) 金属製球殻と断熱材との接触面の温度を T_m，金属製球殻の熱伝導率を λ_s とするとき，単位時間当たりに外から内に向かって球殻内を流れる熱量 $\dot{Q}_1$ は，

$$\dot{Q}_1 = 4\pi \lambda_s \frac{r_1(r_1 + t)}{t}(T_m - T_i)$$

で表されることを示せ。

(2) 上の式を参考に，断熱材の熱伝導率を λ_1 としたとき，単位時間当たりに外から内に向かって断熱材内を流れる熱量 $\dot{Q}_2$ を表す式を示せ。

(3) 定常状態では，断熱材外側の外気からタンク内部に単位時間に伝えられる熱量 $\dot{Q}$ は，$\dot{Q} = \dot{Q}_1 = \dot{Q}_2$ となることを考慮して，$\dot{Q}$ と温度差 $(T_o - T_i)$ の関係を表す式を導け。

(4) $T_o = 30°C$，$T_i = 0°C$，$\lambda_s = 40\ \mathrm{W/(m \cdot K)}$，$\lambda_1 = 0.03\ \mathrm{W/(m \cdot K)}$，$r_1 = 1.4\ \mathrm{m}$，$t = 0.008\ \mathrm{m}$，$d = 0.1\ \mathrm{m}$ として，$\dot{Q}$ の値を求めよ。

(5) 問 (4) で求めた熱量はすべて氷の融解に使われるとして，毎時に融解される氷の量を求めよ。ただし，氷の融解熱は $335\ \mathrm{kJ/kg}$ とする。

（第 12 回エネルギー管理士試験を一部変更）

【解 答】

(1) タンクの金属製球殻内の半径 r の球面を通過する熱量を $\dot{Q}_1$，熱流束を $\dot{q}_1$ とすると，球殻内の熱伝導を記述するフーリェの式は次式で表される（$dT/dr > 0$ であり，球殻の中心方向への熱の流れを正としている）。

$$\dot{q}_1 = \frac{\dot{Q}_1}{4\pi r^2} = \lambda_s \frac{dT}{dr}$$

これを積分すると，

$$dT = \frac{\dot{Q}_1}{4\pi \lambda_s} \left(\frac{1}{r^2} \right) dr$$

$$T = \frac{\dot{Q}_1}{4\pi \lambda_s} \left(-\frac{1}{r} \right) + C$$

ここで，$r = r_1$ で $T = T_1$，$r = r_1 + t$ で $T = T_m$ という境界条件より積分定数 C が決定され，

$$\dot{Q}_1 = 4\pi \lambda_s \frac{1}{\left(\dfrac{1}{r_1} - \dfrac{1}{r_1 + t} \right)} (T_m - T_1)$$

$$= 4\pi \lambda_s \frac{r_1 (r_1 + t)}{t} (T_m - T_1)$$

が得られる。

(2) (1)と同様にして，

$$T = \frac{\dot{Q}_2}{4\pi \lambda_l} \left(-\frac{1}{r} \right) + C$$

$r = r_1 + t$ で $T = T_m$，$r = r_1 + t + d$ で $T = T_o$ より，

$$\dot{Q}_2 = 4\pi \lambda_l \frac{(r_1 + t)(r_1 + t + d)}{d} (T_o - T_m)$$

(3) (1)，(2)で得られた式において，$\dot{Q}_1 = \dot{Q}_2 = \dot{Q}$ とすると，

$$\dot{Q} \frac{1}{4\pi \lambda_s \dfrac{r_1 (r_1 + t)}{t}} = T_m - T_1$$

$$\dot{Q} \frac{1}{4\pi \lambda_l \dfrac{(r_1 + t)(r_1 + t + d)}{d}} = T_o - T_m$$

これらの左，右辺それぞれを加え合せると，

$$\dot{Q}\left\{\frac{1}{\dfrac{4\pi\lambda_s r_1(r_1+t)}{t}} + \frac{1}{\dfrac{4\pi\lambda_i (r_1+t)(r_1+t+d)}{d}}\right\} = T_0 - T_m$$

$$\dot{Q} = \frac{4\pi(T_0 - T_i)}{\dfrac{t}{\lambda_s r_1(r_1+t)} + \dfrac{d}{\lambda_i(r_1+t)(r_1+t+d)}}$$

(4) 与えられた数値を代入して計算すると，

$$\dot{Q} = \frac{4\pi \times (30-0)}{\dfrac{0.008}{40 \times 1.4 \times (1.4+0.008)} + \dfrac{0.1}{0.03 \times (1.4+0.008) \times (1.4+0.008+0.1)}}$$

$$= 240\text{ W}$$

(5) 融解される氷の量は，

$$\frac{240\text{ J/s} \times 3\,600\text{ s/h}}{355 \times 10^3\text{ J/kg}} = 2.58\text{ kg/h}$$

1.6 内部発熱のある円柱の熱伝導

図1.6に示すような円柱状の発熱体を考えてみる．例えば，ニクロム線のような電気抵抗体に電流を通じて発熱させたような場合であり，ある時間が経過すれば，円柱内部の発生熱量と円柱表面から外部への放熱量がバランスして，定常状態になる．これも一次元定常熱伝導の一例である．

この場合には，前述の円筒の熱伝導とは異なり，内部で熱の発生があるために，円柱内部の仮想円筒面を通過する全熱量は，その円筒面の位置（半径 r の位置）によって変化する．いま，この円柱状発熱体の単位体積当たりの発熱量を w 〔W/m³〕とすると，円柱の単位長さ当たりについて，半径 r の円筒面を通過する熱量 Q' 〔W/m〕は，その円筒面より内側で発生する全熱量に等しく，

$$Q' = \pi r^2 w$$

である．したがって，この場合のフーリエの式は，

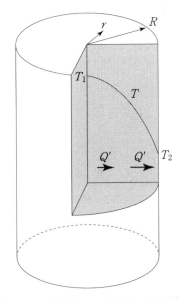

図 1.6 内部発熱のある円柱の熱伝導

$$q = \frac{Q'}{2\pi r} = \frac{r}{2}w = -\lambda \frac{dT}{dr} \tag{1.26}$$

となり，これを積分すれば，

$$dT = -\frac{w}{2\lambda} r\, dr$$

$$T = -\frac{w}{2\lambda}\left(\frac{1}{2}r^2\right) + C$$

円柱の外表面 ($r=R$) における温度を T_2 とすれば，積分定数 C は，

$$C = T_2 + \frac{w}{4\lambda}R^2$$

となり，円柱内部の温度分布は，

$$T = T_2 + \frac{w}{4\lambda}\left(R^2 - r^2\right) \tag{1.27}$$

と表され，2次関数で表される分布となる。

[例題 1.5]

図のような半径 R の丸棒状セラミックヒータ（抵抗発熱体）があり，その周囲を断熱材が均一の厚さ l で覆っている。いま，このセラミックヒータに通電して発熱させ，定常状態に達したときに，セラミックヒータの単位長さ・単位時間当たりの発熱量およびセラミックヒータと断熱材の境界面温度を測ったところ，それぞれ Q および T_m であった。セラミックヒータ材料および断熱材の熱伝導率をそれぞれ λ_1 および λ_2（ともに一定）とするとき，次の各問に答えよ。

ただし，セラミックヒータ内の発熱は全体積にわたって均一であり，また T_m および断熱材表面から外気への熱伝達は，軸方向および周方向に一様であると仮定する。

(1) 断熱材の外表面温度 T_s を表す式を示せ。
(2) セラミックヒータの中心温度 T_c を表す式を示せ。

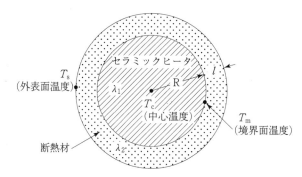

(第9回エネルギー管理士試験を一部変更)

【解　答】

(1) まず，円筒状の断熱材の内部の温度分布を表す式を導く。セラミックヒータの中心軸から半径方向距離 r における温度を T とすると，$R \leqq r \leqq (R+l)$ の断熱材内部においては，単位長さ当たりの仮想円筒面（面積 $2\pi r$）を通過する全熱量は r によらずに一定であり，それはヒータの発熱量 Q に等しい。したがって，この場合のフーリエの式を立てると，

$$\frac{Q}{2\pi r} = -\lambda_2 \frac{\mathrm{d}T}{\mathrm{d}r}$$

λ_2 は一定だから，上式は簡単に積分でき，

$$\mathrm{d}T = -\frac{Q}{2\pi\lambda_2}\left(\frac{1}{r}\right)\mathrm{d}r$$

$$T = -\frac{Q}{2\pi\lambda_2}\ln r + C$$

ここで，$r=R$ で $T=T_\mathrm{m}$ であるから，上式中の積分定数は，

$$C = T_\mathrm{m} + \frac{Q}{2\pi\lambda_2}\ln R$$

となり，断熱材内部の温度分布，

$$T = T_\mathrm{m} - \frac{Q}{2\pi\lambda_2}(\ln r - \ln R)$$

$$= T_\mathrm{m} - \frac{Q}{2\pi\lambda_2}\ln\left(\frac{r}{R}\right)$$

が得られる．したがって，断熱材の外表面（$r=R+l$）における温度 T_s は，

$$T_\mathrm{s} = T_\mathrm{m} - \frac{Q}{2\pi\lambda_2}\ln\left(\frac{R+l}{R}\right)$$

(2) 1.6節の記述にならって，セラミックヒータ内の温度分布を導けばよい．ヒータ内部で，半径 r における単位長さの仮想円筒面を通過する全熱量 Q_r は，その円筒面より内側での全発生熱量に等しく，ヒータ内の発熱は全体にわたって均一（単位体積当たりの発熱量は一様）であるから，

$$Q_\mathrm{r} = \frac{\pi r^2}{\pi R^2}Q = \left(\frac{r}{R}\right)^2 Q$$

したがって，ヒータ内部におけるフーリエの式は，

$$\frac{Q_\mathrm{r}}{2\pi r} = -\lambda_1\frac{\mathrm{d}T}{\mathrm{d}r}$$

$$\frac{Q}{2\pi r}\left(\frac{r}{R}\right)^2 = -\lambda_1\frac{\mathrm{d}T}{\mathrm{d}r}$$

これを積分すると，

$$\mathrm{d}T = -\frac{Q}{2\pi\lambda_1 R^2}\,r\,\mathrm{d}r$$

$$T = -\frac{Q}{4\pi\lambda_1 R^2}\,r^2 + C$$

$r=R$ で $T=T_m$ より,

$$T = T_m + \frac{Q}{4\pi\lambda_1 R^2}(R^2 - r^2)$$

したがって, ヒータ中心 ($r=0$) の温度は,

$$T_c = T_m + \frac{Q}{4\pi\lambda_1}$$

1.7 非定常熱伝導の基礎式

　非定常な熱伝導は物体内の温度分布や通過する熱量が時間的に変化する場合であり, 実際の工業用熱設備においてよく見られる現象である。しかし, 物体内の温度分布は偏微分方程式で表されるため, 一般には, 解析的に解くことは難しく, コンピュータにより数値解を求める方法がとられている。ここでは, 非定常熱伝導を表現する基礎式がどのようなものであるかだけを簡単に述べるだけにする。

　いま, 物体の内部に, 図 1.7 に示すような各辺の長さが dx, dy, dz の微小体積を考え, これに出入りする熱を考えてみよう。dy, dz でつくられる面に直角に (x 方向に) 流れ込む熱流束を q_x で表すと, ある微小時間 dt の間に面積 $dy \cdot dz$ を通過してこの体積に入る熱量 dQ_{x1}, 出ていく熱量 dQ_{x2} は,

$$dQ_{x1} = q_x \cdot dy \cdot dz \cdot dt$$

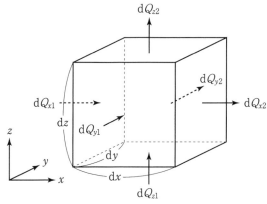

図 1.7　物体内の微小体積における熱伝導

$$\mathrm{d}Q_{x2} = \left(q_x + \frac{\partial q_x}{\partial x}\mathrm{d}x\right)\cdot \mathrm{d}y\cdot \mathrm{d}z\cdot \mathrm{d}t$$

となり，$\mathrm{d}Q_{x1}$ と $\mathrm{d}Q_{x2}$ の差を $\mathrm{d}Q_x$ とすると，

$$\mathrm{d}Q_x = \mathrm{d}Q_{x1} - \mathrm{d}Q_{x2} = -\frac{\partial q_x}{\partial x}\cdot \mathrm{d}x\cdot \mathrm{d}y\cdot \mathrm{d}z\cdot \mathrm{d}t$$

となる。同様にして，$\mathrm{d}z$ と $\mathrm{d}x$ でつくられる面（y 方向）および $\mathrm{d}y$ と $\mathrm{d}x$ でつくられる面（z 方向）を通して出入りする熱量の差は，

$$\mathrm{d}Q_y = -\frac{\partial q_y}{\partial y}\cdot \mathrm{d}y\cdot \mathrm{d}z\cdot \mathrm{d}x\cdot \mathrm{d}t$$

$$\mathrm{d}Q_z = -\frac{\partial q_z}{\partial z}\cdot \mathrm{d}z\cdot \mathrm{d}x\cdot \mathrm{d}y\cdot \mathrm{d}t$$

となる。これら $\mathrm{d}Q_x$，$\mathrm{d}Q_y$，$\mathrm{d}Q_z$ の総和を $\mathrm{d}Q$ とすると，$\mathrm{d}Q$ は微小時間 $\mathrm{d}t$ の間にこの体積に蓄積される熱量を表すことになる。

$$\mathrm{d}Q = -\left(\frac{\partial q_x}{\partial x} + \frac{\partial q_y}{\partial y} + \frac{\partial q_z}{\partial z}\right)\cdot \mathrm{d}x\cdot \mathrm{d}y\cdot \mathrm{d}z\cdot \mathrm{d}t$$

また，この体積の内部で単位時間単位体積当たり q' の熱の発生があるとすると，時間 $\mathrm{d}t$ の間にこの微小体積にさらに蓄積される熱量は，

$$\mathrm{d}Q' = q'\cdot \mathrm{d}x\cdot \mathrm{d}y\cdot \mathrm{d}z\cdot \mathrm{d}t$$

となる。ここで，この微小体積の物質の比熱を c，密度を ρ，温度を T とすると，微小体積の熱容量 Q は，

$$Q = c\cdot \rho\cdot T\cdot \mathrm{d}x\cdot \mathrm{d}y\cdot \mathrm{d}z$$

となり，Q および T の時間的変化を，$\frac{\partial Q}{\partial t}$，$\frac{\partial T}{\partial t}$ とすれば，ある微小時間 $\mathrm{d}t$ の間の Q の変化は，

$$\frac{\partial Q}{\partial t}\mathrm{d}t = c\cdot \rho\cdot \frac{\partial T}{\partial t}\cdot \mathrm{d}x\cdot \mathrm{d}y\cdot \mathrm{d}z\cdot \mathrm{d}t$$

この $\frac{\partial Q}{\partial t}\mathrm{d}t$ は，前に求めた蓄熱量（$\mathrm{d}Q + \mathrm{d}Q'$）と等しいから，

$$c\cdot \rho\cdot \frac{\partial T}{\partial t}\cdot \mathrm{d}x\cdot \mathrm{d}y\cdot \mathrm{d}z\cdot \mathrm{d}t = -\left(\frac{\partial q_x}{\partial x} + \frac{\partial q_y}{\partial y} + \frac{\partial q_z}{\partial z}\right)$$

$$\cdot \mathrm{d}x\cdot \mathrm{d}y\cdot \mathrm{d}z\cdot \mathrm{d}t + q'\cdot \mathrm{d}x\cdot \mathrm{d}y\cdot \mathrm{d}z\cdot \mathrm{d}t$$

$$c\cdot \rho\cdot \frac{\partial T}{\partial t} = -\left(\frac{\partial q_x}{\partial x} + \frac{\partial q_y}{\partial y} + \frac{\partial q_z}{\partial z}\right) + q'$$

となる。ここで，フーリエの式より，x, y, z の各方向の熱流束は，

$$q_x = -\lambda \frac{\partial T}{\partial x}, \quad q_y = -\lambda \frac{\partial T}{\partial y}, \quad q_z = -\lambda \frac{\partial T}{\partial z}$$

と表されるから，

$$c \cdot \rho \cdot \frac{\partial T}{\partial t} = \frac{\partial}{\partial x}\left(\lambda \frac{\partial T}{\partial x}\right) + \frac{\partial}{\partial y}\left(\lambda \frac{\partial T}{\partial y}\right) + \frac{\partial}{\partial z}\left(\lambda \frac{\partial T}{\partial z}\right) + q'$$

となり，λ が一定とすれば，

$$\begin{aligned}\frac{\partial T}{\partial t} &= \frac{\lambda}{c\rho}\left(\frac{\partial^2 T}{\partial x^2} + \frac{\partial^2 T}{\partial y^2} + \frac{\partial^2 T}{\partial z^2}\right) + \frac{q'}{c\rho} \\ &= a\left(\frac{\partial^2 T}{\partial x^2} + \frac{\partial^2 T}{\partial y^2} + \frac{\partial^2 T}{\partial z^2}\right) + \frac{q'}{c\rho}\end{aligned} \quad (1.28)$$

となり，これが物体内の熱伝導を一般的に記述する基礎方程式である。

式（1.28）中の a（$=\lambda/(c\rho)$）は温度伝導率とよばれ，物質に固有の定数（物性値）であり，〔m^2/s〕の単位をもつ。ある時間における物体内の温度分布が与えられると，時間の経過とともに熱が移動し，それにより物体内の温度分布が変化することになるが，一般に，熱伝導率 λ が大きければ移動する熱量が大きいから物体内の温度の時間的変化は速く，また，物体の熱容量 $c\rho$ が大きいと温度変化は遅くなる。つまり，温度伝導率 a は温度変化が伝わる速さを表す定数と考えることができる。

いま，物体内部で熱の発生や吸収がなく（$q'=0$），温度分布が時間的に変化しない定常状態（$\partial T/\partial t=0$）である場合には，式（1.28）は，

$$\frac{\partial^2 T}{\partial x^2} + \frac{\partial^2 T}{\partial y^2} + \frac{\partial^2 T}{\partial z^2} = 0 \quad (1.29)$$

となり，温度の分布が例えば x 方向の一方向だけに存在するときには（一次元定常熱伝導），

$$\frac{d^2 T}{dx^2} = 0 \quad (1.30)$$

というきわめて簡単な式となる。

式（1.30）は，図1.7のような直角座標での記述であり，図1.3のような円筒や円柱を扱う場合の座標系（円柱座標）では，

$$\frac{1}{r}\frac{d}{dr}\left(r\frac{dT}{dr}\right)=0 \tag{1.31}$$

図 1.5 のような球殻を扱うような座標系（球座標）では，

$$\frac{1}{r^2}\frac{d}{dr}\left(r^2\frac{dT}{dr}\right)=0 \tag{1.32}$$

となる[注1]。

式 (1.30)，(1.31)，(1.32) を積分することによっても物体内部の温度分布が導かれ，前項までに，フーリエの式から出発して導出されたもの（式 (1.8)，(1.17)，(1.18)，(1.24)，(1.25) など）とまったく同一の式が得られる[注2]。

注1) 式 (1.31) は以下のように導出される（下図参照）。

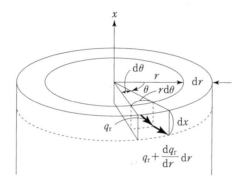

微小体積に，微小時間 dt の間に流入する熱量と流出する熱量の差 dQ_r は，(dr の 2 次の微小量 $(dr)^2$ を含む項を無視して)，

$$dQ_r = q_r r\,d\theta\,dx\,dt - \left(q_r + \frac{dq_r}{dr}dr\right)(r+dr)d\theta\,dx\,dt$$

$$= -q_r\,dr\,d\theta\,dx\,dt - \frac{dq_r}{dr}dr\cdot r\,d\theta\,dx\,dt$$

ここで，$q_r = -\lambda\dfrac{dT}{dr}$ であるから，

$$dQ_r = \lambda\frac{dT}{dr}dr\,d\theta\,dx\,dt + \lambda\frac{d}{dr}\left(\frac{dT}{dr}\right)dr\cdot r\,d\theta\,dx\,dt$$

この微小体積に微小時間 dt の間に蓄積される熱量が dQ_r であるから，

$$c\rho\frac{dT}{dt}r\,d\theta\,dx\,dr\,dt = dQ_r = \lambda\frac{dT}{dr}dr\,d\theta\,dx\,dt + \lambda\frac{d}{dr}\left(\frac{dT}{dr}\right)dr\cdot r\,d\theta\,dx\,dt$$

$$\frac{\mathrm{d}T}{\mathrm{d}t} = \frac{\lambda}{c\rho}\left\{\frac{1}{r}\frac{\mathrm{d}T}{\mathrm{d}r} + \frac{\mathrm{d}}{\mathrm{d}r}\left(\frac{\mathrm{d}T}{\mathrm{d}r}\right)\right\}$$
$$= \frac{\lambda}{c\rho}\left\{\frac{1}{r}\frac{\mathrm{d}}{\mathrm{d}r}\left(r\frac{\mathrm{d}T}{\mathrm{d}r}\right)\right\} = 0$$

式 (1.32) は，上述と同様に，以下のように導出される。（下図参照）。

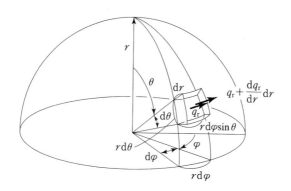

$$\mathrm{d}Q_r = q_r r\,\mathrm{d}\theta r\,\mathrm{d}\varphi \sin\theta\,\mathrm{d}t - \left(q_r + \frac{\mathrm{d}q_r}{\mathrm{d}r}\mathrm{d}r\right)(r+\mathrm{d}r)\mathrm{d}\theta(r+\mathrm{d}r)\mathrm{d}\varphi \sin\theta\,\mathrm{d}t$$
$$= q_r r^2\,\mathrm{d}\theta\,\mathrm{d}\varphi \sin\theta\,\mathrm{d}t - \left(q_r + \frac{\mathrm{d}q_r}{\mathrm{d}r}\mathrm{d}r\right)\{r^2 + 2r\mathrm{d}r + (\mathrm{d}r)^2\}\,\mathrm{d}\theta\,\mathrm{d}\varphi \sin\theta\,\mathrm{d}t$$
$$= -q_r \cdot 2r\,\mathrm{d}r\,\mathrm{d}\theta\,\mathrm{d}\varphi \sin\theta\,\mathrm{d}t - \frac{\mathrm{d}q_r}{\mathrm{d}r}\mathrm{d}r \cdot r^2\,\mathrm{d}\theta\,\mathrm{d}\varphi \sin\theta\,\mathrm{d}t$$
$$= \lambda\frac{\mathrm{d}T}{\mathrm{d}r}\cdot 2r\,\mathrm{d}r\,\mathrm{d}\theta\,\mathrm{d}\varphi \sin\theta\,\mathrm{d}t + \lambda\frac{\mathrm{d}}{\mathrm{d}r}\left(\frac{\mathrm{d}T}{\mathrm{d}r}\right)\mathrm{d}r \cdot r^2\,\mathrm{d}\theta\,\mathrm{d}\varphi \sin\theta\,\mathrm{d}t$$

$$c\rho\frac{\mathrm{d}T}{\mathrm{d}t}r^2\,\mathrm{d}\theta\,\mathrm{d}\varphi \sin\theta\,\mathrm{d}r\mathrm{d}t$$
$$= \mathrm{d}Q_r = \lambda\frac{\mathrm{d}T}{\mathrm{d}r}\cdot 2r\,\mathrm{d}r\,\mathrm{d}\theta\,\mathrm{d}\varphi \sin\theta\,\mathrm{d}t + \lambda\frac{\mathrm{d}}{\mathrm{d}r}\left(\frac{\mathrm{d}T}{\mathrm{d}r}\right)\mathrm{d}r \cdot r^2\,\mathrm{d}\theta\,\mathrm{d}\varphi \sin\theta\,\mathrm{d}t$$

$$\frac{\mathrm{d}T}{\mathrm{d}t} = \frac{\lambda}{c\rho}\left\{\frac{2}{r}\frac{\mathrm{d}T}{\mathrm{d}r} + \frac{\mathrm{d}}{\mathrm{d}r}\left(\frac{\mathrm{d}T}{\mathrm{d}r}\right)\right\}$$
$$= \frac{\lambda}{c\rho}\left\{\frac{1}{r^2}\frac{d}{\mathrm{d}r}\left(r^2\frac{\mathrm{d}T}{\mathrm{d}r}\right)\right\} = 0$$

注2) 式 (1.30) を積分すると（積分定数を C_1, C_2 とする），
$$\frac{\mathrm{d}^2 T}{\mathrm{d}x^2} = 0$$
$$\frac{\mathrm{d}}{\mathrm{d}x}\left(\frac{\mathrm{d}T}{\mathrm{d}x}\right) = 0$$
$$\frac{\mathrm{d}T}{\mathrm{d}x} = C_1$$

$$T = C_1 x + C_2$$

境界条件($x=0$で$T=T_1$, $x=l$で$T=T_2$)を代入して積分定数を決定すると,
$$T_1 = C_2, \quad T_2 = C_1 l + C_2$$
$$C_1 = -\frac{(T_1 - T_2)}{l}, \quad C_2 = T_1$$
$$T = T_1 - (T_1 - T_2)\frac{x}{l}$$

式(1.31)を積分すると(積分定数をC_1, C_2とする),
$$\frac{d}{dr}\left(r\frac{dT}{dr}\right) = 0$$
$$r\frac{dT}{dr} = C_1$$
$$dT = C_1 \frac{1}{r} dr$$
$$T = C_1 \ln r + C_2$$

境界条件($r=r_1$で$T=T_1$, $r=r_2$で$T=T_2$)を代入して積分定数を決定すると,
$$T_1 = C_1 \ln r_1 + C_2, \quad T_2 = C_1 \ln r_2 + C_2$$
$$C_1 = -\frac{(T_1 - T_2)}{\ln\left(\frac{r_2}{r_1}\right)}, \quad C_2 = T_1 + \frac{(T_1 - T_2)}{\ln\left(\frac{r_2}{r_1}\right)} \ln r_1$$
$$T = T_1 - \frac{(T_1 - T_2)}{\ln\left(\frac{r_2}{r_1}\right)} \ln\left(\frac{r}{r_1}\right)$$

式(1.32)を積分すると(積分定数をC_1, C_2とする),
$$\frac{d}{dr}\left(r^2 \frac{dT}{dr}\right) = 0$$
$$r^2 \frac{dT}{dr} = C_1$$
$$dT = C_1 \frac{1}{r^2} dr$$
$$T = -C_1 \frac{1}{r} + C_2$$

境界条件($r=r_1$で$T=T_1$, $r=r_2$で$T=T_2$)を代入して積分定数を決定すると,
$$T_1 = -C_1 \frac{1}{r_1} + C_2, \quad T_2 = -C_1 \frac{1}{r_2} + C_2$$
$$C_1 = -\frac{(T_1 - T_2)}{\left(\frac{1}{r_1} - \frac{1}{r_2}\right)}, \quad C_2 = T_1 - \frac{(T_1 - T_2)}{\left(\frac{1}{r_1} - \frac{1}{r_2}\right)} \frac{1}{r_1}$$

$$T = T_1 - \frac{(T_1 - T_2)}{\left(\dfrac{1}{r_1} - \dfrac{1}{r_2}\right)} \left(\frac{1}{r_1} - \frac{1}{r}\right)$$

[例題 1.6]

半無限固体の表面温度 T_s が，$T_s = A_s \sin(2\pi t/\tau)$（ただし，$A_s$：表面の温度振幅，$t$：時間，$\tau$：周期）で表されるような正弦波状に振動している場合には，表面から深さ x の位置の温度は次式で与えられる。

$$T = A_s e^{-kx} \sin\left(\frac{2\pi t}{\tau} - kx\right)$$

$(k = \sqrt{\pi/(a\tau)})$

ただし，a は固体の温度伝導率（熱拡散率）である。

いま，地面の表面の温度が，24 時間周期で正弦振動していると仮定すると，温度振幅が表面の 1/10 になるのは，表面から何 cm の位置か。ただし，土壌の温度伝導率 a を $0.005 \, \text{cm}^2/\text{s}$ とせよ。

(第 6 回エネルギー管理士試験の一部)

【解 答】

与えられた T の式を見ると，右辺の $A_s e^{-kx}$ が深さ x の位置における温度振幅を，$\sin\left(\dfrac{2\pi t}{\tau} - kx\right)$ が温度の時間変化を表している。温度振幅は表面からの深さ x に対して指数関数的に減衰し，温度の時間的変化は深さとともに位相だけがズレていくことがわかる。

温度振幅が表面の 1/10 になるときの x を求めればよいから，

$$\frac{A_s e^{-kx}}{A_s} = \frac{1}{10}$$

$$e^{-kx} = \frac{1}{10}$$

両辺の対数をとれば，

$$\ln(e^{-kx}) = \ln\left(\frac{1}{10}\right)$$

$$-kx = \ln\left(\frac{1}{10}\right)$$

$$x = \frac{\ln 10}{k}$$

となる．いま，$a=0.005 \text{ cm}^2/\text{s}$，$\tau=24\times60\times60 \text{ s}$ であるから，

$$k = \sqrt{\frac{\pi}{a\tau}} = \sqrt{\frac{\pi}{0.005\times24\times60\times60}} = 0.0853 \text{ cm}^{-1}$$

したがって，

$$x = \frac{\ln 10}{0.0853} = \frac{2.303}{0.0853} = 27.0 \text{ cm}$$

1章の演習問題

＊解答は，編の末尾 (p.400) 参照

[演習問題 1.1]

下図のように3層からなる炉壁がある。第1層の耐火材は熱伝導率が1.7 W/(m·K)，最高使用温度が1450 °Cであり，第2層の断熱材は熱伝導率0.35 W/(m·K)，最高使用温度1100 °C，第3層の鋼板は厚さ14 mm，熱伝導率35 W/(m·K)である。この炉壁の内壁表面温度を1350 °C，外壁表面温度（鋼板の外表面温度）を220 °Cに保持し，かつ，定常状態で炉壁を通過する熱流束を5 kW/m²とする。

この場合，炉壁全体の厚さが最小となるように，耐火材および断熱材の厚さを決定せよ。

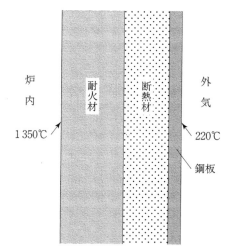

[演習問題 1.2]

熱伝導率が λ_1 と λ_2 の2種の保温材がそれぞれ一定量ずつあり，これを管に保温施工する場合，λ_1 の保温材を内層に，λ_2 の保温材を外壁に施工したとき（図 A）と，同一管に対してこれと逆に λ_2 の保温材を内層に，λ_1 の保温材を外層に施工したとき（図 B）では，いずれが保温効果がよいか。

ただし，$\lambda_1 < \lambda_2$ とし，両保温材はいずれも管の表面温度に十分耐えるものとする。

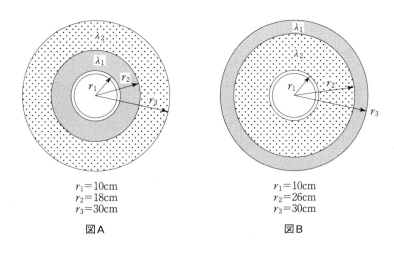

r₁＝10cm
r₂＝18cm
r₃＝30cm

図A

r₁＝10cm
r₂＝26cm
r₃＝30cm

図B

2章 対流伝熱

〔記号表〕

a	温度伝導率	〔m²/s〕
A	熱伝達により熱が通過する面積	〔m²〕
b	流体の単位体積当たりに作用する浮力	〔N/m³〕
c	流体の比熱	〔J/(kg·K)〕
	(定圧比熱を明示する場合 c_p)	
D	管の直径	〔m〕
g	重力加速度	〔m/s²〕
Gr	グラスホフ数	〔—〕
H	次元解析における熱量の次元	
h	熱伝達率	〔W/(m²·K)〕
	位置 x における局所熱伝達率は h_x	
h_b	核沸騰における熱伝達率	〔W/(m²·K)〕
h_m	平均熱伝達率	〔W/(m²·K)〕
L	管の着目する区間の長さ	〔m〕
L	次元解析における長さの次元	
M	次元解析における質量の次元	
Nu	ヌセルト数	〔—〕
	位置 x における局所ヌセルト数は Nu_x	

Pr	プラントル数	[—]
	(位置 x における局所プラントル数は Pr_x)	
q	熱伝達による移動熱流束	[W/m²]
Q	熱伝達による移動熱量	[W]
Re	レイノルズ数	[—]
	(位置 x における局所レイノルズ数は Re_x)	
R_t	熱伝達抵抗	[K/W]
t	次元解析における時間の次元	
T	温度	[K]
T_w	物体表面あるいは細線表面の温度	[K]
T_∞	物体表面から十分離れた主流の温度	[K]
T_s	流体の飽和温度	[K]
T'	流体の混合平均温度	[K]
$\Delta T'$	混合平均温度と物体表面との温度差	[K]
ΔT_m	対数平均温度差	[K]
u	流れの速度	[m/s]
	(境界層から十分離れた主流の速度は u_∞)	
W	流体の流量	[m³/s]
x, y, z	三次元(直角)座標	
β	流体の体膨張率(体膨張係数,体積膨張係数)	[1/K]
λ	流体の熱伝導率	[W/(m·K)]
μ	流体の粘性係数	[kg/(m·s)]
ν	流体の動粘性係数(動粘性率)	[m²/s]
$\pi 1 \sim \pi 7$	次元解析における各物理量の次数	[—]
ρ	流体の密度	[kg/m³]
θ	次元解析における温度の次元	

対流伝熱は，熱に関連する各種の工業設備でよく見受けられる現象であり，その基本的な熱の移動様式についてはすでに序章で述べたとおりである。実際の工業用熱設備においては，流体内部での伝熱よりも物体と流体との間の熱伝達が重要である場合が多い。すなわち，物体表面から離れた流体内部では速やかな熱移動のために温度分布は一様と考えてよく，物体表面近傍の流体と物体との間の熱の移動（熱伝達）が重要になる場合が多い。したがって，本章では，対流伝熱のうち，物体表面と流体との間の熱伝達について述べることにする。

2.1 境界層と熱伝達

熱伝達においては，物体表面近傍の流れの状態およびその中の温度分布によって熱の移動過程が支配される。流体が物体表面に沿って流れるとき，図 2.1, 2.2 に示されるように，表面近傍では粘性の作用によって流速の分布が急峻に変化する領域がみられる。この領域を境界層とよぶ。境界層の厚さは物体の先端から次第に厚さを増していく（境界層が発達する）が，境界層の外側の流れは一様な速度分布の流れ，すなわち，粘性のない理想流体の流れと考えてよく，これを主流とよぶことが多い。

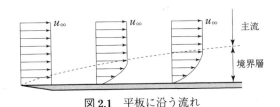

図 2.1　平板に沿う流れ

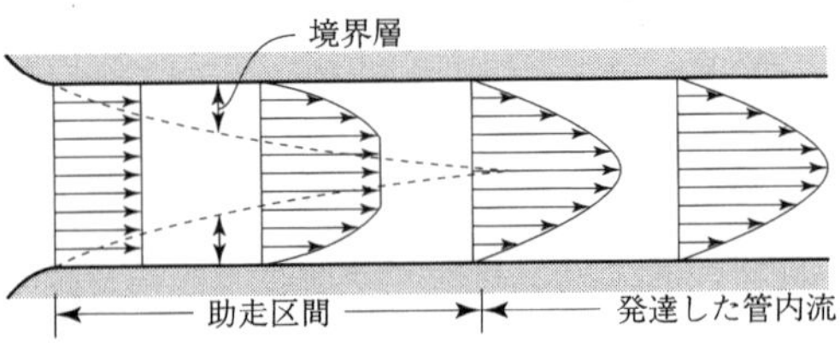

図 2.2　円管内の流れ

2章 対流伝熱 **315**

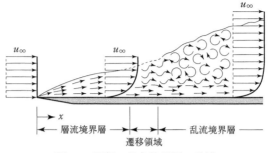

図2.3 平板に沿う境界層の発達

　図 2.2 は，円管内の流れを示しているが，管の入口から次第に境界層が厚くなり，ついには管の内部全体が境界層で充満し，それより下流では速度分布が一定で変化しなくなる。このように一定の速度分布に達したあとの流れを発達した流れ（発達した管内流）といい，管の入口から発達した流れになるまでの間を助走区間という。管内の流れが低速である場合には，流体は層状で整然と流れ，流体内部で作用するせん断力は分子運動に起因する粘性摩擦のみであり，このような流れを層流といい，発達した層流の管内流は放物線状の速度分布となる。一方，流れが高速である場合には，流体内部に大小さまざまな渦が発生し，それらが流体塊として乱雑に入り交じるようになる。このような流れを乱流といい，発達した管内流では，層流の場合に比べて中心付近がやや平坦で管壁付近はより急峻な速度分布となる。このように，流れが層流か乱流かによって2つの形態の境界層が形成され，それぞれ，層流境界層，乱流境界層とよばれる。平板に沿う流れにおいても，流速が速い場合には，**図2.3** に示すように，平板先端から層流境界層，次いで乱流境界層というように発達していく。

　流体と物体との間に温度差がある場合には，物体表面近傍の狭い領域内には，やはり速度分布と同じような温度分布が形成される。すなわち，物体表面から離れた主流内では一様な温度分布であり，物体表面に近づくと急激に温度が変化する。しかし，温度分布と速度分布は必ずしも一致せず，**図2.4** に示されるように，流体のプラントル数（Pr）によって異なる。Pr 数とは，速度変化の伝わりやすさを表す動粘性係数（あるいは動粘性率ともいう）（ν）と温度変化の伝わりやすさを表す温度伝導率（a）との比であり（$Pr = \nu/a$），その流体に固有の物性値である。物体表面近傍の温度分布が急激に変化する領

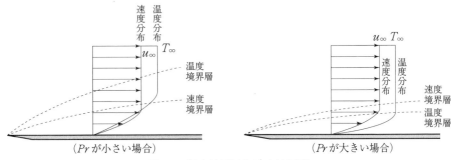

図2.4 温度境界層と速度境界層

域をとくに温度境界層とよび，前述の速度分布から定義されるものは，これと区別して速度境界層とよんでいる。流れが層流か乱流かによって，温度境界層も速度境界層と同様に変化する。

　流体と物体との間の熱の移動を微視的に考えると，結局のところ，物体と流体との接触面における熱伝導によるものであり，それは接触界面近傍における温度勾配によって決定される。つまり，流体がどのように運動しているかによって，境界層内の温度分布（すなわち，物体表面のごく近傍の温度勾配）が影響を受け，それによって熱伝達による移動熱量が決定されることになる。したがって，流体の種類や物体の形状ばかりでなく，流れが層流であるか乱流であるか，あるいは，助走区間内であるか発達した流れであるかなどによって境界層は大いに異なったものとなるから，その結果として，熱伝達による物体と流体の間の移動熱量が境界層の構造に依存して変化することになる。

　流体と物体表面との間を単位時間，単位面積当たりに移動する熱量（熱流束）は，フーリエの法則（式 (1.2)）より，

$$q = -\lambda \left(\frac{\partial T}{\partial y} \right)_\mathrm{w} \tag{2.1}$$

と表される。ここに，λ は流体の熱伝導率，y は物体表面に垂直方向の座標，添字 w は表面に接した位置での値を意味する。しかし，上述のように，物体表面近傍の温度分布はいろいろな因子に依存する非常に複雑な現象の結果として形成されるものであり，前章の伝導伝熱の場合のように簡単に決定することはできない。そこで，実用上便利なように，境界層内の複雑な要因を一つの値

(h) に集約し，熱伝達による熱流束を下式によって表すことがなされている．

$$q = h(T_\infty - T_w) \tag{2.2}$$

この h のことを熱伝達率とよび，$[\mathrm{W/(m^2 \cdot K)}]$ のような単位である．T_w は物体表面温度であり，T_∞ は表面から十分離れた主流の温度である．さまざまな状態の流れの中に置かれた各種の形状の物体についての熱伝達が多くの研究者によって明らかにされてきており，解析の結果としてあるいは実験に基づく経験式として，熱伝達率（h）を計算する多くの式が提出されている．それらについてはあとの項でもう少し詳しく記述するが，ここではいくつかの流れと伝熱の形態について，熱伝達率の大略の値を表 2.1 に示す．熱伝達率の値は，流れの速度や温度をはじめとしていろいろな条件によって大きく変化するので，表中の数値は幅をもった概略の値であるが，流れと伝熱の形態によって，熱伝達率の値はおおよそどの程度のオーダーであるかを認識しておくことは重要である．

表 2.1　熱伝達率の概略値

流れと伝熱の形態	概略の熱伝達率 $[\mathrm{W/(m^2 \cdot K)}]$，	条件
自 然 対 流	5～10	1 気圧 20℃ の空気中に 500℃ の鉛直平板
	500～550	20℃ の水中に 50℃ の鉛直平板
	5	1 気圧 20℃ の空気中に直径 0.1 m，外壁温度 40℃ の水平円管
強 制 対 流	5	幅 1 m，長さ 2 m，温度 100℃ の平板表面に沿って 20℃ の空気が 5 m/s で流れる
	5 000	幅 0.3 m，長さ 2 m，温度 60℃ の平板表面に沿って 50℃ の水が 1 m/s で流れる
	40	内径 0.05 m，壁温 130℃ の円管内を 40℃ の空気が 10 m/s で流れる
	5 000	内径 0.05 m，壁温 130℃ の円管内を 40℃ の水が 1 m/s で流れる
沸　騰	約 1 500～60 000	膜沸騰＜核沸騰，バーンアウト点付近で約 60 000
凝　縮	約 10 000～230 000	膜状凝縮≪滴状凝縮

熱伝達率は熱伝導率のように物質に固有の物性値ではないので，物体表面上の位置によって熱伝達率の値が変化する場合もある．表面上のある位置における熱伝達率を局所熱伝達率といい，表面全体にわたっての平均値を平均熱伝達率という．もちろん，表面全体にわたって T_w，T_∞ および境界層の構造が一様であれば表面上の位置によって熱伝達率は変化することはなく，実際にはそ

のように取り扱える場合も多い．熱伝達により熱が通過する面積を A とすれば，単位時間当たりの通過熱量 Q は，

$$Q = h_\mathrm{m}(T_\infty - T_\mathrm{w})A \tag{2.3}$$

であり，h_m は平均熱伝達率である．

前章の熱伝導において，

(熱伝導による移動熱量) = (温度差) / (熱伝導抵抗)

のように考えると理解しやすいことを述べた．式 (2.3) を見ると，熱伝達においても，同様に

(熱伝達による移動熱量) = (温度差) / (熱伝達抵抗)

と考えることができ，熱伝達抵抗を R_t とすれば，次式のようになる．

$$\left.\begin{array}{l} Q = \dfrac{(T_\infty - T_\mathrm{w})}{R_\mathrm{t}} \\ R_\mathrm{t} = \dfrac{1}{h_\mathrm{m}A} \end{array}\right\} \tag{2.4}$$

2.2 管内流れにおける混合平均温度，対数平均温度差

円管内の流れのように，流体の流れが物体表面に囲まれている場合には，式 (2.2)，(2.3) による伝達熱量の計算には配慮を要する．図 2.2 にみられるような発達した円管内の流れでは，管内すべてが境界層であり，表面から十分離れた主流の温度は存在しないばかりでなく，流れの方向にも流体の温度が変化する．そこで，このような場合の伝達熱量を計算する際に，流体側の温度として何を採用すべきかという問題がある．

いま，図 2.5 のように，内径 D の円管内を流体が流れており，着目する軸方向長さ L の区間の入口，出口をそれぞれ添字 1，2 で表す．この区間内で，軸方向のいろいろな位置における管断面内の流体温度を代表するものとして，次式で表される混合平均温度 T' を定義する．

$$T' = \dfrac{\int Tu\,\mathrm{d}S}{\int u\,\mathrm{d}S} \tag{2.5}$$

ここに，T，u は断面内の局所の微小面積 $\mathrm{d}S$ を通過する流体の温度，速度である．すなわち，混合平均温度とは，各断面位置において通過する流体を仮

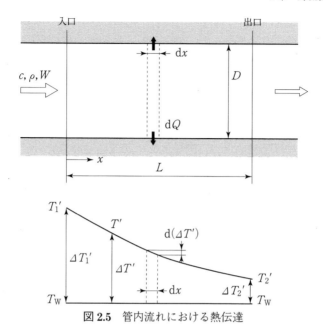

図 2.5 管内流れにおける熱伝達

想的に断熱状態のもとで完全に混合した場合に示す温度である[注1]。

注1) 管断面内の微小断面積 dS を通過する流体の温度が T，速度が u とすると，その微小断面積を通過する熱量は（流体の比熱 c，密度 ρ はそれぞれ一定として）$c\rho Tu\, dS$ で表されるから，断面全体を通過する熱量は $c\rho \int Tu\, dS$ となる。いま，断面全体を通過する熱量は同一であるが，温度分布はある温度 T' で一様であると考えると，その場合の T' は，

$$c\rho \int Tu\, dS = T' c\rho \int u\, dS \rightarrow T' = \frac{\int Tu\, dS}{\int u\, dS}$$

となる。このような仮想的な一様温度 T' を混合平均温度という。

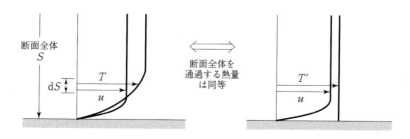

いま，管内壁面の温度 T_w はこの区間内で一定とし，熱伝達率も h_m で一定とすると，図2.5に示される長さ方向距離 dx の微小領域において流体から管壁に移動する熱量 dQ は

$$dQ = h_m (T' - T_w) \pi D\,dx$$

と表され，$T' - T_w = \varDelta T'$ とすれば，

$$dQ = h_m \varDelta T' \pi D\,dx \tag{a}$$

一方，この微小領域の前後における $\varDelta T'$ の変化を $d(\varDelta T')$ とし，流体の比熱，密度，流量をそれぞれ c, ρ, W とすれば，dQ は

$$dQ = -c\rho W\,d(\varDelta T') \tag{b}$$

とも表される（流体から管壁に熱が移動する場合には，x 方向に T' は低下するから $d(\varDelta T')$ は負の値になる。そのため，式 (b) の右辺には負号が付けられている）。これら (a)，(b) 両式を等置し，積分すると，

$$-c\rho W\,d(\varDelta T') = h_m \varDelta T' \pi D\,dx$$

$$\frac{1}{\varDelta T'}\,d(\varDelta T') = -\frac{h_m \pi D}{c\rho W}\,dx$$

$$\ln(\varDelta T') = -\frac{h_m \pi D}{c\rho W}\,x + C$$

ここで，着目する区間の入口 ($x=0$) における $\varDelta T'$ を $\varDelta T_1'$，出口 ($x=L$) において $\varDelta T_2'$ とすると，

$$\ln(\varDelta T_2') = -\frac{h_m \pi D}{c\rho W}L + \ln(\varDelta T_1') \tag{c}$$

が得られる。また，長さ L の区間全体における流体から管壁への移動熱量 Q は，T_w を一定としているから，

$$Q = c\rho W(T_1' - T_2') = c\rho W\{(T_1' - T_w) - (T_2' - T_w)\}$$
$$= c\rho W(\varDelta T_1' - \varDelta T_2') \tag{d}$$

と表される。さて，この区間全体にわたっての流体の混合平均温度を代表するような温度 T_m を考え，T_m と 壁温 T_w との差を $\varDelta T_m$ とし，

$$Q = h_m \varDelta T_m \pi D L \tag{e} \quad (2.6)$$

と表すことにする。すると，式 (d)，(e) より，$\varDelta T_m$ は，

$$\varDelta T_{\mathrm{m}} = \frac{c\rho W(\varDelta T_1{}' - \varDelta T_2{}')}{h_{\mathrm{m}}\pi DL}$$

と表されることになり,さらに式 (c) を代入すれば,

$$\left.\begin{aligned}\varDelta T_{\mathrm{m}} &= \frac{\varDelta T_1{}' - \varDelta T_2{}'}{\ln(\varDelta T_1{}') - \ln(\varDelta T_2{}')} \\ &= \frac{\varDelta T_1{}' - \varDelta T_2{}'}{\ln\left(\dfrac{\varDelta T_1{}'}{\varDelta T_2{}'}\right)} \\ &= \frac{(T_1{}' - T_{\mathrm{w}}) - (T_2{}' - T_{\mathrm{w}})}{\ln\left(\dfrac{T_1{}' - T_{\mathrm{w}}}{T_2{}' - T_{\mathrm{w}}}\right)}\end{aligned}\right\} \quad (2.7)$$

となる。このように定義された $\varDelta T_{\mathrm{m}}$ を対数平均温度差という。したがって,着目する区間の入口,出口における混合平均温度 $T_1{}'$,$T_2{}'$ および壁温 T_{w} から上記の式 (2.7) にて対数平均温度差を求め,次いで式 (2.6) のように,

　　　(伝達熱量) = (平均熱伝達率) × (対数平均温度差) × (管内表面積)

より,伝達熱量を計算することができる。

　図 2.5 は流体の温度が壁面温度よりも高い(流体から壁面に熱が移動する)場合であるが,逆に壁面から流体に熱が移動する場合には $\varDelta T' = T_{\mathrm{w}} - T'$ とすると,対数平均温度差は式 (2.7) とまったく同一になる。したがって,

　$\varDelta T_1$:入口における混合平均温度と壁温度の差の絶対値 $|T_1{}' - T_{\mathrm{w}}|$

　$\varDelta T_2$:出口における混合平均温度と壁温度の差の絶対値 $|T_2{}' - T_{\mathrm{w}}|$

とすれば,対数平均温度差 $\varDelta T_{\mathrm{m}}$ は

$$\varDelta T_{\mathrm{m}} = \frac{\varDelta T_1 - \varDelta T_2}{\ln\left(\dfrac{\varDelta T_1}{\varDelta T_2}\right)} \quad (2.8)$$

と表され,この式によれば流体と壁面のいずれの温度が高い場合にも混乱することなく計算ができ,便利である。

　入口における温度差 $\varDelta T_1$ と出口における温度差 $\varDelta T_2$ の違いがあまり大きくない場合には,式 (2.8) における $\varDelta T_{\mathrm{m}}$ を対数平均温度差でなく,近似的に算術平均温度差 $(\varDelta T_1 + \varDelta T_2)/2$ を使用することもできる。例えば,$\varDelta T_1/\varDelta T_2$ あるいは $\varDelta T_2/\varDelta T_1$ の値が 1.2 の場合,算術平均温度差の対数平均温度差に対する誤差は 0.3% であり,2.0 の場合でも 4% である。

2.3 熱伝達率を支配する無次元数

熱伝達による移動熱量は式 (2.2),(2.3) のように簡単な式で表されるが,前述のように熱伝達率は熱伝導率のような物性値ではなく,物体の形状や流れの状態に依存して複雑に変化するため,その値を求めるのは容易ではない。本節では熱伝達率についての理解を深めるため,熱伝達率がどのような物理量によって決定されるか,すなわちどのような物理量の関数として表されるかを次元解析の手法で考えてみる。

自然現象は速度や密度などのいろいろな物理量の間の関係として記述される。これらの物理量はそれぞれある単位をもって測定されるが,その単位は質量 $[M]$,長さ $[L]$,時間 $[t]$ などの基本単位の組合せである。伝熱に関しては,熱量 $[H]$,温度 $[\theta]$ なども基本単位となる。そして,ある物理量の中に含まれる基本単位の指数を次元という。例えば,速度は時間当たりの移動距離であるから [長さ]/[時間] の単位,すなわち,$[Lt^{-1}]$ だから,長さについて次元1,時間について次元−1である。また,熱伝達率は式 (2.2),(2.3) に示されるように [熱量]/[面積・時間・温度] すなわち $[HL^{-2}t^{-1}\theta^{-1}]$ であるから,熱量,長さ,時間,温度についての次元はそれぞれ 1,−2,−1,−1 である。さて,物理量を表す単位系にはいろいろなものがあるが,ある1つの自然現象はどのような単位系を使ってもまったく同一に記述されなければならない。したがって,あらゆる自然法則は,それに関係する物理量の組合せから成るいくつかの互いに独立な無次元数(それに含まれるいずれの基本単位の次元も零)の間の関係として記述されるはずである。このような考え方によって自然現象を理解しようとする手法を次元解析という。以下に,強制対流熱伝達と自然対流熱伝達に大別し,それぞれの場合の熱伝達率がどのような物理量の組合せによって記述されるかを,次元解析によって調べてみる。

強制対流熱伝達では現象に関係する物理量は,熱伝達率 $h_x \left[\dfrac{H}{L^2 t \theta} \right]$,流れの主流速度 $u_\infty \left[\dfrac{L}{t} \right]$,距離 $x [L]$(例えば,図2.1のような平板に沿う流れでは平板の前縁からの距離),流体の粘性係数 $\mu \left[\dfrac{M}{Lt} \right]$,流体の密度 $\rho \left[\dfrac{M}{L^3} \right]$,流

体の比熱 $c_p \left[\dfrac{\mathrm{H}}{\mathrm{M}\theta}\right]$, 流体の熱伝導率 $\lambda \left[\dfrac{\mathrm{H}}{\mathrm{L t}\theta}\right]$ などである。h_x は位置 x における局所熱伝達率である。これらの物理量のすべての可能な組合せは，それぞれの物理量にある未定の指数を付けて掛け合わせることによって表すことができる。未定指数を $\pi_1 \sim \pi_7$ とすると，

$$(\text{熱伝達に関係する物理量}) = h_x{}^{\pi_1} u_\infty{}^{\pi_2} x^{\pi_3} \mu^{\pi_4} \rho^{\pi_5} c_p{}^{\pi_6} \lambda^{\pi_7} \tag{2.9}$$

この組合せ物理量の次元は

$$\left[\left(\dfrac{\mathrm{H}}{\mathrm{L}^2 t \theta}\right)^{\pi_1} \left(\dfrac{\mathrm{L}}{t}\right)^{\pi_2} (\mathrm{L})^{\pi_3} \left(\dfrac{\mathrm{M}}{\mathrm{L} t}\right)^{\pi_4} \left(\dfrac{\mathrm{M}}{\mathrm{L}^3}\right)^{\pi_5} \left(\dfrac{\mathrm{H}}{\mathrm{M}\theta}\right)^{\pi_6} \left(\dfrac{\mathrm{H}}{\mathrm{L} t \theta}\right)^{\pi_7}\right]$$

であり，これが無次元になるためには，H/θ, L, M, t などの各基本単位の次元がすべて零になればよい（H と θ については，どの物理量の中でも H/θ の形になっているので，これを1つの基本単位として扱うことにする）。すなわち，

$$\left.\begin{array}{ll}
\mathrm{H}/\theta\text{の次元}: & \pi_1 + \pi_6 + \pi_7 = 0 \\
\mathrm{L}\text{の次元}: & -2\pi_1 + \pi_2 + \pi_3 - \pi_4 - 3\pi_5 - \pi_7 = 0 \\
\mathrm{M}\text{の次元}: & \pi_4 + \pi_5 - \pi_6 = 0 \\
t\text{の次元}: & -\pi_1 - \pi_2 - \pi_4 - \pi_7 = 0
\end{array}\right\} \tag{2.10}$$

式 (2.10) は未知数が $\pi_1 \sim \pi_7$ の7個，方程式が4個であるから，7個の未知数のうち任意の3個を独立の未知数とすれば，残りの4個はこれら3個の未知数の関数として表すことができる。この3個として π_1, π_2, π_6 を選ぶと，式 (2.10) より，$\pi_3 = \pi_1 + \pi_2$, $\pi_4 = -\pi_2 + \pi_6$, $\pi_5 = \pi_2$, $\pi_7 = -\pi_1 - \pi_6$ が得られる。したがって，式 (2.9) は，

$$(h_x)^{\pi_1} (u_\infty)^{\pi_2} (x)^{\pi_1 + \pi_2} (\mu)^{-\pi_2 + \pi_6} (\rho)^{\pi_2} (c_p)^{\pi_6} (\lambda)^{-\pi_1 - \pi_6}$$

$$= \left(\dfrac{h_x x}{\lambda}\right)^{\pi_1} \left(\dfrac{u_\infty x}{\mu/\rho}\right)^{\pi_2} \left(\dfrac{c_p \mu}{\lambda}\right)^{\pi_6} \tag{2.11}$$

となる。上式の右辺の3つの項はいずれも無次元数であり，それぞれ独立である（π_1, π_2, π_6 は任意だから）。したがって，強制対流熱伝達の現象はこれら3つの無次元数の組合せとして，

$$\left(\dfrac{h_x x}{\lambda}\right) = f\left\{\left(\dfrac{u_\infty x}{\mu/\rho}\right), \left(\dfrac{c_p \mu}{\lambda}\right)\right\} \tag{2.12}$$

のように表すことができる。3個の無次元数はそれぞれヌセルト数 (Nu_x)，レイノルズ数 (Re_x)，プラントル数 (Pr) とよばれる。

$$Nu_x \equiv \frac{h_x x}{\lambda}$$

$$Re_x \equiv \frac{u_\infty x}{\mu/\rho} = \frac{u_\infty x}{\nu}$$

$$Pr \equiv \frac{c_p \mu}{\lambda} = \frac{\mu/\rho}{\lambda/(c_p \rho)} = \frac{\nu}{a} \tag{2.13}$$

ここで，ν は動粘性係数 ($\nu \equiv \mu/\rho$)，a は温度伝導率 ($a \equiv \lambda/(c_p \rho)$) である。したがって，式 (2.12) は，

$$Nu_x = f(Re_x, Pr) \tag{2.14}$$

となり，Nu_x は Re_x と Pr の関数として表され，Nu_x より熱伝達率 h_x ($h_x \equiv Nu_x(\lambda/x)$) が求められることになる。

一方，自然対流熱伝達については，関係する物理量は $h_x \left[\frac{H}{L^2 t \theta}\right]$, $b \left[\frac{ML}{t^2}\right]$, $\frac{1}{L^3}$, $x\,[L]$, $\mu \left[\frac{M}{Lt}\right]$, $\rho \left[\frac{M}{L^3}\right]$, $c_p \left[\frac{H}{M\theta}\right]$, $\lambda \left[\frac{H}{Lt\theta}\right]$ などであり，前と同様の次元解析を行うことにより，以下の関係式が得られる。ただし，b は密度差により流体の単位体積当たりに作用する浮力である。

$$\left(\frac{h_x x}{\lambda}\right) = f\left\{\left(\frac{x^3 \rho\, b}{\mu^2}\right), \left(\frac{c_p \mu}{\lambda}\right)\right\} \tag{2.15}$$

ここで，右辺の最初の無次元数はグラスホフ数 (Gr) とよばれ，流体の体膨張率（体膨張係数，体積膨張係数ともいう）を β，重力加速度を g とすれば，

$$b \equiv g\,(\rho_\infty - \rho_w) = g\rho\beta(T_w - T_\infty) \tag{2.16}$$

となり，具体的には Gr は，

$$Gr \equiv \frac{x^3 \rho\, b}{\mu^2} = \frac{x^3 g}{\nu^2}\,\frac{(\rho_\infty - \rho_w)}{\rho} = \frac{x^3 g\,\beta(T_w - T_\infty)}{\nu^2} \tag{2.17}$$

によって計算される。したがって，自然対流熱伝達においては，Nu_x は Gr と Pr の関数として表されることになる。

$$Nu_x = f(Gr, Pr) \tag{2.18}$$

[例題 2.1]

　図のように，一辺の長さが H [m] の正方形金属平板 2 枚と，幅 L [m]，長さ H [m] の細長い長方形断熱材平板 4 枚を組み合わせて作られた直方体密閉容器があり，その中には空気が封入されている。正方形金属平板および長方形断熱材平板はともにその厚さが無視できるほど薄く，また，$H \gg L$ であるとする。

　2 枚の正方形金属平板のうち 1 枚を加熱し，他の 1 枚を冷却してそれぞれが一様な温度 θ_1 [℃] および θ_2 [℃]（ただし，$\theta_1 > \theta_2$）で定常状態になったとすれば，加熱されている金属平板（以下，「加熱平板」という）から冷却されている金属平板（以下，「冷却平板」という）へ向かう熱の流れが生じる。

　なお，断熱材平板を通しての熱の出入りはないものとする。

　このような状況での伝熱過程において，加熱平板温度 θ_1 と冷却平板温度 θ_2 の差が大きい場合には，熱伝導，放射伝熱以外の機構による伝熱も生じる。

(1) この伝熱機構は何とよばれているか。
(2) その熱伝達率はどのようなパラメータに支配されるか。

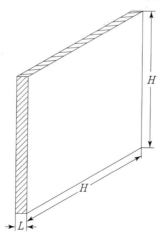

（第 13 回エネルギー管理士試験の一部）

[解　答]

(1) 自然対流伝熱

(2)
- 空気の熱伝導率
- 容器の代表長さ（平板の高さ H）
- 重力加速度
- 空気の体膨張率
- 2平板の温度差（$\theta_1 - \theta_2$）

｝グラスホフ数

- 空気の動粘性係数
- 空気の温度伝導率

｝プラントル数

- 容器の設置状況

〈考え方〉

容器内では，空気の温度差による密度差に起因して流れ（対流）が生じ，その流れに伴って熱が移動する。これが自然対流伝熱とよばれる。

自然対流伝熱の現象は，それに関係する物理量を無次元数にまとめて，一般に次式で表現される。

$$Nu = f(Gr, Pr)$$

すなわち，

Nu (ヌセルト数 $=\dfrac{hx}{\lambda}$), Gr (グラスホフ数 $=\dfrac{x^3 g \beta \Delta\theta}{\nu^2}$), Pr (プラントル数 $=\dfrac{\nu}{a}$)

という3つの無次元数の間の代数関係式として表される。

ここに，

h：熱伝達率

x：代表長さ

λ：流体の熱伝導率

g：重力加速度

β：流体の体膨張率

$\Delta\theta$：温度差

ν：流体の動粘性係数

a：流体の温度伝導率

である。したがって，自然対流熱伝達率は上に列記した物理量に支配されることになる。また，自然対流は温度差のある流体に作用する重力に起因するから，容器の

設置の仕方（鉛直か，あるいは鉛直方向より傾けるかなど）によっても熱伝達率は影響される。

2.4 代表的な熱伝達関係式

前節の次元解析により，熱伝達率 h は Nu 数がわかれば決定され，Nu 数は，強制対流熱伝達の場合には Re と Pr の関数となり，自然対流熱伝達では Gr と Pr の関数で表されることが示された。

具体的な関係式の導出については，より厳密な解析あるいは実験に基づくものなど，数多くの研究がなされてきており，いろいろな流れの様式について，あるいは同一の流れ様式でも温度，流速の範囲や流体の種類などによって，いくつもの関係式が提出されている。ここでは，それらの詳細については言及せず，工業用熱設備に関連して，広く使用されている代表的な関係式のいくつかを表 2.2 に紹介するにとどめる。なお，これらの関係式を実際に使用する場合には，適用する対象が

- 助走区間内なのか発達した流れ領域なのか
- 温度や流速の範囲は該当しているか
- 流体側の温度としては何を選ぶか
- 粘性係数，比熱，熱伝導率などの物性値は，いかなる温度における値を使用するのか

など，その関係式の適用の条件に注意することが必要である。

表 2.2 代表的な流れ様式と熱伝達関係式

流れ様式			熱伝達関係式		備考
強制対流熱伝達	平板に沿う流れ	層流	● $Nu_x = 0.332 Re_x^{1/2} Pr^{1/3}$	壁温一様	$0.6 < Pr$	Re_x の計算にあたっては、主流の速度、動粘性係数および代表長さとして平板先端からの距離 x を用いる
			● $Nu_x = \dfrac{0.564}{\sqrt{1+0.90 Pr^{1/2}} Re_x^{1/2} Pr^{1/2}}$	同様	$0.006 < Pr < 0.03$	平均ヌセルト数は $Nu_x = 2 Nu_x$
		乱流	● $Nu_x = 0.458 Re_x^{1/2} Pr^{1/2}$	熱流束一様	$0.5 < Pr$	
					$0.006 < Pr < 0.03$	
			● $Nu_x = \dfrac{0.880}{\sqrt{1+1.137 Pr^{1/2}} Re_x^{1/2} Pr^{1/2}}$	同様		
			● $Nu_x = \dfrac{0.029 6 Re_x^{0.8} Pr}{1 + B Re_x^{-0.1}(Pr-1)}$		B は Pr の関数で $0.5 < Pr < 5.0$ では $B = 1.58 Pr^{-1/5.3)}$、$Pr=1$、$Re_x=10^6$ の付近では簡略では $Nu_x = 0.029 6 Re_x^{0.8} Pr^{0.6}$	
	円管内の流れ	層流	● $Nu_m = 3.65 + \dfrac{1}{1 + 0.117\{(D/L) Re_d Pr\}^{4/5}} \{(D/L) Re_d Pr\}^{1/15}$	管内表面温度一様	$10^4 < Re_d < 1.2 \times 10^5$ $0.7 < Pr < 120$	助走区間後の発達した流れ $Re_d = (u_m \cdot D)/\nu$ $u_m = (断面平均流速)$ D: 管内径 熱伝達率は着目区間入口、出口の対数平均温度差 ΔT_m に対するもの $q = h_m \Delta T_m = \left(\dfrac{\lambda}{D} Nu_m\right)\Delta T_m$ $Q = \pi D L q$
		乱流	○ $Nu_m = 0.023 Re_d^{0.8} Pr^{1/3}$ (コルバーン (Colburn) の式)			
			○ $Nu_m = 0.023 Re_d^{0.8} Pr^{1/3} (\mu/\mu_w)^{0.14}$ (シーダ・テート (Sieder-Tate) の式)	同様		コルバーンの式に粘性の効果を補正。物性値は着目区間入口、出口の混合平均温度の算術平均 $\bar{T} (= (T_1' + T_2')/2)$ における値を用い、粘性係数 μ_w だけは膜温度 $(\bar{T} + T_w)/2$ の値
	円管 (円柱) に直角な流れ		● $Nu_\phi = 1.14 Re_d^{1/2} Pr^{0.4}\left\{1 - \left(\dfrac{\phi}{90}\right)^3\right\}$	管外表面温度一様	$0.5 < Pr < 5$、$\phi < 80°$ ϕ は流れに向かって頂点からの角度	物性値はすべて主流温度における値を用いる $Re_d = (u_\infty \cdot D)/\nu$ u_∞: 主流速度 D: 管外径
			○ $Nu_m = 0.27 Re_d^{0.6} Pr^{1/3}$	同様	$10^3 < Re_d < 5 \times 10^4$	
			○ $Nu_m = 0.43 + 0.48 Re_d^{0.5}$		$2 < Re_d < 500$	物性値はすべて膜温度における値を用い、ただし μ_w のみは壁温 T_w における値
			○ $Nu_m = 0.46 Re_d^{0.5} + 0.00128 Re_d$		$500 < Re_d < 2.5 \times 10^5$	
			○ $Nu_m = (0.30 Re_d^{0.5} + 0.10 Re_d^{0.67}) Pr^{0.4} (\mu/\mu_w)^{1/4}$	熱流束一様	$40 < Re_d < 10^5$ $1 < Pr < 300$	物性値はすべて平均表面温度における値を用いる

2章 対流伝熱

球のまわりの流れ		○ $Nu_m = 2 + 0.55 Re_d^{0.5} Pr^{1/3}$ ○ $Nu_m = 2 + 0.34 Re_d^{0.566} Pr^{1/3}$	球面温度一様	$10 < Re_d < 1.8 \times 10^3$ $1.8 \times 10^3 < Re_d < 1.5 \times 10^5$ $Re_d = (u_m \cdot D)/\nu$
垂直平板に沿う流れ	自然対流熱伝達 層流	● $Nu_x = 0.478 (Gr_x Pr)^{1/4} \left(\dfrac{Pr}{0.861 + Pr}\right)^{1/4}$ ○ $Nu_m = 0.59 (Gr_x Pr)^{1/4}$ ● $Nu_x = 0.546 (Gr_x Pr)^{1/4} \left(\dfrac{Pr}{0.800 + Pr}\right)^{1/4}$	壁温一様	$10^4 < Gr \cdot Pr < 10^9$ 物性値はすべて膜温度における値を用いる
	乱流	● $Nu_x = 0.030 \, 2 \, Gr_x^{2/5} \dfrac{Pr^{7/15}}{(1 + 0.494 \, Pr^{2/3})^{2/5}}$ ● $Nu_m = 0.025 \, 1 \, Gr_x^{2/5} \dfrac{Pr^{7/15}}{(1 + 0.494 \, Pr^{2/3})^{2/5}}$	熱流束一様	平板の下端から乱流になっていると近似した場合 $Pr = 0.72$ (気体) の付近では簡略式を表す。
				平板先端から距離 x までの平均ヌセルト数は、$Nu_m = \dfrac{4}{3} Nu_x$
				壁面の温度分布は、$T_w - T_\infty \propto x^{1/5}$

* 1) 表中の Nu につけた添字 x は距離 x の位置における局所ヌセルト数、添字 m は距離 x までの間の平均ヌセルト数を示す。
2) 各関係式の前の ● は解析的に導かれたもの (あるいはその近似式) を、○ は実験結果から得た実験式を表す。
3) 表中のヌセルト数と熱伝達率 h_x、平均熱伝達率 h_m とは次の関係にある。$Nu_x = \dfrac{h_x \cdot x}{\lambda}$, $Nu_m = \dfrac{h_m \cdot x}{\lambda}$
4) 平板に沿う流れの強制対流層流熱伝達では、Nu_x を表す式の中で距離 x にとって $Re_x^{1/2} \propto x^{1/2}$ の関係が変化する。$Nu \propto Re_x^{1/2}$ となり、$Nu \propto x^{1/2}$ となる。$h_m = \dfrac{1}{x} \int_0^x h_x \, dx$ だから $h_m \propto 2 x^{-(1/2)}$ となり、$Nu_m = 2 Nu_x$, $h_m = 2 h_x$ であり、$h_m = \dfrac{\lambda}{x} Nu_m = 2 \dfrac{\lambda}{x} Nu_x$ より、$h_m = \dfrac{4}{3} h_x$ となる。一方、$h_m = \dfrac{1}{x} \int_0^x h_x \, dx$ であり、$h_x = \dfrac{\lambda}{x} Nu_x$ だから $h_x \propto x^{-(1/2)}$ となる。一方、$h_m = \dfrac{1}{x} \int_0^x h_x \, dx$ であり、$h_x = \dfrac{\lambda}{x} Nu_x$ だから $h_x \propto x^{-(1/2)}$ となる。
5) 垂直平板の自然対流層流熱伝達では、$Nu_x \propto Gr^{1/4} \propto x^{3/4}$, $h_x = \dfrac{\lambda}{x} Nu_x \propto x^{-(1/4)}$ という関係があり、$h_m = \dfrac{1}{x} \int_0^x x^{-(1/4)} \, dx \propto x^{-(1/4)}$ より、$h_m = \dfrac{4}{3} h_x$, $Nu_m = \dfrac{4}{3} Nu_x$ である。

[例題 2.2]

外側が120℃の飽和水蒸気に接している内径5cmの管に，10℃の空気を送入して70℃まで加熱しようとする。管の長さはどれほど必要か。

ただし，管内壁温度は120℃で一定とし，管内の空気の平均流速は10 m/sで一定とする。平均熱伝達率は表2.2のコルバーンの式で与えられるとし，空気の物性値には下記を用いよ。

動粘性係数：1.92×10^{-5} m^2/s
定圧比熱：1.01 kJ/(kg·K)
密度：1.09 kg/m^3
熱伝導率：0.027 2 W/(m·K)

[解答]

熱伝達率 h を与える Nu は Re と Pr の関数であるから，まず Re と Pr を計算する。管内流の場合の Re (Re_d) の計算には管内径を代表長さにとり，

$$Re_d = \frac{u_m D}{\nu} = \frac{10 \text{ m/s} \times 5 \times 10^{-2} \text{m}}{1.92 \times 10^{-5} \text{m}^2/\text{s}} = 2.60 \times 10^4$$

$$Pr = \frac{\nu}{a} = \frac{\nu}{\frac{\lambda}{c_p \rho}} = \frac{1.92 \times 10^{-5} \text{m}^2/\text{s}}{\frac{0.027\,2 \times 10^{-3} (\text{kJ/s})/(\text{m·K})}{1.01 \text{ kJ/(kg·K)} \times 1.09 \text{ kg/m}^3}}$$
$$= 0.777$$

コルバーンの式によれば平均ヌセルト数 Nu_m は，

$$Nu_m = 0.023 Re_d{}^{0.8} Pr^{1/3}$$
$$= 0.023 \times (2.60 \times 10^4)^{0.8} \times 0.777^{1/3}$$
$$= 72.0$$

したがって平均熱伝達率 h_m は，

$$h_m = Nu_m \frac{\lambda}{D} = 72.0 \times \frac{0.027\,2}{5 \times 10^{-2}} = 39.2 \text{ W/(m}^2\text{·K)}$$

空気に単位時間当たりに与えるべき熱量は，

$$Q = \frac{\pi}{4} D^2 u_m \rho c_p (T_{m2} - T_{m1})$$

$$= \frac{\pi}{4}(5\times10^{-2})^2 \text{m}^2 \times 10\text{ m/s} \times 1.09\text{ kg/m}^3 \times 1.01$$
$$\times 10^3 \text{J/(kg·K)} \times (70-10)\text{K}$$
$$= 1.30\times10^3 \text{ W}$$

この熱量が，管の長さ L の間で管内壁から空気に伝達されると考えればよいから，
$$Q = h_\text{m} \Delta T_\text{m} \pi D L$$

ここに，ΔT_m は対数平均温度差であり，
$$\Delta T_\text{m} = \frac{\Delta T_1 - \Delta T_2}{\ln\left(\frac{\Delta T_1}{\Delta T_2}\right)} = \frac{(120-10)-(120-70)}{\ln\left(\frac{120-10}{120-70}\right)} = 76.1 \text{ K}$$

したがって，必要な管の長さは，
$$L = \frac{Q}{h_\text{m} \Delta T_\text{m} \pi D}$$
$$= \frac{1.30\times10^3}{39.2\times76.1\times\pi\times5\times10^{-2}} = 2.77 \text{ m}$$

[例題 2.3]

[例題 2.2] と同じ円管に水を平均流速 0.2 m/s で送入し，10 °C から 70 °C まで加熱する場合には，必要な管の長さはどれほどか。

平均熱伝達率はコルバーンの式より求め，水の物性値には下記を用いよ。

動粘性係数：$3.61\times10^{-7} \text{m}^2/\text{s}$

定圧比熱：4.18 kJ/(kg·K)

密　　度：992 kg/m^3

熱伝導率：0.628 W/(m·K)

[解　答]
$$Re_\text{d} = \frac{u_\text{m} D}{\nu} = \frac{0.2\times5\times10^{-2}}{3.61\times10^{-7}} = 2.77\times10^4$$
$$Pr = \frac{\nu}{a} = \frac{\nu}{\frac{\lambda}{c_p \rho}} = \frac{3.61\times10^{-7}}{\frac{0.628\times10^{-3}}{4.18\times992}} = 2.38$$
$$Nu_\text{m} = 0.023\times(2.77\times10^4)^{0.8}\times(2.38)^{1/3} = 110$$

$$h_m = Nu_m \frac{\lambda}{D} = 110 \times \frac{0.628}{5 \times 10^{-2}} = 1.38 \times 10^3 \text{ W/(m}^2\cdot\text{K)}$$

$$Q = \frac{\pi}{4} \times (5 \times 10^{-2})^2 \times 0.2 \times 992 \times 4.18 \times 10^3 \times (70-10)$$

$$= 9.77 \times 10^4 \text{ W}$$

$$L = \frac{Q}{h_m \Delta T_m \pi D}$$

$$= \frac{9.77 \times 10^4}{1.38 \times 10^3 \times 76.1 \times \pi \times 5 \times 10^{-2}} = 5.92 \text{ m}$$

注) [例題 2.2]と[例題 2.3]のそれぞれの h_m の値を比較すると，管内流が水の場合には空気に比べて非常に大きな値となることがわかる。例題においては，両者の Re_d はほぼ同じであるから，水の場合に h_m が大きいのは空気に比べて Pr および λ が大きいためである。また，もし管内の平均流速が同じであるとすると，水の ν は空気に比べて小さいために Re_d の値が大きくなり，h_m はさらに大きな値となる。

2.5 相変化を伴う熱伝達

前節までに述べた熱伝達では，伝熱過程の中で，液体 ⇄ 気体 といったような相変化が起こらない場合であったが，相変化を伴う場合には伝熱の現象がだいぶ異なったものとなる。蒸発器やボイラの水管内では熱の移動と同時に蒸発や沸騰が起こっており，各種の凝縮器では凝縮を伴った伝熱現象が起こっている。

本節では相変化を伴う熱伝達として沸騰および凝縮熱伝達について述べるが，詳細な熱伝達の機構や熱伝達率を与える関係式などは他の専門書にゆずり，ここではそれぞれの現象の概略を述べるにとどめる。

2.5.1 沸騰熱伝達

液体を加熱していくとまず液の表面から蒸気が発生しはじめ，次第に液体の温度が上昇して飽和温度以上になると，やがて液の内部で蒸発が起きるようになる。これが沸騰であり，一般には加熱している面の上で蒸気の気泡が発生する。このように液体を加熱していき，沸騰が起こるような場合，加熱面と液との間の温度差に対して伝達される熱流束の値は**図 2.6** のようなものとなる。図 2.6 は，大気圧のもとで，水中に張った白金線に電流を通じてジュール加熱

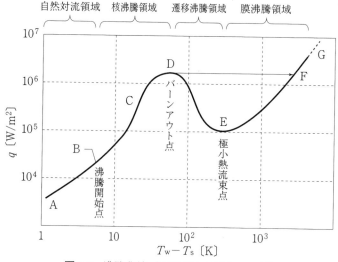

図 2.6　沸騰曲線（液体が水の場合の一例）

し，白金線の温度と水の飽和温度の差 $T_w - T_s$ と，白金線表面から水に伝達される熱流束 q との関係を測定した結果である．この図のように，沸騰を伴う熱伝達の特性を表したものを一般に沸騰曲線とよんでおり，細線以外の形状の加熱面や水以外の液体の場合にも同様な特性が観察される．

　図 2.6 において，伝熱面の温度を上げていくと，伝熱面温度が水の飽和温度よりある程度高くなるまでは相変化のない，自然対流熱伝達が支配的であり，これが図の A-B 領域である．それよりも伝熱面過熱度（伝熱面温度と液体の飽和温度との差）が高くなると伝熱面表面で沸騰が開始して蒸気の気泡が発生しはじめ，過熱度を増すにつれて発生する気泡の数が増大していく（B-C-D 領域）．このように個々の沸騰気泡が分離して発生する状態を核沸騰といい，核沸騰領域では過熱度とともに熱流束の値は急激に増大し，ついには D の極大熱流束点に達する．さらに過熱度を上昇させようと加熱電流を増すと，伝熱面温度が急激に上昇し，突然 F 点に移行する．一般に F 点の温度は非常に高く，金属の融点以上であることが多いので，しばしば加熱体が融解する．したがって，D 点のことをバーンアウト（burn out）点，そして F 点に移行する直前の極大熱流束をバーンアウト熱流束という．もし，高温の F 点でも加熱体が融解しなければ，もはや加熱体の表面に気泡が分離して発生する現象は見

られず，表面を極めて薄くかつ安定な蒸気の膜が覆い，蒸気膜内を通過した熱により，加熱体表面から離れた気液界面で蒸発が生じる．このような沸騰現象を膜沸騰という．さらに過熱度を上げることができれば，このまま膜沸騰の形態で熱流束は増大していく（F-G領域）．一方，逆にG点より伝熱面温度を下げて過熱度を下降させると，今度はF点を過ぎても膜沸騰の状態が続き，Eの極小熱流束点に到達する．図中のD-E領域では伝熱面上の不安定な分断蒸気膜が大きな気泡となって離脱した後に液体が置き換わり，再び急激に蒸気膜が発生するといった現象が繰り返され，核沸騰と膜沸騰の間の遷移沸騰領域といわれる．

B-C-Dの核沸騰領域においては，蒸気よりも熱伝導率の大きな液体が伝熱面に接して存在すること，および，形成された気泡が伝熱面を離脱する際に局所的な流動を生じるために伝熱面近傍の温度勾配がきわめて大きくなることにより，非常に大きな熱伝達率が得られる．核沸騰領域の熱伝達は沸騰気泡の挙動に強く影響されるので，伝熱面の形状や表面状態などのいろいろな条件によって複雑に変化するが，通常の伝熱面上の核沸騰では，熱流束 q，熱伝達率 h_b は大略として次のような関係に近くなることが多い．

$$\left.\begin{array}{l} q \propto (T_w - T_s)^n \\ h_b \propto (T_w - T_s)^{n-1} \\ n = 3 \sim 4 \end{array}\right\} \quad (2.19)$$

また，大気圧下の水の場合にはバーンアウト点付近における熱伝達率の最大値として約 60 kW/(m²·K) 程度の値が得られている．

核沸騰領域の始めのうち，過熱度の増大とともに熱伝達率が増加するのは，伝熱面上に発生する気泡の数の増加によるものであるが，ある程度以上に気泡の数が増えると，面から離脱した直後に気泡同士が合体して大きな蒸気塊を生じ，これが液の局所的な流動を妨げるために熱伝達率は低下するようになる．このような合体気泡のために液体が伝熱面表面まで侵入することが抑制されるようになると，伝熱面の過熱度は急激に上昇し，表面が蒸気に覆われ膜沸騰に移行する．膜沸騰においては，伝熱面を覆う蒸気膜が大きな伝熱抵抗となるため，熱伝達率は小さく，大気圧下の水の場合には約 1 kW/(m²·K) 程度の値になる．

なお，比較的大きな容器中の液体を加熱する場合のように，液体に生じる流れが自然対流である場合の沸騰をプール沸騰とよぶ。これに対し，ポンプなどによって，液体が伝熱面に沿って強制的に流されている場合に生じる沸騰を強制対流沸騰という。また，液体の温度が飽和温度に達している場合に起こる沸騰を飽和沸騰，これに対して飽和温度以下である場合をサブクール沸騰という。この場合，液体の飽和温度と実際の液体温度の差をサブクール度という。サブクール沸騰においては，加熱面上で沸騰気泡が発生しても周囲の液体の温度が低いため，気泡は十分に成長せず，液体中を浮上する途中で凝縮し消滅することが多い。

　沸騰熱伝達については多くの研究者によって研究がなされてきており，さまざまな条件下における実験結果をもとに，熱伝達率を与える関係式が多数提出されている。それらについては専門的になるので，ここでは言及しないが，必要があれば，本編末尾に掲げた参考文献などを参照されたい。

2.5.2 凝縮熱伝達

　蒸気がその飽和温度以下の低温冷却面に接触すると，その面上に凝縮する。冷却面が水平でなければ，凝縮した液は重力によって冷却面に沿って流下することになるが，その際に2つの伝熱形態に分類することができる。1つは凝縮した液が冷却面をよく濡らしている場合であり，凝縮液は冷却面上に膜状に広がって流れ落ち，蒸気は引き続きその液膜上に凝縮する。このような形態を膜状凝縮という。もう1つは冷却面が濡れにくい場合で，凝縮液は膜状に広がらずに，表面張力の作用で多数の液滴となって凝縮する。液滴は引き続く凝縮で成長したり，あるいはいくつかの液滴が合体して大きくなり，ある大きさになると重力によって流れ落ちる。このような形態を滴状凝縮という（図2.7）。

　熱伝達率の面からこの2つの凝縮形態を比較すると，滴状凝縮は膜状凝縮よりもかなり熱伝達率が大きく，大略で約6倍程度の大きさであるといわれている。滴状凝縮では液滴が流れ落ちる際に冷却面をぬぐい去り，冷却面を蒸気に露出させる。あるいは微小液滴が合体するときに液滴の近くに冷却面が露出する。いずれにしても，蒸気に露出された面あるいは液膜が非常に薄い部分の熱伝達は，液膜がある厚みをもった部分よりも大きいので，そのために滴状凝

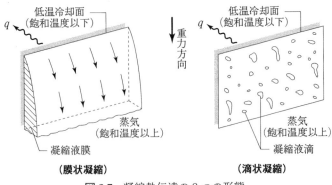

図 2.7 凝縮熱伝達の 2 つの形態

縮の場合に熱伝達率が大きくなるものと考えられている。

　凝縮熱伝達における熱伝達率については，膜状凝縮の場合に，解析的にまた実験的にかなり明らかにされてきている。しかし，滴状凝縮の現象は非常に複雑であり，熱伝達率の大きな伝熱過程であるにもかかわらず，まだ十分に研究されてはおらず，未解明の部分が多い。

3章
放射伝熱

[記号表]

A	表面積	$[m^2]$
	(物体1, 2については, A_1, A_2)	
C_1	プランクの第1定数	$[W \cdot m^4/m^2]$
C_2	プランクの第2定数	$[m \cdot K]$
C_3	ウィーンの変位則における定数	$[m \cdot K]$
E	全放射(射出)能	$[W/m^2]$
E_b	黒体の全放射(射出)能	$[W/m^2]$
E_λ	単色放射(射出)能	$[(W/m^2)/m]$
	(物体1, 2については, $E_{1\lambda}$, $E_{2\lambda}$)	
$E_{b\lambda}$	黒体の単色放射(射出)能	$[(W/m^2)/m]$
F_{12}	物体1の面を基準にして, 物体2を見た形態係数	$[-]$
F_{21}	物体2の面を基準にして, 物体1を見た形態係数	$[-]$
I_λ	単位表面積当たりに入射する単色放射エネルギー	$[W/m^2]$
L_e	気体塊の相当厚さ	$[m]$
i_b	黒体の放射強度	$[(W/m^2)/sr]$
Q_{12}	物体1の全表面から物体2の全表面への放射エネルギー(正味に移動する熱量)	$[W]$
	(物体2から1へは Q_{21})	

Q_1'	物体1の全表面から発する放射エネルギー (物体2については Q_2')	〔W〕
Q_1''	物体1の全表面に入射する放射エネルギー (物体2については Q_2'')	〔W〕
T	温度 (物体1, 2については T_1, T_2)	〔K〕
T_g	気体塊の温度	〔K〕
p_g	気体の分圧	〔Pa〕
s	2つの表面間の距離	〔m〕
α	全吸収率	〔-〕
α_λ	単色吸収率 (物体1, 2については $\alpha_{1\lambda}$, $\alpha_{2\lambda}$)	〔-〕
α_g	気体塊の吸収率	〔-〕
ε	全放射(射出)率 (物体1, 2については ε_1, ε_2)	〔-〕
ε_λ	単色放射(射出)率 (物体1, 2については $\varepsilon_{1\lambda}$, $\varepsilon_{2\lambda}$)	〔-〕
ε_g	気体塊の全放射(射出)率	〔-〕
λ	波長	〔m〕
λ_{max}	ある温度において $E_{b\lambda}$ が極大となる波長	〔m〕
ρ	反射率 (物体1, 2については ρ_1, ρ_2)	〔-〕
σ	ステファン・ボルツマン定数	〔W/(m²・K⁴)〕
τ	透過率	〔-〕
ϕ_1, ϕ_2	面1, 2を結ぶ線分とそれぞれの面の法線との角度	〔rad〕

放射伝熱は，序章で述べたように空間を隔てて物体間に熱が伝わる伝熱機構であり，物体間に熱を伝える媒質が存在しなくても熱が伝わる（真空中でも伝わる）という点で，伝導伝熱，対流伝熱とは本質的に異なる伝熱形態である。すなわち，ある物体から発せられた熱放射線が他の物体に吸収され，熱エネルギーに変換されるという機構で熱が移動する。加熱炉内やボイラ燃焼室内などのように，高い温度で熱が移動しているような場合には，対流熱伝達のみならず放射伝熱による移動熱量もかなり大きい。また，各種の熱設備の外壁からの放散熱や太陽エネルギーの利用などにおいても放射伝熱が重要な要素になっている。このように，熱エネルギーに関するいろいろな分野において，放射伝熱は非常に重要な現象である。

熱放射は水蒸気や炭酸ガスなどの気体においても見られる現象であるが，実用上は固体物体間での放射伝熱が問題になることが多く，本章では固体の熱放射に多くの紙幅を割き，気体の熱放射については概要を述べるにとどめることにする。

3.1 熱放射の基本法則

3.1.1 熱放射，黒体放射

一般に放射とは物体が電磁波としてエネルギーを放出する現象であり，電磁波にはガンマ線，X線，紫外線，可視光線，赤外線，電波など，波長によってその性質や作用が異なるさまざまなものがある。放射のうち，電磁波の放射や吸収が物体内部の原子や分子などの熱運動（内部エネルギー）に関係するものを特に熱放射という。熱放射によるエネルギーは物体の温度によって支配され，絶対零度でないあらゆる物体から熱放射エネルギーが発せられている（このような意味から熱放射をより正確に温度放射とよぶこともある）。熱放射で主に問題になるのは，可視光から赤外領域にかけての $0.3 \sim 10 \mu m$ 程度の波長である（可視光線の波長は約 $0.38 \sim 0.76 \mu m$）。

物体の温度が低いうちは比較的長い波長の熱放射線が発せられており，これは肉眼には見えないが，その物体のそばに手を近づければ暖かさを感じてこれ

を感覚することができる。温度が上昇するにつれて次第に短い波長の熱放射線が発せられ，発熱している様子が肉眼で観察されるようになる。初めは暗赤色を呈しているが温度が上昇するにつれて，白色を帯びるようになり，いわゆる白熱状態となる。このように，物体から発せられる熱放射線の強さや波長はその温度に依存して変化するが，物体表面の性状にも影響される。

一般に，物体に熱放射線があたると，その一部は吸収され一部は反射され，残りは透過する。その割合をそれぞれ α, ρ, τ とすると，

$$\alpha + \rho + \tau = 1 \tag{3.1}$$

であり，α を吸収率，ρ を反射率，τ を透過率とよぶ。工業的に使用されている材料では τ がゼロであるものが多い。気体は一般に α および ρ が非常に小さく，τ が1に近い。いま，熱放射を考える上での理想的な物質として $\rho = \tau = 0$，$\alpha = 1$，すなわち到達してきた熱放射線を全波長にわたってすべて完全に吸収し，反射も透過もしない物質を想定し，これを黒体という。黒体から発せられる熱放射を黒体放射とよぶが，これはいろいろな物体からの熱放射を考える場合の基本となり，与えられた温度におけるあらゆる物体からの熱放射のうち，黒体からの熱放射エネルギーが最大である。

完全に黒体の性質を備えた物質は実在しないが，黒体に近いものとしては油煙（ランプブラック）や白金ブラックなどがある。また，物質そのものは黒体でなくても，図 3.1 のように内部の空間に比べて非常に小さな開口部をもった

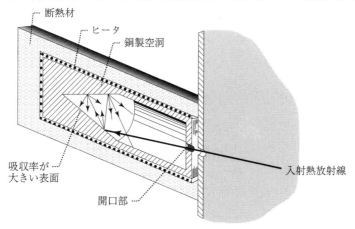

図 3.1　黒体空洞（黒体炉）

空洞は黒体とみなすことができる。すなわち，開口部から入射した熱放射線は空洞内壁で一部吸収と一部反射が繰り返され，当初に入射した熱放射エネルギーのうち，再び開口部から外部に射出される割合はきわめて小さく，入射した熱放射エネルギーはほとんどすべて空洞で吸収されることになる。後述するように，完全な吸収体は，また，完全な放射体であるから（$\alpha=\varepsilon=1$），この空洞自身の温度を上昇させて熱放射エネルギーを発生させると，空洞の開口部から射出される熱放射は，その空洞温度における黒体放射とみなせることになる。このような空洞を黒体空洞（あるいは黒体炉）とよび，熱放射強度の値が精確に規定された基準放射熱源として，放射温度計などの校正に広く利用されている。

物体表面からは，いろいろな波長の熱放射線がいろいろな方向に射出されるが，物体の単位表面積から単位時間に射出されるすべての波長，方向にわたっての全エネルギー E を放射能（emissive power）といい（あるいは射出能ともいう），〔W/m²〕のような単位をもつ。放射能のうち，波長が $\lambda \sim \lambda+\mathrm{d}\lambda$ の範囲にあるものを $E_\lambda \mathrm{d}\lambda$ と表し，E_λ は単色放射（射出）能（spectral emissive power）という。E_λ と明確に区別するために E を全放射（射出）能（total emissive power）と呼ぶことが多い。E と E_λ の間には，

$$E = \int_0^\infty E_\lambda \, \mathrm{d}\lambda \tag{3.2}$$

の関係がある。

温度 T〔K〕の黒体の単色放射（射出）能 $E_{b\lambda}$ はプランク（Planck）により統計力学的に導かれ，次式で与えられる（プランクの法則）。

$$\left. \begin{array}{l} E_{b\lambda} = \dfrac{C_1}{\lambda^5 (e^{C_2/\lambda T}-1)} \\[4pt] C_1 = 3.74 \times 10^{-16} \text{ W·m}^4/\text{m}^2 \\[4pt] C_2 = 1.44 \times 10^{-2} \text{ m·K} \end{array} \right\} \tag{3.3}$$

ここに，C_1, C_2 はそれぞれプランクの第1，2定数とよばれる。$E_{b\lambda}$ の単位〔(W/m²)/m〕は，波長の単位を〔m〕として，微小波長範囲当たりの放射能を意味している。式 (3.3) により，いろいろな温度における黒体の単色放射能 $E_{b\lambda}$ の波長に対する分布を示すと**図 3.2** のようになる。図 3.2 を見る

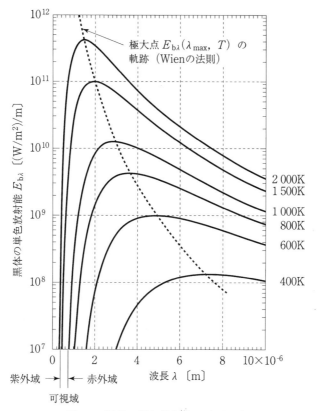

図 3.2 黒体の単色放射能の波長分布

と,プランクの法則における以下の重要な 2 つの点が理解できる。

① 温度の上昇につれて熱放射のエネルギーが指数関数的に大きくなる。

② 単色放射能の極大値を与える波長が次第に短い波長に移る。

②の性質は,とくにウィーンの変位則(Wien's displacement law)とよばれ,ある温度の黒体において $E_{b\lambda}$ の極大値を与える波長 λ_{max} は,式 (3.3) を波長 λ について微分し,左辺をゼロと置くことによって得られ,次式で表される。

$$\left.\begin{array}{r} \lambda_{max} T = C_3 \\ C_3 = 2.90 \times 10^{-3} \mathrm{m \cdot K} \end{array}\right\} \quad (3.4)$$

式 (3.3) を式 (3.2) に代入し,波長 λ について積分すると,次式のよう

に，温度 T 〔K〕における黒体表面の単位面積から単位時間に射出される全波長，方向にわたっての放射エネルギー（全放射能）E_b が得られる。

$$E_b = \int_0^\infty E_{b\lambda} d\lambda = \sigma T^4$$
$$\sigma = 5.67 \times 10^{-8} \text{ W/(m}^2 \cdot \text{K}^4)$$
(3.5)

すなわち，黒体表面からの全放射能 E_b は温度だけによって決定され，その絶対温度の4乗に比例することがわかる。上式 (3.5) はステファン・ボルツマン (Stefan-Boltzmann) の法則といわれる重要な式であり，比例定数 σ はステファン・ボルツマン定数とよばれる[注1]。

[例題 3.1]

> ある黒体からの単色放射エネルギー流束が可視光の中心波長（0.5 μm とする）において極大値をもつとすると，この黒体の温度は何 K か？

【解 答】

ウィーンの変位則より，

$$\lambda_{max} T = C_3 = 2.90 \times 10^{-3} \text{ m} \cdot \text{K}$$

したがって，$\lambda_{max} = 0.5 \mu\text{m} = 0.5 \times 10^{-6}$ m の場合には，

注1) 式 (3.3) を波長 λ について積分すると，最終的には

$$E_b = \int_0^\infty E_{b\lambda} d\lambda = \frac{C_1 \pi^4}{15 C_2^4} T^4$$

となるので，ステファン・ボルツマンの法則

$$E_b = \sigma T^4$$

における定数 σ はプランクの第1，2定数から計算される。
　プランクの定数，ウィーンの変位則の定数，ステファン・ボルツマン定数について，より詳しい値は以下のとおりである。

$C_1 = 3.7413 \times 10^{-16}$ W·m⁴/m²
$C_2 = 1.4388 \times 10^{-2}$ m·K
$C_3 = 2.8978 \times 10^{-3}$ m·K
$\sigma = 5.6696 \times 10^{-8}$ W/(m²·K⁴)

$$T = \frac{C_3}{\lambda_{\max}} = \frac{2.90 \times 10^{-3}}{0.5 \times 10^{-6}} = 5\,800 \text{ K}$$

(これは，太陽表面における熱放射強度を決定づける温度 5 780 K に近い値になっている)．

[例題 3.2]

> 一辺の長さが 10 cm の電熱ヒータ板の両面からそれぞれ 100 W の熱放射エネルギーが発している．このヒータ板が黒体とすると，その温度は何 K か？

【解 答】

ステファン・ボルツマンの法則より，

$$E_b = \sigma T^4$$
$$Q = E_b A = \sigma T^4 A$$
$$\begin{aligned}T &= \left(\frac{Q}{\sigma A}\right)^{\frac{1}{4}} \\ &= \left\{\frac{100 \text{ W}}{5.67 \times 10^{-8} \text{ W/(m}^2\cdot\text{K}^4) \times 0.1^2 \text{m}^2}\right\}^{\frac{1}{4}} \\ &= \left(\frac{100}{5.67 \times 0.1^2}\right)^{\frac{1}{4}} \times 10^2 \text{ K} \\ &= 648 \text{ K}\end{aligned}$$

3.1.2 放射率，灰色体

一般の物体からの熱放射は黒体放射とは様子が異なり，単色放射能の値やその波長分布は図 3.2 とは異なったものとなる．そこで一般の物体の熱放射を取り扱いやすくするために，黒体放射を基準として，物体からの放射能をその物体と同じ温度の黒体の放射能に対する割合で表すことにする．すなわち，物体表面からの単色放射能 E_λ，放射能 E を次式のように表す．

$$E_\lambda = \varepsilon_\lambda E_{b\lambda} \tag{3.6}$$

$$E = \varepsilon E_b = \varepsilon \sigma T^4 \tag{3.7}$$

ここに，ε_λ はその物体の単色放射（射出）率，ε は全放射（射出）率（ある

いは単に放射率）とよばれ，物体の表面温度および表面の物質，性状によって決まる値である。黒体の全放射能 E_b は式 (3.5) にて計算されるから，物体の放射率 ε を知れば，式 (3.7) によりその物体の任意の温度における全放射能 E を容易に求めることができることになる。しかしながら，前述のように，一般の物体の単色放射能の波長分布は黒体の場合とは異なり，ε_λ の値は波長および温度に依存して変化するため，全放射率 ε は必ずしも一定ではない。また，黒体放射では，表面から射出される熱放射線の強さはあらゆる方向に一定であるが（このような性質を有するものを乱射面という），一般の物体では指向性があり，射出する方向によって熱放射線の強さが変化する。そこで，ε_λ が全波長にわたって一定であり，ε の値が温度によっても変化せず，乱射面の性質を有する物体を想定し，これを灰色体とよぶ。灰色体からの単色放射能の分布は図 3.2 の黒体放射と相似で，ただ黒体放射の場合よりも一定の割合（ε）だけ小さい値ということになる。

このように，一般の物体を灰色体として取り扱うことができれば，式 (3.7) によって全放射能を簡単に計算できることになる。酸化金属表面や非鉄金属表面などは灰色体とみなせる性質をもつものが多い。また，その他の一般の物体でも，問題となる表面温度の範囲内の放射率の平均値を用いるなどして，近似的に灰色体として扱うことがよくなされている。すなわち，灰色体とは，一般の物体の熱放射を実用的に取り扱いやすくするために便宜的に考え出されたものである。参考までに，**表 3.1** にいろいろな物質の放射率の値を示す。

3.1.3 熱放射の吸収，キルヒホッフの法則

物体に入射する熱放射線のうち反射や透過するもの以外は物体に吸収される。入射する熱放射エネルギーに対して吸収するエネルギーの割合を吸収率といい，a で表す。とくに入射エネルギーのうち波長が $\lambda \sim \lambda + d\lambda$ の範囲のものについての吸収率を単色吸収率 a_λ という。黒体はすべての波長の熱放射線を吸収するから $a = a_\lambda = 1$ であり，一般の物体では $a < 1$ である。

次に，物体の放射率と吸収率の関係を考えてみよう。いま，内面がある温度で一様な空洞（内部は真空）を考える。空洞内部は内面から放射される熱放射線が内面で一部反射されながら充満している。この空洞内に空洞内面と同じ温

表 3.1　代表的な物質表面の放射率 ε

物質表面			放射率 ε	温度 〔℃〕
金属	アルミニウム	普通研磨面 粗面 600℃で酸化した面	0.040 0.055 0.11～0.19	23 25.5 200～378
	銅	普通研磨面 600℃で酸化した面	0.052 0.57	100 200～600
	鋼	研磨面 鋼板，平滑面 600℃で酸化した面	0.066 0.55～0.60 0.79	100 900～1040 198～600
	白金	線（ワイヤ）	0.073～0.182	227～1380
	タングステン	フィラメント（長時間使用）	0.032～0.35	26.7～3320
その他物質	コンクリート		0.94	常温
	塗料		0.7～0.9	常温
	ランプブラック，白金ブラック		0.97	常温～1650
	耐火れんが		0.4～0.7	1000℃付近
	水		0.96	常温
	氷		0.97	0

度で，全表面積が A_1 である物体 1 を入れる。ただし，物体は空洞内の熱放射の状態が変わらない程度に十分小さいとする。このとき，空洞内部は熱的平衡状態にあるから，物体 1 に到達して吸収される放射エネルギーと物体 1 が放出する放射エネルギーは等しくなる（**図 3.3**）。

物体 1 から発する，波長範囲が $\lambda \sim \lambda + d\lambda$ の単色放射能を $E_{1\lambda}$ とすると，物体 1 の全表面から発するこの波長範囲の放射エネルギーは，

$$E_{1\lambda} A_1 \tag{a}$$

である。物体の単位表面積当たりに入射する $\lambda \sim \lambda + d\lambda$ の範囲の放射エネルギーを I_λ，物体 1 のこの波長域での吸収率を $\alpha_{1\lambda}$ とすれば，物体 1 に吸収される放射エネルギーは，

$$\alpha_{1\lambda} I_\lambda A_1 \tag{b}$$

となり，熱平衡状態にあるから，(a)，(b) を等置することにより，

$$E_{1\lambda} = \alpha_{1\lambda} I_\lambda \tag{c}$$

となる。物体 1 を，吸収率が $\alpha_{2\lambda}$ の物体 2 に取り替えれば，同様にして，

$$E_{2\lambda} = \alpha_{2\lambda} I_\lambda \tag{d}$$

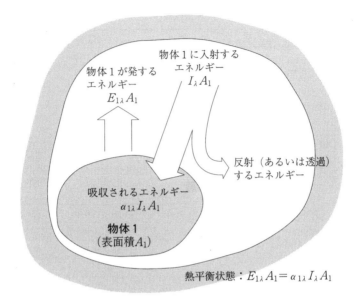

図 3.3 空洞内の物体の放射と吸収

であり，さらに黒体に取り替えれば，黒体の吸収率は1であるから，

$$E_{b\lambda} = I_\lambda \tag{e}$$

となり，式 (c)，(d)，(e) より，次式が得られる．

$$\frac{E_{1\lambda}}{\alpha_{1\lambda}} = \frac{E_{2\lambda}}{\alpha_{2\lambda}} = E_{b\lambda} \tag{3.8}$$

すなわち，いずれの物体においても，それが発する放射エネルギーとその物体の吸収率の比は一定であり，黒体の放射エネルギーに等しい．一方，式 (3.6) より，

$$\frac{E_{1\lambda}}{\varepsilon_{1\lambda}} = \frac{E_{2\lambda}}{\varepsilon_{2\lambda}} = E_{b\lambda} \tag{3.9}$$

であるから，結局，

$$\varepsilon_{1\lambda} = \alpha_{1\lambda}, \quad \varepsilon_{2\lambda} = \alpha_{2\lambda} \tag{3.10}$$

となり，いかなる物体においてもその単色放射率と単色吸収率は同じ値であるという重要な性質が導かれる．これをキルヒホッフ (Kirchhoff) の法則という．物体が灰色体とみなせる場合には，ε_λ は波長によらず ε で一定であるから，

$$\varepsilon = \alpha \tag{3.11}$$

となる。

3.2 物体間の放射伝熱量

3.2.1 黒体表面間の放射伝熱

物体間の放射による伝熱量を計算するための基礎として、まず、2つの黒体表面間の放射による伝熱量を考えてみる。

図 3.4 のように、温度が T_1 〔K〕、面積が A_1 〔m²〕の黒体表面 1 上の微小面積要素 dA_1 と、温度、面積がそれぞれ T_2 〔K〕、A_2 〔m²〕の黒体表面 2 上の微小面積要素 dA_2 の間の放射伝熱量を考える。dA_1 と dA_2 を結ぶ線分の距離を s とし、dA_1 および dA_2 における法線と s との角度をそれぞれ ϕ_1, ϕ_2 とする。また、2つの黒体表面間の空間における熱放射エネルギーの吸収は無視できるとする。すると、dA_1 表面からあらゆる方向に射出された全放射エネルギー ($E_{b1}dA_1 = \sigma T_1^4 dA_1$) のうち、$dA_2$ に入射するエネルギー dQ_1 は、

$$dQ_1 = \frac{\sigma T_1^4 \cos\phi_1 \cos\phi_2 \, dA_1 \, dA_2}{\pi s^2} \tag{3.12}$$

と表され[注1]、一方、dA_2 から dA_1 に入射する熱放射エネルギー dQ_2 は、

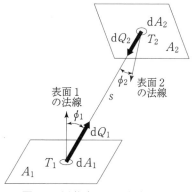

図 3.4　黒体表面間の放射伝熱

$$dQ_2 = \frac{\sigma T_2^4 \cos\phi_1 \cos\phi_2 \, dA_1 \, dA_2}{\pi s^2} \tag{3.13}$$

と表される．2つの表面はともに黒体であるから，表面に入射したエネルギー dQ_1，dQ_2 はそれぞれ dA_1，dA_2 において完全に吸収される．したがって，dA_1 から dA_2 への正味の伝熱量 dQ_{12} は dQ_1 と dQ_2 の差であるから，

$$\begin{aligned}dQ_{12} &= dQ_1 - dQ_2 \\ &= \sigma(T_1^4 - T_2^4)\frac{\cos\phi_1 \cos\phi_2 \, dA_1 \, dA_2}{\pi s^2}\end{aligned} \tag{3.14}$$

が得られ，これが黒体2面間の放射伝熱の基礎式である．

黒体1の全表面から黒体2の全表面への放射伝熱量 Q_{12} は，式 (3.14) を dA_1 および dA_2 について2重積分することによって得られ，

$$\left. \begin{aligned} Q_{12} &= \sigma(T_1^4 - T_2^4) A_1 F_{12} \\ F_{12} &= \frac{1}{A_1} \int_{A_1}\int_{A_2} \frac{\cos\phi_1 \cos\phi_2}{\pi s^2} \, dA_1 \, dA_2 \end{aligned} \right\} \tag{3.15}$$

のように表される．また，A_2 面を基準にして次式のように記述することもできる．

$$Q_{12} = \sigma(T_1^4 - T_2^4) A_2 F_{21} \tag{3.16}$$

ここに，F_{12}，F_{21} は2つの面の間の相対的な幾何学的関係だけから決定されるものであり，形態係数とよばれる．F_{12} は A_1 面を基準にして A_2 面を見た場合の形態係数，F_{21} はその逆であり，

$$A_1 F_{12} = A_2 F_{21} \tag{3.17}$$

という関係がある．いまかりに，$T_2 = 0\,\mathrm{K}$，すなわち A_2 面からの熱放射がゼロとすると，式 (3.15) より，

$$F_{12} = \frac{Q_{12}}{\sigma T_1^4 A_1} \tag{3.18}$$

となり，表面1を基準にして表面2を見た場合の形態係数 F_{12} とは，A_1 面からあらゆる方向に射出される全放射エネルギー（$\sigma T_1^4 A_1$）のうち，A_2 面に入射する割合を意味している．

表3.2 に，放射伝熱における代表的な面の組合せにおける形態係数をまとめておく．

表3.2 代表的な面の組合せにおける形態係数

	面 の 組 合 せ	形 態 係 数
I	広い平行平面 (一方から射出された放射エネルギーはすべて他方に入射する)	$F_{12}=F_{21}=1$
II	表面に凹部のない物体1が物体2の内面に完全に囲まれている (1から放出された放射エネルギーはすべて2に入射する。式(3.17)より, $F_{21}=\dfrac{A_1}{A_2}F_{12}=\dfrac{A_1}{A_2}$)	$F_{12}=1$ $F_{21}=\dfrac{A_1}{A_2}$
III	円管2の内側に同心の円柱(あるいは円管)1がある (上欄IIと同じ)	$F_{12}=1$ $F_{21}=\dfrac{A_1}{A_2}$ (2つの表面間の間隙が小さければ, $(A_1 \fallingdotseq A_2)$ $F_{12}=F_{21}=1$)

注1) 式 (3.12) は以下のように導出される。ある黒体面から,与えられた方向の単位射影面積,単位立体角,単位時間当たりに射出される熱放射エネルギー(これを放射強度 (radiant intensity) とよぶ)を i_b とすると,黒体表面の単位面積から単位時間にあらゆる方向に射出される全放射エネルギー E_b は,i_b を黒体表面の上方の全立体角にわたって積分したものであり,

$$E_b = \int i_b \cos\phi \, d\omega$$

と表される。球座標系 (ϕ, φ) における立体角の定義 $d\omega = \sin\phi \, d\phi \, d\varphi$ より,

$$E_b = \iint i_b \cos\phi \sin\phi \, d\phi \, d\varphi$$

となる。黒体の場合には,i_b は射出する方向に依存しないから(どの射出方向へも放射強度は一定だから)

$$E_b = i_b \int_0^{2\pi} d\varphi \int_0^{\pi/2} \cos\phi \sin\phi \, d\phi = i_b \pi$$

となる。

dA_1 の位置から dA_2 をのぞむ立体角 $d\omega_1$ 内に単位時間当たりに射出されるエネルギー(これが dA_2 に入射するエネルギーである)dQ_1 は

$$dQ_1 = i_{b1} \, dA_1 \cos\phi_1 \, d\omega_1$$

となる。上述のように

$$i_{b1} = \frac{E_{b1}}{\pi} = \frac{\sigma T_1^4}{\pi}$$

であり，立体角の定義より $d\omega_1 = dA_2 \cos\phi_2/s^2$ であるから，

$$dQ_1 = \frac{\sigma T_1^4}{\pi} dA_1 \cos\phi_1 \frac{dA_2 \cos\phi_2}{s^2} = \frac{\sigma T_1^4 \cos\phi_1 \cos\phi_2 \, dA_1 \, dA_2}{\pi s^2}$$

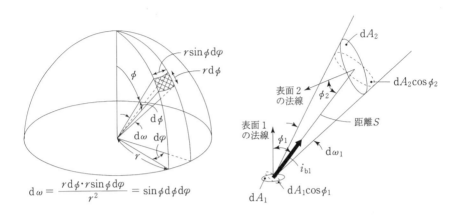

$$d\omega = \frac{r d\phi \cdot r \sin\phi \, d\varphi}{r^2} = \sin\phi \, d\phi \, d\varphi$$

3.2.2　2つの灰色体表面間の放射伝熱

　前項で導かれた黒体表面間の放射伝熱を記述する式をもとに，灰色体表面間の放射伝熱を考えてみる。黒体の場合には，その表面に入射する放射エネルギーはすべて完全に吸収されるため（$\alpha=1$），自己の射出する放射エネルギーと他の表面から入射する放射エネルギーを単純に差し引くことによって放射伝熱量が計算できた。しかし，黒体以外の一般の物体では，その表面から熱放射エネルギーを射出するだけでなく，他の表面から入射する放射エネルギーの一部を吸収し一部を反射する。つまり，物体の表面からは，それ自身の熱放射エネルギーだけでなく，他の表面から入射した放射エネルギーのうち反射されたものも射出されていることになり，他の面にはこれらの放射エネルギーの和に形態係数を乗じたものが入射されることになる。このように，一般の物体間の放射伝熱の計算は黒体の場合よりも複雑になるが，ある灰色体の表面から発せられる放射エネルギーのうち，他の灰色体の表面に入射する割合（形態係数）は前項で述べたものとまったく同じであることを銘記しておく必要がある（灰色体表面からの熱放射は指向性をもたず，黒体表面と同様に乱射面の性質を有すると定義されているから）。

多数の物体表面間の放射伝熱は大変複雑な計算になるため，以下の条件を満たすような2つの物体表面の組合せに限定して，その間の放射伝熱量を計算する式を導くことにする．

(1) 物体1，2は灰色体とみなせる．
(2) 物体1，2の表面はそれぞれ一様な温度である．
(3) 物体1表面には凹部がない．すなわち，物体1から射出されるエネルギーのうち，直接に（表面2からの反射を経由せずに）物体1自身に入射するエネルギーはない．
(4) 放射伝熱は物体1と2の間だけで行われ，その他の外界への放射伝熱はない．
(5) 物体1と2の間の空間における熱放射エネルギーの吸収はない．

すなわち，表3.2のⅠ，Ⅱ，Ⅲのような面の組合せのいずれかであるとする．

いま，図3.5のように，物体2とその内面に完全に囲まれている物体1との間の放射伝熱量を考えてみる．これは表3.2のⅡの場合を例にとっているが，以下に導かれる放射伝熱量の計算式（式(3.19)）はⅠ，Ⅲの場合にもそのまま適用される．

図3.5において，物体1の全表面（温度T_1〔K〕，表面積A_1〔m²〕）から発する放射エネルギーをQ_1'，物体1の全表面に入射する放射エネルギーをQ_1''とし，同様に物体2の全表面（温度T_2〔K〕，表面積A_2〔m²〕）から発するものをQ_2'，全表面に入射するものをQ_2''とする．Q_1'は物体1自身が射出する熱放射エネルギー（$\varepsilon_1 \sigma T_1^4 A_1$）および物体2から発して物体1に入射する放射エネルギー（$Q_1'' = Q_2' F_{21}$）のうち反射するもの（$\rho_1 Q_1'' = \rho_1 Q_2' F_{21}$）の和である．

$$Q_1' = \varepsilon_1 \sigma T_1^4 A_1 + \rho_1 Q_2' F_{21} \tag{a}$$

一方，Q_2'は物体2自身が発する放射エネルギー（$\varepsilon_2 \sigma T_2^4 A_2$）および物体2に入射する放射エネルギーのうち反射されるもの（$\rho_2 Q_2''$）の和であるが，Q_2''は必ずしも物体1から発した放射エネルギーだけでなく，物体2から射出されて物体2自身に入射するものも含まれている．

$$Q_2' = \varepsilon_2 \sigma T_2^4 A_2 + \rho_2 Q'' \tag{b}$$

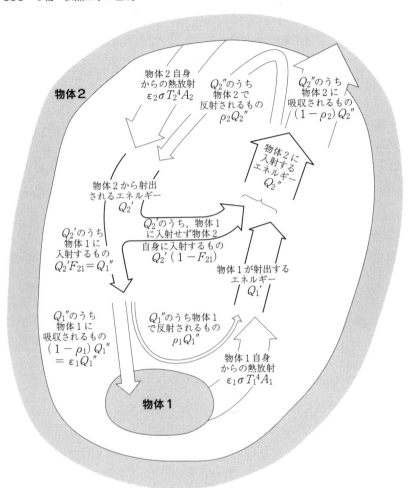

図 3.5　灰色体間の放射伝熱

また，放射伝熱は物体 1 と 2 の間でのみで行われ，外界に散逸するエネルギーはないから，物体 1 が失うエネルギー（$Q_1' - Q_1''$）と物体 2 が得るエネルギー（$Q_2'' - Q_2'$）は等しく，このエネルギーが物体 1 から 2 への放射伝熱量となる．

$$Q_{12} = Q_1' - Q_1'' = Q_2'' - Q_2' \qquad \text{(c)}$$

したがって，Q_{12} は式 (c) に式 (a) を代入して，

$$Q_{12} = Q_1' - Q_1''$$
$$= (\varepsilon_1 \sigma T_1^4 A_1 + \rho_1 Q_2' F_{21}) - Q_1''$$
$$= (\varepsilon_1 \sigma T_1^4 A_1 + \rho_1 Q_2' F_{21}) - Q_2' F_{21} \tag{d}$$
$$= \varepsilon_1 \sigma T_1^4 A_1 - Q_2' F_{21}(1 - \rho_1)$$
$$= \varepsilon_1 \sigma T_1^4 A_1 - Q_2' F_{21} \varepsilon_1$$

と表される。ここで, Q_2' が ε, T, A などで表されれば, 具体的に Q_{12} が計算できることになる。式 (b), (c), (a) より,

$$Q_2' = \varepsilon_2 \sigma T_2^4 A_2 + \rho_2 Q_2''$$
$$= \varepsilon_2 \sigma T_2^4 A_2 + \rho_2 (Q_1' - Q_1'' + Q_2')$$
$$= \varepsilon_2 \sigma T_2^4 A_2 + \rho_2 (\varepsilon_1 \sigma T_1^4 A_1 - Q_2' F_{21} \varepsilon_1 + Q_2')$$

$$Q_2' = \frac{\varepsilon_2 \sigma T_2^4 A_2 + \rho_2 \varepsilon_1 \sigma T_1^4 A_1}{\varepsilon_2 + \rho_2 \varepsilon_1 F_{21}}$$

と表され, これを上記の Q_{12} を表す式 (d) に代入して整理すると, 最終的に,

$$\left. \begin{array}{l} Q_{12} = \dfrac{\sigma T_1^4 A_1 - \sigma T_2^4 A_2 F_{21}}{\dfrac{1}{\varepsilon_1} + \left(\dfrac{1}{\varepsilon_2} - 1\right) F_{21}} \ \text{[W]} \\[2em] \dfrac{Q_{12}}{A_1} = \dfrac{\sigma T_1^4 - \sigma T_2^4 \left(\dfrac{A_2}{A_1}\right) F_{21}}{\dfrac{1}{\varepsilon_1} + \left(\dfrac{1}{\varepsilon_2} - 1\right) F_{21}} \ \text{[W/m}^2\text{]} \end{array} \right\} \tag{3.19}$$

$$\sigma = 5.67 \times 10^{-8} \text{ W/(m}^2 \cdot \text{K}^4)$$

が導かれる。したがって, 表 3.2 の I の場合には $A_1 = A_2$, $F_{21} = 1$ であり, II および III の場合には $F_{21} = A_1/A_2$ だから, それぞれの場合の表面 1 から表面 2 への放射伝熱量 Q_{12} は以下のようになる。

(1):広い (面積の等しい) 平行 2 面間 (表 3.2 - I)

$$\frac{Q_{12}}{A_1} = \frac{\sigma(T_1^4 - T_2^4)}{\dfrac{1}{\varepsilon_1} + \left(\dfrac{1}{\varepsilon_2} - 1\right)} \tag{3.20}$$

(2):凹部のない表面 1 が表面 2 に完全に囲まれている場合 (表 3.2 - II, III)

$$\frac{Q_{12}}{A_1} = \frac{\sigma(T_1^4 - T_2^4)}{\dfrac{1}{\varepsilon_1} + \left(\dfrac{1}{\varepsilon_2} - 1\right) \dfrac{A_1}{A_2}} \tag{3.21}$$

(ただし,表面間の間隙が小さい ($A_1 = A_2$) 場合は,式 (3.20) と同様である)

(2)′:凹部のない表面 1 が十分大きな表面 2 ($A_1 \ll A_2$) に完全に囲まれている場合

$$\frac{Q_{12}}{A_1} = \varepsilon_1 \sigma (T_1^4 - T_2^4) \tag{3.22}$$

また,物体 1,2 が黒体とみなせる ($\varepsilon_1 = \varepsilon_2 = 1$) 場合には,上記の (1) ～ (2)′ のいずれにおいても

$$\frac{Q_{12}}{A_1} = \sigma (T_1^4 - T_2^4) \tag{3.23}$$

となる。

式 (3.20) ～ (3.23) は,実際の放射伝熱の計算においてよく使用される重要なものであり,十分に理解し,記憶しておく必要がある。

これらの式は,物体 1 から物体 2 への放射伝熱量 Q_{12} を与えるものであるが,物体 2 から物体 1 への放射伝熱量 Q_{21} は $Q_{21} = -Q_{12}$ であり,式 (3.20) ～ (3.23) における添字の 1 と 2 を単純に交換したものにはならないので,注意しておく必要がある[注1]。また,上記の計算式は物体が灰色体とみなせるという前提で導かれたものであり,対象とする物体表面が灰色体の性質と大きく異なる場合には,そのまま適用できないことにも留意しておくべきである。

注1) 式 (3.19) ～ (3.23) は,p.353 に記述された「(3) 物体 1 の表面には凹部がない。すなわち,物体 1 から射出されるエネルギーのうち,直接に (表面 2 からの反射を経由せずに) 物体 1 自身に入射するエネルギーはない」という条件を前提にしている。したがって,単純に添字の 1, 2 を交換した場合にはこの条件が正確に考慮されないことになる。物体間の放射伝熱量は,それぞれの物体における放射エネルギーの出入りの差し引きであるから,$Q_{21} = -Q_{12}$ は容易に理解されるであろうが,$Q_{21} = Q_1'' - Q_1'$ から出発して,前述と同様の導出過程をたどればこれを確認することができる。

[例題　3.3]

> 壁面温度が 27 °C で一様な広い室内に直径 10 cm，温度 427 °C の金属球がつり下げられている。金属球表面の放射率を 0.5 とすると，熱放射によって金属球が単位時間当たりに失う熱量はどれほどか。
> ただし，室内の空間における熱放射エネルギーの吸収は無視できるとする。

【解　答】

金属球表面と室内壁面の組合せは表 3.2 の II に相当する。したがって，金属球から室内壁への放射伝熱量は式 (3.21) によって計算できる。ただし，金属球表面積に比べて室内壁表面積は十分大きい ($A_1/A_2 \fallingdotseq 0$) と考えられるから，式 (3.22) より，

$$Q_{12} = \varepsilon_1 \sigma (T_1^4 - T_2^4) A_1$$

となる。

$\varepsilon_1 = 0.5$，$\sigma = 5.67 \times 10^{-8}$ W/(m²·K⁴)，$T_1 = 427 + 273 = 700$ K，$T_2 = 27 + 273 = 300$ K，$A_1 = \pi D^2 = \pi \times (0.1)^2$ m² を代入すれば，

$$\begin{aligned} Q_{12} &= 0.5 \times 5.67 \times 10^{-8} \times (700^4 - 300^4) \times \pi \times (0.1)^2 \\ &= 207 \text{ W} \end{aligned}$$

注）　時間が経過すると，放熱のため金属球の温度は次第に低下する。したがって，金属球からの放射伝熱量は時間とともに小さくなる。

[例題　3.4]

> 真空中に置かれた 2 つの平行な固体平面の間に n 枚の遮熱板を固体平面に平行に設置した場合，固体平面間の放射伝熱量は遮熱板がないときに比べてどれほど減少するか。
> ただし，固体平面および遮熱板の放射率は等しく，遮熱板は十分に薄く熱伝導抵抗は無視できるとする。また，固体平板や遮熱板以外への放射伝熱はないものとする。

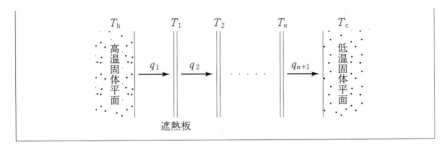

【解　答】
　上図のように，高温および低温の固体平面の温度をそれぞれ T_h，T_c とし，各遮熱板の温度を T_1，T_2……T_n とする（遮熱板の熱伝導抵抗は無視できるから，その前後表面の温度は等しい）．すべての表面の放射率は等しく，それを ε とする．高温固体平面から，順次向かい合う表面間の単位面積当たりの放射伝熱量は式 (3.20) より，

$$q_1 = \frac{\sigma}{\frac{1}{\varepsilon}+\left(\frac{1}{\varepsilon}-1\right)}(T_h^4 - T_1^4)$$

$$q_2 = \frac{\sigma}{\frac{1}{\varepsilon}+\left(\frac{1}{\varepsilon}-1\right)}(T_1^4 - T_2^4)$$

$$\vdots$$

$$q_{n+1} = \frac{\sigma}{\frac{1}{\varepsilon}+\left(\frac{1}{\varepsilon}-1\right)}(T_n^4 - T_c^4)$$

と表される．向かい合う表面間の放射伝熱以外の熱の移動はないから，

$$q_1 = q_2 = \cdots\cdots = q_{n+1} = q$$

であり，これら各式の左，右辺をそれぞれを加え合わせると，

$$(n+1)q = \frac{\sigma}{\frac{1}{\varepsilon}+\left(\frac{1}{\varepsilon}-1\right)}(T_h^4 - T_c^4)$$

となる．
　一方，遮熱板がない場合の固体平面間の放射伝熱量 q' は，

$$q' = \frac{\sigma}{\frac{1}{\varepsilon}+\left(\frac{1}{\varepsilon}-1\right)}(T_h^4 - T_c^4)$$

であるから，

$$\frac{q}{q'} = \frac{1}{n+1}$$

となる。すなわち，固体平面間の放射伝熱量は n 枚の遮熱板を設置することにより $1/(n+1)$ に減少する。

[例題 3.5]

> 表面温度 627 °C，直径 40 mm の長い円柱状のヒータが壁温度 27 °C の十分に広い室内に置かれている。
> (1) ヒータの表面から単位面積当たり 29.4 kW/m² の放射熱量が放熱されているとき，ヒータ表面の放射率を求めよ。
> (2) 放射率 0.2，直径 400 mm のアルミニウム薄肉円筒でヒータを覆うと円筒の温度は何度になるか。
> ただし，放射以外の伝熱は無視できるものとし，ヒータ表面温度および室内壁温度は変わらないとする。

【解　答】

(1) ヒータ表面，室内壁をそれぞれ 1，2 と表すと，ヒータから室内壁への放射伝熱量は，

$$q_{12} = \frac{Q_{12}}{A_1} = \frac{\sigma(T_1^4 - T_2^4)}{\frac{1}{\varepsilon_1} + \left(\frac{1}{\varepsilon_2} - 1\right)\frac{A_1}{A_2}}$$

と表され，室内は十分広い（$A_1/A_2 \fallingdotseq 0$）ので，

$$q_{12} = \varepsilon_1 \sigma(T_1^4 - T_2^4)$$

となる。したがって，ヒータ表面の放射率は，

$$\varepsilon_1 = \frac{q_{12}}{\sigma(T_1^4 - T_2^4)}$$
$$= \frac{29.4 \times 10^3}{5.67 \times 10^{-8}\{(627+273)^4 - (27+273)^4\}}$$
$$= 0.800$$

(2) アルミニウム薄肉円筒を 3 と表すと，ヒータから円筒への全放射伝熱量 Q_{13} は，

$$Q_{13} = \frac{\sigma(T_1^4 - T_3^4)A_1}{\dfrac{1}{\varepsilon_1} + \left(\dfrac{1}{\varepsilon_3} - 1\right)\dfrac{A_1}{A_3}}$$

であり，円筒から室内壁への全放射伝熱量 Q_{32} は $A_3/A_2 \fallingdotseq 0$ より，

$$Q_{32} = \varepsilon_3 \sigma(T_3^4 - T_2^4)A_3$$

と表される。題意より $Q_{13} = Q_{32}$ であるから，

$$\frac{\sigma(T_1^4 - T_3^4)A_1}{\dfrac{1}{\varepsilon_1} + \left(\dfrac{1}{\varepsilon_3} - 1\right)\dfrac{A_1}{A_3}} = \varepsilon_3 \sigma(T_3^4 - T_2^4)A_3$$

これを整理すると，

$$\left[\varepsilon_3\left\{\frac{1}{\varepsilon_1} + \left(\frac{1}{\varepsilon_3} - 1\right)\frac{A_1}{A_3}\right\} + \frac{A_1}{A_3}\right]T_3^4 = \frac{A_1}{A_3}T_1^4 + \varepsilon_3\left\{\frac{1}{\varepsilon_1} + \left(\frac{1}{\varepsilon_3} - 1\right)\frac{A_1}{A_3}\right\}T_2^4$$

となる。ここに，ヒータ表面と円筒面の表面積の比はそれぞれの直径の比に等しいから $A_1/A_3 = D_1/D_3 = 40/400 = 0.1$ であり，$\varepsilon_3 = 0.2$ と与えられており，(1) より $\varepsilon_1 = 0.800$ である。これらの数値および $T_1 = 900$ K，$T_2 = 300$ K を代入して T_3 を計算すると，

$$\left[0.2 \times \left\{\frac{1}{0.800} + \left(\frac{1}{0.2} - 1\right) \times 0.1\right\} + 0.1\right]T_3^4$$

$$= 0.1 \times 900^4 + 0.2\left\{\frac{1}{0.800} + \left(\frac{1}{0.2} - 1\right) \times 0.1\right\} \times 300^4$$

$$T_3 = 631 \text{ K}$$
$$= 358 \text{ °C}$$

3.3 気体の熱放射

　各種気体のうち，水素，酸素，窒素，乾燥空気などは普通の条件のもとでは，熱放射線を射出せず，また，熱放射線をまず完全に透過するとみなされるが，炭酸ガス，水蒸気，亜硫酸ガス，アンモニアなどの一部の気体では熱放射線を射出し，特に高温燃焼ガス中の炭酸ガスや水蒸気からの熱放射は工業上重要である。しかし，気体の熱放射は固体の熱放射に比べて著しく複雑であり，ここでは，気体の熱放射の概要を簡単に述べるにとどめる。

気体と固体の熱放射における大きな差異の1つは射出される（あるいは吸収される）熱放射線の波長である。固体から射出される熱放射線の波長は，図3.2の黒体の単色放射エネルギー流束の分布に見られるように可視域から赤外域にわたって連続している。一方，気体では固体と違って分子間の相互作用が弱いので，その気体の分子の振動や回転の周波数で特定されるいくつかの限られた波長帯域の熱放射線だけを射出，吸収し，それ以外の波長は透過してしまう。

　もう1つの大きな相違は，熱放射線が射出される場所である。固体の内部のある場所で射出された熱放射線はその付近で自分自身に吸収されてしまうので，結果的にはその表面のごく薄い層（電気の良導体では1μm以下，不良導体でもたかだか2～3mm程度）から熱放射が行われると考えてよく，また，入射する熱放射線はやはり表面付近のきわめて薄い層で吸収され，透過は考える必要がない。気体の場合には，ある体積をもった気体塊の内部のある場所で発した熱放射線は，一部がその気体自身に吸収され，残りが表面を通して外部に射出される。したがって，同一の気体であっても気体塊の形状と熱放射線が射出される表面の位置によって熱放射線の気体内部での吸収の割合が変わるために，外部に射出される熱放射線の強さが異なることになる。

　ある体積を有する気体塊の表面上のある位置から単位面積，単位時間当たりに射出される熱放射エネルギー流束 E〔W/m²〕は，便宜的に固体と同様に次式で表される。

$$E = \varepsilon_g E_b = \varepsilon_g \sigma T_g^4 \tag{3.24}$$

ここに，ε_g，T_g はそれぞれ気体塊の放射率，温度であり，E_b は黒体の放射能，σ はステファン・ボルツマン定数である。式(3.24)中の気体塊の放射率 ε_g は，以下の支配因子によって決定される。

(1) 気体の種類
(2) 熱放射作用のない気体と混合している場合（燃焼ガス中の炭酸ガスのような場合）にはその分圧 p_g
(3) 気体塊の温度 T_g
(4) 気体塊の相当厚さ L_e。（気体塊の形状と射出表面の位置によって決定されるもので，例えば，気体塊が直径 d の球で射出表面が全球面の場合に

$L_e=0.60d$，面間距離 t の平行無限平面間の気体塊で射出面がどちらか一方の面の場合に $L_e=1.80t$ のような値をとる)

いくつかの代表的な気体の放射率については多くの研究がなされてきており，とくに，高温燃焼ガス中の放射・吸収ガスである CO_2 と H_2O については，いろいろな条件の下での放射率の値が線図として提供されている。図3.6はその一例であり，乾燥空気などの透明気体中の炭酸ガスについて，分圧 p_{CO_2} と相当厚さ L_e の積をパラメータとして，各温度 T_g における放射率 ε_{CO_2} の値を与える線図である。気体の圧力（全圧）が大気圧と大きく異なる場合には，図3.6で与えられる放射率の値に補正を施す必要がある。また，燃焼ガスの

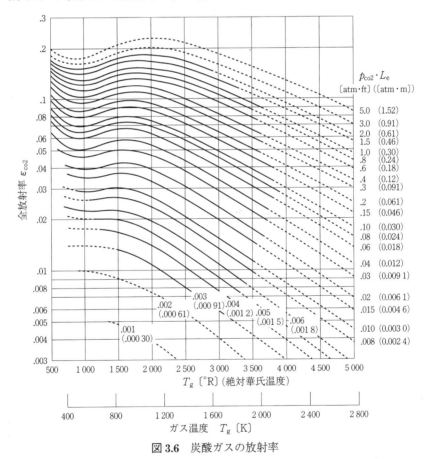

図3.6 炭酸ガスの放射率

ように炭酸ガスと水蒸気が共存し，それぞれの気体が放射・吸収する熱放射線の波長帯が重なるような場合には，混合ガスの放射率は個々のガスの放射率を加算したものにはならないので注意する必要がある。

　ボイラや各種の加熱炉では火炎からの熱放射が炉内伝熱の上で重要な役割を果たしているが，火炎が青色の不輝炎である場合には，熱放射はもっぱら炭酸ガスや水蒸気からの熱放射である。火炎内で燃料と空気の混合が不十分な場合には，すす（燃料の熱分解によって生成される気相析出型のすす，あるいは，重質油の噴霧粒子や微粉炭粒子から揮発成分が脱離した残炭型のすす）が生成され，これがさらに燃焼することにより，強い黄赤色の輝炎が形成される。比較的粒径の大きなすすの熱放射は固体の熱放射とほぼ同等と考えられ，一般に，輝炎からの熱放射は不輝炎に比べて格段に強い。

　気体と固体表面との間の放射伝熱のきわめて単純な例として，一様な温度 T_g，放射率 ε_g，吸収率 a_g の気体塊が温度 T_b，表面積 A_b の黒体表面によって囲まれている場合，気体塊と黒体面との間の放射伝熱量 Q は，気体塊が黒体面に与える熱量と黒体面から射出され気体塊に吸収される熱量の差に等しく，次式で表される。

$$Q = \sigma(\varepsilon_g T_g^4 - a_g T_b^4) A_b \tag{3.25}$$

3章の演習問題

*解答は，編の末尾 (p.400) 参照

[演習問題 3.1]

次に述べられていることが正しければ○，誤りであれば×を解答例にならって答えよ。さらに，×を付した解答では解答例にならって下線の部分を訂正せよ。

(解答例 (6)—○，(7)—×　凝縮)

平行に置かれている2枚の十分に大きな平板間の空間を例として，放射伝熱について考える。ただし，平板の表面は灰色体として扱えるとする。

(1) 放射伝熱を考える際に重要な量として放射率（または射出率）があるが，一般には放射率は<u>反射率</u>に等しい。

(2) 平板表面の放射率の値は，表面の状態に<u>依存する</u>。

(3) この平板間に小さな物体を置いた場合，この物体から一方の平板を見た場合の形態係数は<u>1</u>である。

(4) この空間に気体の窒素が満たされている場合，放射熱流束は窒素の濃度により影響を<u>受ける</u>。

(5) この平板間が真空であるとすると，放射熱流束 q は

$$q = C\sigma(T_1^4 - T_2^4)$$

で与えられる。ここで，C は両平板表面の放射率と形態係数によって決定される定数，σ はステファン・ボルツマン定数，T_1 および T_2 は両平板の表面温度である。一方の平板表面の放射率が 0.5 である場合に C の値が 0.5 であるとすると，他方の平板表面の放射率は <u>0.5</u> である。

(第19回エネルギー管理士試験の一部)

[演習問題 3.2]

壁温が 1 400 K で一様な広い炉内に直径 15 cm，長さ 80 cm の金属棒をつり下げた。金属棒の温度が 700 K のときの放射伝熱による金属棒の温度上昇率〔K/s〕を求めよ。

ただし，金属棒の放射率は 0.70，比熱は 0.39 kJ/(kg・K)，密度は 8 500 kg/m³ とし，金属棒内の温度分布は一様であるとする。

[演習問題 3.3]

十分に広い平行2平面の間で，A面（温度600 K）からB面（温度400 K）に熱が伝えられている。これら2平面の放射率がともに0.4であるとき，以下の設問に答えよ。

(1) A面からB面に熱放射により伝えられる単位面積（m²）当たりの熱量を求めよ。

(2) 次に，空気層の中間に薄い金属板を2平面に平行に挿入し，熱放射による伝熱量を(1)の場合の20〔％〕にしようとする。金属板の放射率はいくらであればよいか。また，金属板の温度はどれほどになるか。

ただし，A，B面の温度は常に一定であり，金属板の放射率，温度は両面においてそれぞれ同一とする。また，ステファン・ボルツマン定数は，5.67×10^{-8} W/(m²・K⁴)とする。　　　　　　　　　　（第2回エネルギー管理士試験を一部変更）

4章 熱交換

[記号表]

A	（隔壁）平板の面積，熱交換器の伝熱面積	$[m^2]$
A_f	フィンの全表面積	$[m^2]$
A_w	フィン付き面においてフィンのない部分の面積	$[m^2]$
b	フィンの厚さ	$[m]$
c_p	定圧比熱	$[J/(kg \cdot K)]$
C	単位時間当たりに流れる流体の熱容量（水当量）	$[W/K]$
	（高温，低温流体については，それぞれ C_h, C_c)	
	（高温，低温流体の水当量のうち，大きいほうを C_{max}，小さいほうを C_{min})	
D	管の直径	$[m]$
H	フィンの高さ	$[m]$
h	熱伝達率	$[W/(m^2 \cdot K)]$
h_f	フィン表面と外部流体との間の熱伝達率	$[W/(m^2 \cdot K)]$
K	熱通過率（熱貫流率）	$[W/(m^2 \cdot K)]$
l	（隔壁）平板の厚さ	$[m]$
l_s	汚れの層の厚さ	$[m]$
L	円筒などの長さ	$[m]$
m	質量流量	$[kg/s]$
	（高温，低温流体については，それぞれ m_h, m_c)	
NTU	伝熱単位数	$[-]$

Q	通過熱量あるいは交換熱量	[W]
r	円筒の半径	[m]
r_s	汚れ係数	[(m²・K)/W]
R	熱通過抵抗	[K/W]
R_f	フィン付き面の熱伝達抵抗	[K/W]
T	温度	[K]
	(高温,低温流体温度は,それぞれT_h, T_c)	
	(熱交換器への流入,流出点の温度は,例えば,$T_{h,in}$, $T_{h,out}$)	
T_∞	外部流体の温度	[K]
T_f	フィンの局所温度	[K]
T_{fm}	フィン全表面にわたっての平均温度	[K]
T_w	フィンを取り付けた壁面(フィン根元)の温度	[K]
ΔT	温度差	[K]
	熱交換器の一端1における高,低温流体の温度差はΔT_1,他端2ではΔT_2	
ΔT_m	対数平均温度差	[K]
x	熱交換器の一端からある位置までの距離	[m]
η_f	フィン効率	[—]
η	熱交換器の温度効率	[—]
	(高温,低温流体についての温度効率は,それぞれη_h, η_c)	
ε	熱交換器のエネルギー効率(熱通過有効度)	[—]
λ	熱伝導率	[W/(m・K)]
λ_f	フィンの熱伝導率	[W/(m・K)]
λ_s	汚れの層の熱伝導率	[W/(m・K)]
Λ	水当量比 ($=C_{min}/C_{max}$)	[—]
ϕ	フィン効率に関するパラメータ ($\phi=\sqrt{2h_f/(\lambda_f b)}$)	[1/m]
ψ	2重管式以外の形式における対数平均温度差ΔT_mの修正係数	[—]

熱エネルギーを利用するシステムの中では，熱エネルギーを輸送する流体（熱媒体）の間で熱エネルギーの授受（熱交換）が行われる。熱交換の過程は，一般には，高温の熱媒体から平板や管などの固体隔壁に熱伝達により熱が伝えられ（場合によっては，熱放射による伝熱を考慮すべき場合もある），固体隔壁内を熱伝導によって熱が移動し，固体隔壁のもう一方の表面から低温の熱媒体に熱が伝達されるという経路をたどる。この一連の熱の移動過程を熱通過（あるいは熱貫流）といい，いままでに述べた熱伝導，熱伝達，放射伝熱などは熱通過の個々の要素過程になっている。高温と低温の熱媒体の間で積極的に熱を交換させる機器を熱交換器といい，熱エネルギーを利用するシステムの中でいろいろな形式のものが広く使用されている。熱交換器の設計や性能評価においては熱通過の理解が前提となり，また，各種熱設備の外壁や蒸気配管などからの放熱を防止する断熱技術においても熱通過の理解は不可欠のものである。

本章では，熱通過の過程と熱通過抵抗，フィン付き面における熱通過，熱通過における伝熱面の汚れの影響など，熱交換に関する基礎的事項を述べ，次いで代表的な形式の熱交換器における交換熱量の計算，熱交換器の性能評価などについて述べる。

4.1 熱通過

4.1.1 熱通過抵抗，熱通過率

熱交換のもっとも基本的な形態として，図 4.1 のように，高温流体から平板の隔壁を通じて低温流体に熱が移動する場合を考えてみる。

高温流体の温度を T_h，低温流体の温度を T_c，高温流体に接する隔壁面の温度を T_{wh}，低温流体に接する面の温度を T_{wc} とし，高温および低温流体と隔壁表面との間の熱伝達率をそれぞれ h_1, h_2，隔壁の熱伝導率を λ とする。いま，隔壁平板の厚さを l とし，平板の面積 A を単位時間当たりに通過する熱量を Q とすると，高温流体から平板表面への伝達熱量，平板の厚さ方向の伝導熱量，平板から低温流体への伝達熱量はいずれも等しく，式 (2.3)，

4章 熱交換 **369**

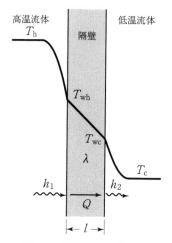

図 4.1 平板隔壁の熱通過

(1.5) より，

$$Q = h_1 A (T_h - T_{wh}) \tag{a}$$

$$Q = \frac{\lambda A}{l}(T_{wh} - T_{wc}) \tag{b}$$

$$Q = h_2 A (T_{wc} - T_c) \tag{c}$$

と表される．式(a)，(b)，(c) をそれぞれ $h_1 A$，$\lambda A/l$，$h_2 A$ で除してから，左，右辺それぞれを加え合わせると，

$$\frac{Q}{h_1 A} + \frac{Q}{(\lambda A/l)} + \frac{Q}{h_2 A} = (T_h - T_{wh}) + (T_{wh} - T_{wc}) + (T_{wc} - T_c)$$

$$= (T_h - T_c)$$

$$Q = \frac{T_h - T_c}{\dfrac{1}{h_1 A} + \dfrac{l}{\lambda A} + \dfrac{1}{h_2 A}}$$

となり，これは次式のように書くことができる．

$$\left.\begin{aligned} Q &= \frac{T_h - T_c}{R} \\ R &= \frac{1}{h_1 A} + \frac{l}{\lambda A} + \frac{1}{h_2 A} \end{aligned}\right\} \tag{4.1}$$

すなわち，高温流体から低温流体への一連の伝熱過程（熱通過）は，温度差

が $(T_\mathrm{h} - T_\mathrm{c})$ で,伝熱抵抗(熱通過抵抗)が R である,1 つの伝熱過程と同等に考えることができ,全体の熱通過抵抗は熱伝達や熱伝導などの個々の伝熱抵抗の和となっていることがわかる.

(通過熱量) = {(高温流体温度) − (低温流体温度)}／(熱通過抵抗)

(熱通過抵抗) = Σ(個々の伝熱抵抗)

熱通過抵抗 R に伝熱面積 A を乗じたものの逆数を熱通過率 K(あるいは熱貫流率)といい,式 (4.1) は次式のように表されることもある.

(通過熱量) = (熱通過率) × (伝熱面積) × {(高温流体温度) − (低温流体温度)}

$$\left. \begin{array}{l} Q = KA(T_\mathrm{h} - T_\mathrm{c}) \\ K = \dfrac{1}{RA} \end{array} \right\} \tag{4.2}$$

高温流体と低温流体との隔壁が図 1.2 のような積層平板の場合には,熱伝導抵抗は式 (1.12) より,

$$R_\mathrm{c} = \sum_{i=1}^{n}\left(\frac{l_i}{\lambda_i A}\right)$$

であるから,上述の考え方により,熱通過抵抗 R は,

$$R_\mathrm{c} = \frac{1}{h_1 A} + \sum_{i=1}^{n}\left(\frac{l_i}{\lambda_i A}\right) + \frac{1}{h_2 A} \tag{4.3}$$

となる.

また,隔壁が図 1.4 のような長さ L の積層円筒の場合の熱通過抵抗 R は,式 (4.1) と式 (1.20) より,

$$R = \frac{1}{2\pi r_1 L h_1} + \sum_{i=1}^{n}\left\{\frac{1}{2\pi \lambda_i L}\ln\left(\frac{r_{i+1}}{r_i}\right)\right\} + \frac{1}{2\pi r_{n+1} L h_2} \tag{4.4}$$

となる.単一層の円筒の場合には,当然ながら,上式において $n=1$ とすればよい.

熱通過抵抗は各要素伝熱過程の伝熱抵抗の和であり,高温流体から低温流体への交換熱量は要素伝熱過程のうちでもっとも大きな伝熱抵抗に支配される.したがって,全体の熱通過抵抗を小さくして良好な熱交換を得るためには,まず,大きな伝熱抵抗をもつ要素伝熱過程の改善を図ることが大切であり,いたずらにすべての要素伝熱抵抗を低下しようとするのは得策ではない.

[例題 4.1]

内壁温度 625 °C，厚さ 0.1 m，熱伝導率 1.2 W/(m・K) のれんが壁から 25 °C の大気への，単位面積，単位時間当たりの放熱量を求めよ。ただし，このれんが壁の大気側表面における熱伝達率を 12 W/(m²・K) とする。

また，この壁の大気側表面に熱伝導率 0.06 W/(m・K) の保温材をはって，放熱量を半分にしたい。保温材の厚さはどれほどにすればよいか。保温材の外面における熱伝達率は 12 W/(m²・K) とし，れんが壁と保温材との間の伝熱抵抗はないものとする。

【解 答】

(1) 内壁温度を T_1，大気温度を T_0，れんが壁の熱伝導率を λ_1，れんが壁表面における熱伝達率を h_1，れんが壁の厚さを l_1 とすると単位面積，単位時間当たりに壁から放熱する量 q は，

$$q = \frac{Q}{A} = \frac{1}{A} \frac{(T_1 - T_0)}{R}$$

$$R = \frac{l_1}{\lambda_1 A} + \frac{1}{h_1 A}$$

したがって，

$$q = \frac{T_1 - T_0}{\dfrac{l_1}{\lambda_1} + \dfrac{1}{h_1}}$$

$$= \frac{625 - 25}{\dfrac{0.1}{1.2} + \dfrac{1}{12}} = 3.60 \times 10^3 \text{ W/m}^2$$

次に，保温材の熱伝導率を λ_2，厚さを l_2 とし，保温材外表面における熱伝達率を h_2 とすると，保温材をはった場合の放熱量 q' は，

$$q' = \frac{T_1 - T_0}{\dfrac{l_1}{\lambda_1} + \dfrac{l_2}{\lambda_2} + \dfrac{1}{h_2}}$$

と表され，$q' = \dfrac{1}{2} q$ とするのだから，

$$q' = \frac{1}{2}q = \frac{3.60 \times 10^3}{2} = \frac{625-25}{\frac{0.1}{1.2} + \frac{l_2}{0.06} + \frac{1}{12}}$$

これを計算すると，

$$l_2 = 0.01 \text{m}$$

[例題 4.2]

　下図に示すように長さ L，内径 D_p の円管の中心軸上に長さ L，外径 D_h の丸棒状電気ヒータが置かれており，円管と丸棒状ヒータの間の環状流路には液体が体積流量 V で流れている．いま，流路の一方から温度 T_1 の液体が流入し，ヒータにより加熱されて他方から流出しているものとする．

　丸棒状電気ヒータの発熱量が Q （一定）で温度分布が定常状態に達したとき，以下の各問に答えよ．なお，この液体の比熱を c，密度を ρ とし，これらの値は温度によって変化しないと仮定する．

(1) 円管の外側表面が完全に断熱されていて，ヒータからの熱がすべて液体に伝えられるとき，流入口からの距離が x の位置での液体の混合平均温度 T_x および出口での混合平均温度 T_2 を求めよ．

(2) (1)の条件下で，ヒータ表面から液体への熱伝達率を h とすると，ヒータ表面の温度 T_w はどのようになるか，T_w を x の関数として表せ．ただし，熱伝達率 h は液体の混合平均温度とヒータ表面温度の差に対して定義され，その値は場所によらず一定であるとする．

(3) 円管の外側表面が断熱されておらず，外気への熱損失があるとき，流入口からの距離が x の位置での液体の混合平均温度 T_x' および出口での混合平均温度 T_2' を求めよ．ただし，外気の温度を T_a，液体と外気との間の熱通過率を K （一定）とし，円管の厚さは無視できるものとする．

4 章 熱 交 換 **373**

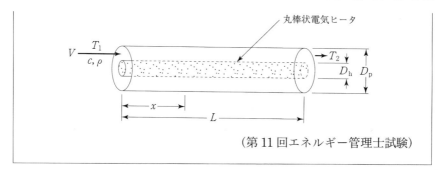

(第 11 回エネルギー管理士試験)

【解　答】

(1) ヒータ表面における熱発生密度が一様であると考えると，流入口から距離 x までの区間での発生熱量は $Q\dfrac{x}{L}$ であり，これがすべて液体に伝えられるから，

$$Q\frac{x}{L} = \rho cV(T_x - T_1)$$

したがって，

$$T_x = T_1 + \frac{Q}{\rho cVL}x$$

出口では $x = L$ だから，

$$T_2 = T_1 + \frac{Q}{\rho cV}$$

(2) 流入口から距離 x の位置で，軸方向に微小長さ dx の区間を考えると，その区間内でのヒータの発生熱量 $Q\dfrac{dx}{L}$ と液体への伝達量 $h(T_w - T_x)\pi D_h dx$ は等しいから，

$$Q\frac{dx}{L} = h(T_w - T_x)\pi D_h dx$$

したがって，

$$T_w = T_x + \frac{Q}{h\pi D_h L}$$

ここに，(1)で得られた T_x を表す式を代入すれば，

$$T_w = T_1 + \frac{Q}{h\pi D_h L} + \frac{Q}{\rho cVL}x$$

(3) 下図のような，流入口から距離 x の位置で，軸方向に微小長さ dx の区間における熱バランスを考える．

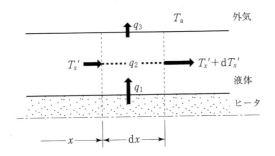

この区間内でのヒータの発生熱量 q_1 は，

$$q_1 = Q\frac{\mathrm{d}x}{L}$$

この区間に流入する液体の混合平均温度は T_x'，流出する温度は $T_x'+\mathrm{d}T_x'$ と表されるから，この区間内で液体に蓄積される熱量 q_2 は，

$$q_2 = \rho c V\{(T_x'+\mathrm{d}T_x')-T_x'\} = \rho c V \mathrm{d}T_x'$$

この区間における外気への損失熱 q_3 は，円筒の厚さが無視できるから，

$$q_3 = K\pi D_\mathrm{p}\mathrm{d}x(T_x'-T_\mathrm{a})$$

と表される。この区間における熱バランスより，

$$q_1 = q_2 + q_3$$

であるから，

$$Q\frac{\mathrm{d}x}{L} = \rho c V \mathrm{d}T_x' + K\pi D_\mathrm{p}\mathrm{d}x(T_x'-T_\mathrm{a})$$

となり，これを整理すると，

$$\{Q-K\pi D_\mathrm{p}L(T_x'-T_\mathrm{a})\}\mathrm{d}x = \rho c V L \mathrm{d}T_x'$$

$$\frac{\mathrm{d}T_x'}{Q-K\pi D_\mathrm{p}L(T_x'-T_\mathrm{a})} = \frac{\mathrm{d}x}{\rho c V L}$$

これは変数分離形の微分方程式であるから，簡単に積分が可能である。いま，

$$Q-K\pi D_\mathrm{p}L(T_x'-T_\mathrm{a}) = W$$

と置き換えると，

$$\frac{\mathrm{d}W}{\mathrm{d}T_x'} = -K\pi D_\mathrm{p}L$$

であるから，上記の微分方程式は，

$$-\frac{1}{K\pi D_\mathrm{p} L}\frac{\mathrm{d}W}{W}=\frac{\mathrm{d}x}{\rho c V L}$$

となり，これを積分すると（積分定数をCとする），

$$-\frac{1}{K\pi D_\mathrm{p} L}\ln W = \frac{x}{\rho c V L}+C$$

$$-\frac{1}{K\pi D_\mathrm{p} L}\ln\{Q-K\pi D_\mathrm{p} L(T_x'-T_\mathrm{a})\}=\frac{x}{\rho c V L}+C$$

ここで，境界条件として$x=0$で$T_x'=T_1$であるから，

$$C=-\frac{1}{K\pi D_\mathrm{p} L}\ln\{Q-K\pi D_\mathrm{p} L(T_1-T_\mathrm{a})\}$$

となり，

$$-\frac{1}{K\pi D_\mathrm{p} L}\ln\left\{\frac{Q-K\pi D_\mathrm{p} L(T_x'-T_\mathrm{a})}{Q-K\pi D_\mathrm{p} L(T_1-T_\mathrm{a})}\right\}=\frac{x}{\rho c V L}$$

$$Q-K\pi D_\mathrm{p} L(T_x'-T_\mathrm{a})=\{Q-K\pi D_\mathrm{p} L(T_1-T_\mathrm{a})\}\exp\left(-\frac{K\pi D_\mathrm{p}}{\rho c V}x\right)$$

$$T_x'=T_\mathrm{a}+\frac{1}{K\pi D_\mathrm{p} L}\left[Q-\{Q-K\pi D_\mathrm{p} L(T_1-T_\mathrm{a})\}\exp\left(-\frac{K\pi D_\mathrm{p}}{\rho c V}x\right)\right]$$

が得られる。

出口での混合平均温度 T_2' は，上式に $x=L$ を代入して，

$$T_2'=T_\mathrm{a}+\frac{1}{K\pi D_\mathrm{p} L}\left[Q-\{Q-K\pi D_\mathrm{p} L(T_1-T_\mathrm{a})\}\exp\left(-\frac{K\pi D_\mathrm{p}}{\rho c V}L\right)\right]$$

4.1.2 拡大伝熱面（フィン付き面）

固体壁で隔てられた2つの流体間の熱交換において，一方の流体が気体で他方が液体の場合，2章の例題2.2, 2.3で示されたように，一般に液体側に比較して気体側の熱伝達率はきわめて小さく，全体の熱通過抵抗はほとんど気体側の熱伝達抵抗に支配されている。したがって，良好な熱通過を得るためには，熱伝達率が小さい側の壁面に多数の薄板を取り付けて伝熱面積を増加し，伝熱抵抗を減少させる手段がよく採用される。このように，熱通過抵抗の低減を意図して，伝熱面積を大きくするように配慮された表面を拡大伝熱面あるい

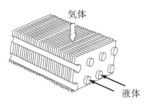 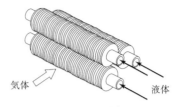

図 4.2　代表的なフィン形式

はフィン付き面とよんでおり，代表的な形式として図 4.2 のようなものがある．フィン付き面は自動車のラジエータや空調機など，各種の熱交換器に広く使用されている．

フィン表面のすべての場所の温度が，それを取り付けた壁面の温度と同じであれば，伝熱面積が拡大した割合だけ熱伝達抵抗は小さくなるが，実際にはフィンの内部に温度の分布ができるため，それほどにはならない．そこで，フィンを取り付けたことによる効果を評価するために，フィン効率 η_f が定義される．

$$\eta_f = \frac{Q_f}{Q_f'}$$

Q_f：フィンと流体との間の実際の伝達熱量

Q_f'：フィンの全表面がフィン根元の温度と同じと仮定した場合のフィンと流体との間の伝達熱量

いま，フィン表面のいずれの場所においても局所熱伝達率が一定であるとすると，フィン効率 η_f は上記の定義より次式で表される．

$$\eta_f = \frac{h_f \int (T_f - T_\infty) dA_f}{h_f (T_w - T_\infty) A_f} = \frac{1}{(T_w - T_\infty)} \left(\frac{\int T_f dA_f}{A_f} - T_\infty \right)$$
$$= \frac{T_{fm} - T_\infty}{T_w - T_\infty} \tag{4.5}$$

ここに，T_f はフィンの局所温度，T_w はフィンを取り付けた壁面（フィン根元）の温度，T_∞ は外部流体温度，A_f はフィンの全表面積，T_{fm} はフィン全表面にわたっての平均温度（$T_{fm} = (\int T_f dA_f)/A_f$）である．

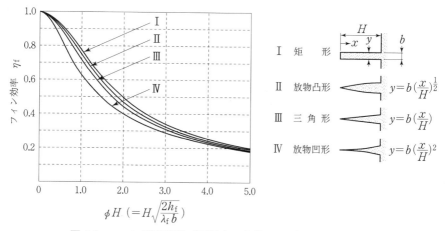

図 4.3 フィン断面形状（平板上の直線フィン）とフィン効率

フィン効率 η_f は，フィンの高さ H，フィンの厚さ b，フィン表面と外部流体との間の熱伝達率 h_f，フィンの熱伝導率 λ_f などによって決定され，断面形状が異なるいくつかのフィンについてのフィン効率 η_f は，ϕH（ここに，$\phi = \sqrt{2h_f/(\lambda_f b)}$）をパラメータとして，図 4.3 のように表される。

一例として，図 4.3 中の矩形断面のフィン（Ⅰ）の場合のフィン効率は，解析の過程は省略するが，次式で表される。

$$\left. \begin{aligned} \eta_f &= \frac{1}{\phi H}\left(\frac{e^{\phi H} - e^{-\phi H}}{e^{\phi H} + e^{-\phi H}}\right) \\ \phi &= \sqrt{2h_f/\lambda_f b} \end{aligned} \right\} \quad (4.6)$$

次に，図 4.4 のように，片側にフィンの付いた隔壁における熱通過を考えてみる。このフィン付き面のフィン効率 η_f は既知であるとし，フィンの付いていない側の流体の温度を T_1，フィン側の流体温度を T_2，フィンの付いていない側の伝熱面積を A，フィン側伝熱面のうちフィンの全表面積を A_f，フィンのない部分の面積を A_w とする。また，フィンの付いていない側の熱伝達率を h_1，フィン側の熱伝達率を場所によらず h_f で一定とし，隔壁の熱伝導率を λ とする。

まず，フィン側伝熱面と外部流体との間の熱伝達を考えてみる。フィン表面の平均温度を T_{fm}，フィン根元の温度を T_w とすれば，フィン側伝熱面から外

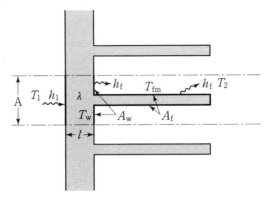

図4.4 フィン付き面の熱通過

部流体への伝達熱量 Q は，フィン表面からの伝達熱量 $h_f A_f (T_{fm} - T_2)$ とフィンのない部分からの伝達熱量 $h_f A_w (T_w - T_2)$ の和であり，

$$Q = h_f A_f (T_{fm} - T_2) + h_f A_w (T_w - T_2)$$

ここで，式 (4.5) より，フィン表面の平均温度 T_{fm} はフィン効率 η_f を使って，

$$T_{fm} = T_2 + \eta_f (T_w - T_2)$$

と表されるから，

$$\left. \begin{array}{l} Q = \dfrac{T_w - T_2}{R_f} \\ R_f = \dfrac{1}{h_f (A_w + \eta_f A_f)} \end{array} \right\} \quad (4.7)$$

となる。すなわち，フィンを付けることによって $\eta_f A_f$ を大きくすれば，フィン付き面の熱伝達抵抗 $R_f (= 1/\{h_f (A_w + \eta_f A_f)\})$ は，フィンがない場合の熱伝達抵抗 $(= 1/(h_f A_w))$ に比べてかなり小さくなることがわかる。

このようにしてフィン側伝熱面での熱伝達抵抗がわかれば，フィンの付いていない側の伝熱面積 A を基準として，流体間で交換される熱量 Q およびこの伝熱面全体の熱通過抵抗 R は次式のように表される。

$$\left. \begin{array}{l} Q = \dfrac{T_h - T_c}{R} \\ R = \dfrac{1}{h_1 A} + \dfrac{l}{\lambda A} + \dfrac{1}{h_f (A_w + \eta_f A_f)} \end{array} \right\} \quad (4.8)$$

フィンの効果は $\eta_f A_f$ を大きな値にすることによって熱伝達抵抗を小さくできることであり，$\eta_f A_f$ を大きくするには，図4.3を参照すれば，熱伝導率 λ_f が大きな材料を使用し，最適な H と b の組合せを選べばよいことになる。H の大きな多数のフィンを取り付ければ $\eta_f A_f$ を大きくすることができるが，多数のフィンを密集させると，フィン部分を通過する流体の摩擦による圧力損失が増すだけでなく，フィンの間隙の流れが妨げられるために h_f の値が小さくなり，フィンの効果が発揮されないこともあるので，最適な設計が必要である。

[例題 4.3]

> 外径20 mm，肉厚1 mmの円管の外側に外径100 mm，肉厚1 mmの環状フィンがピッチ10 mmで付いている伝熱管がある。フィン効率は60 %，フィン側の熱伝達率は50 W/(m²·K)，管内の熱伝達率は5 000 W/(m²·K)，管内外を流れる流体の温度差は一定で50 ℃である。次の各問に答えよ。
>
> なお，このフィン付き伝熱管の熱伝導率は400 W/(m·K)，内管部の外表面とフィンの根元とは同一温度にあるものとする。また，フィンの全表面積としては，フィン先端部の面積は考慮しないものとする。
>
> (1) この伝熱管の円管外表面積基準の熱通過率を求めよ。
>   ただし，円管外表面積としてはフィンが付いていない場合の円管外表面積とする。
> (2) この伝熱管1 m当たりの伝熱量を求めよ。

【解　答】

円管の長さ：L [m]
円管の内半径：r_1 $(= 0.009 \text{ m})$
円管の外半径：r_2 $(= 0.01 \text{ m})$
フィンの外半径：r_f $(= 0.05 \text{ m})$
フィン肉厚：b $(= 0.001 \text{ m})$
円管単位長さ当たりのフィン枚数：N $(= 100 \text{ 枚/m})$
フィン効率：η_f $(= 0.6)$

円管外表面のうちフィンが付いていない部分の面積：$A_\mathrm{w}\,(=2\pi r_2 L(1-Nb))$

フィンの全表面積：$A_\mathrm{f}\,(=\pi(r_\mathrm{f}^2-r_2^2)\times 2\times LN)$

円管内表面における熱伝達率：$h_1\,(=5\,000\,\mathrm{W/(m^2 \cdot K)})$

フィン側の熱伝達率：$h_\mathrm{f}\,(=50\,\mathrm{W/(m^2 \cdot K)})$

フィン付き伝熱管の熱伝導率：$\lambda\,(=400\,\mathrm{W/(m \cdot K)})$

管内流体の温度：T_1

管外流体の温度：$T_2\,(|T_1-T_2|=50\,°\mathrm{C})$

フィン根元の温度：T_w

と表す。

(1) フィン側における熱伝達抵抗 R_f は式 (4.7) より，

$$R_\mathrm{f}=\frac{1}{h_\mathrm{f}(A_\mathrm{w}+\eta_\mathrm{f}A_\mathrm{f})}$$

$$=\frac{1}{h_\mathrm{f}\{2\pi r_2 L(1-Nb)+2\eta_\mathrm{f}\pi(r_\mathrm{f}^2-r_2^2)LN\}}$$

と表される。したがって，このフィン付き伝熱管の熱通過抵抗 R は，式 (4.4) を参照して，

$$R=\frac{1}{h_1 \cdot 2\pi r_1 L}+\frac{1}{2\pi\lambda L}\ln\left(\frac{r_2}{r_1}\right)+\frac{1}{h_\mathrm{f}\{2\pi r_2 L(1-Nb)+2\eta_\mathrm{f}\pi(r_\mathrm{f}^2-r_2^2)LN\}}$$

となる。ここで円管外表面積基準の熱通過率を K とする式 (4.2) より，

$$\frac{1}{K}=RA=R\cdot 2\pi r_2 L$$

$$=\frac{r_2}{h_1 r_1}+\frac{r_2}{\lambda}\ln\left(\frac{r_2}{r_1}\right)+\frac{1}{h_\mathrm{f}\left\{(1-Nb)+\dfrac{\eta_\mathrm{f}(r_\mathrm{f}^2-r_2^2)N}{r_2}\right\}}$$

$$=\frac{0.01}{5\,000\times 0.009}+\frac{0.01}{400}\ln\left(\frac{0.01}{0.009}\right)$$

$$+\frac{1}{50\times\left\{(1-100\times 0.001)+\dfrac{0.6\times(0.05^2-0.01^2)\times 100}{0.01}\right\}}$$

$$=1.53\times 10^{-3}\,\frac{1}{\mathrm{W/(m^2 \cdot K)}}$$

したがって熱通過率は，

$$K=654\,\mathrm{W/(m^2 \cdot K)}$$

(2) 伝熱管 1 m 当たりの伝熱量 Q' は，式 (4.2) より，

$$Q' = \frac{K \cdot 2\pi r_2 L \cdot |T_1 - T_2|}{L} = K \cdot 2\pi r_2 \cdot |T_1 - T_2|$$
$$= 654 \times 2\pi \times 0.01 \times 50 = 2.05 \times 10^3 \text{ W/m}$$

[例題 4.4]

> 次の文章の ☐ の中に入るべき適切な字句，数値，数式または記号を解答例にならって答えよ。
>
> （解答例 ター伝熱面）
>
> 平板壁の両側を温度の異なる流体A，Bが壁表面に沿って流れている。流体A，B側の熱伝達率はそれぞれ 1 000 W/(m²·K)，100 W/(m²·K) であり，壁材料の熱伝導率は 10 W/(m·K)，壁の厚さは 1 cm である。この系において流体Aと流体Bとの温度差が 48 K であるとすると，壁を通して伝わる熱流束は ☐イ☐ W/m² となる。
>
> この熱通過における流体Aと壁との間の熱抵抗を R_{AW}，壁内の熱抵抗を R_W，また，壁と流体Bとの間の熱抵抗を R_{BW} とすると，$R_{AW}:R_W:R_{BW}$ の比は 1：☐ロ☐：☐ハ☐ である。したがって，壁を通過する熱流束を増大させるには，R_{AW}，R_W，R_{BW} のうち ☐ニ☐ を小さくすることがもっとも有効であることになる。
>
> 一方，もし流体B側の平板壁表面にフィン効率 0.8 のフィンを設けた場合には，壁と流体Bとの間の熱抵抗はフィンを設ける前の ☐ホ☐ 倍になる。ただし，熱伝達率はフィンを設ける前と同じであり，また，平板壁単位面積当たりのフィンの付いていない部分の面積は 0.4 m²，フィンの表面積は 2 m² であるとする。
>
> （第17回エネルギー管理士試験の一部）

【解 答】

イ—4 000　ロ—1　ハ—10　ニ—R_{BW}　ホ—0.5

〈考え方〉

壁を通して伝わる熱流束は以下のように求められる。

$$q = \frac{\Delta T}{R_{\mathrm{AW}} + R_{\mathrm{W}} + R_{\mathrm{BW}}}$$

$$= \frac{\Delta T}{\dfrac{1}{h_{\mathrm{AW}}} + \dfrac{1}{\lambda_{\mathrm{W}}} + \dfrac{1}{h_{\mathrm{BW}}}}$$

$$= \frac{48}{\dfrac{1}{1\,000} + \dfrac{1 \times 10^{-2}}{10} + \dfrac{1}{100}} = 4\,000 \text{ W/m}^2$$

フィンを設けた場合の壁と流体Bとの間の熱抵抗 R_{BW}' は,熱伝達率を h_{BW},フィン効率を η_{f},フィンの付いていない部分の面積を A_{w},フィンの表面積を A_{f} として,次式で表される。

$$R_{\mathrm{BW}}' = \frac{1}{h_{\mathrm{BW}}(A_{\mathrm{w}} + \eta_{\mathrm{f}} A_{\mathrm{f}})}$$

$$= \frac{1}{100 \times (0.4 + 0.8 \times 2)} = \frac{1}{200} \text{ K/W}$$

4.1.3 伝熱面の汚れの影響

熱交換器を長時間にわたって運転すると,伝熱面の表面にさび,ごみ,カーボンなどが層状に堆積し,本来の熱通過抵抗に汚れの層の伝熱抵抗が加わり,熱交換性能が悪化することがある。したがって,熱交換器の設計や運転にあたっては,この伝熱面に堆積する汚れの影響を適切に見積もる必要がある。

いま,図4.5のように,伝熱面表面に厚さ l_{s} の汚れの層が形成され,その層の熱伝導率が λ_{s} とすると,熱通過に及ぼす汚れの影響は次式で定義される汚れ係数 r_{s} で評価される。

$$r_{\mathrm{s}} = \frac{l_{\mathrm{s}}}{\lambda_{\mathrm{s}}} \quad [(\text{m}^2 \cdot \text{K})/\text{W}] \tag{4.9}$$

熱通過に及ぼす汚れの層の影響は,本来の伝熱面に厚さ l_{s},熱伝導率 λ_{s} の隔壁が追加されたことと同等に考えることができるので,面積 A の汚れ層の伝熱抵抗は汚れ係数 r_{s} を使って,r_{s}/A と表されることになる。したがって,平板および円筒伝熱面の両側に汚れ係数が r_{s1},r_{s2} の汚れ層が形成されている場合の熱通過抵抗は,それぞれ式 (4.3),(4.4) より,

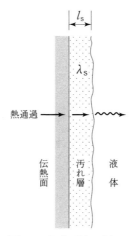

図 4.5 伝熱面上の汚れ

$$R = \frac{1}{h_1 A} + \frac{r_{s1}}{A} + \frac{l}{\lambda A} + \frac{r_{s2}}{A} + \frac{1}{h_2 A} \tag{4.10}$$

$$R = \frac{1}{2\pi r_1 L h_1} + \frac{r_{s1}}{2\pi r_1 L} + \frac{1}{2\pi \lambda L}\ln\left(\frac{r_2}{r_1}\right) + \frac{r_{s2}}{2\pi r_2 L} + \frac{1}{2\pi r_2 L h_2} \tag{4.11}$$

となる.

伝熱面への汚れの堆積は，伝熱面を通過する流体の種類，温度，流速および伝熱面の表面状態などによって複雑に変化する．したがって，汚れの状態を正確に評価することは困難であるが，伝熱抵抗の概略を見積もるには**表 4.1** に示されるような汚れ係数の値が参考になる．

表 4.1　いくつかの流体の汚れ係数（概略値）

流 体 の 種 類	汚れ係数 〔$m^2 \cdot K/W$〕
市水	0.000 2～0.000 4
河水	0.000 4～0.000 7
海水	0.000 1～0.000 2
軟化ボイラ水	0.000 2
圧縮空気	0.000 4
天然ガス	0.000 2
機関排気	0.002
工業用有機熱媒体（液体）	0.000 2
ガソリン	0.000 2
燃料油	0.001

4.2 熱交換器

4.2.1 熱交換器の種類

　熱交換器には，熱を交換する流体が固体壁で隔てられている隔壁式のものと，流体が直接に接触して熱交換が行われる直接接触式のものがある。直接接触式熱交換器の代表的な例としては空調システムで用いられる冷却塔があるが，工業的な実用例としては，隔壁式の熱交換器が圧倒的に多く，本節では隔壁式の熱交換器に限定して述べることにする。

　隔壁式の熱交換器を構造の特徴によって分類すると表4.2のようになる。

　各形式の構造の詳細については，第Ⅳ巻の「熱利用設備」の課目などを参照されたい。また，構造による分類とは別に，熱を交換する流体の流れの相対的な方向によって，並流形（並行流形），向流形（対向流形），直交流形，多重パス形などのように分類することもできる。本章では熱交換器の基礎的事項の理解が主眼であるので，以下ではなるべく単純な形式の熱交換器として，主に2重管式の並流および向流形の熱交換器を念頭において，熱の交換過程や熱交換器の性能を考えることにする。

　並流形の熱交換器では，高温の加熱流体と低温の被加熱流体が並行して同じ方向に流れながら熱交換が行われ，両流体の温度の変化は図4.6に示されるようなものとなる。向流形では，図4.7のように，高温および低温の流体が反対

表4.2　構造の特徴による熱交換器の分類

管　　　　形	2重管熱交換器（図4.6，4.7） シェル・アンド・チューブ熱交換器
プレート形	プレート形熱交換器
フィン付き面形	プレート・アンド・フィン熱交換器（コンパクト熱交換器） プレート・アンド・チューブ熱交換器（図4.2）｛プレートフィン・アンド・チューブ／円周フィン
蓄　熱　式	回転式熱交換器｛軸　流／半径流 固定マトリックス熱交換器

向きに流れる．図 4.6，4.7 からわかるように，並流形では低温流体の流出温度は高温流体の流出温度以上にはなり得ないが，向流形では，低温流体の流出温度を高温流体の流入温度近くにまで上昇させることが可能であり，一般に高効率の熱交換を行わせることができる．

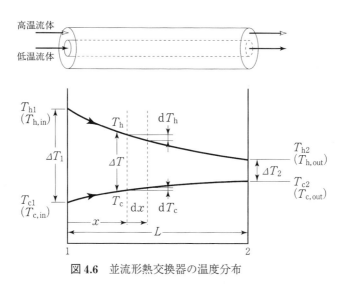

図 4.6　並流形熱交換器の温度分布

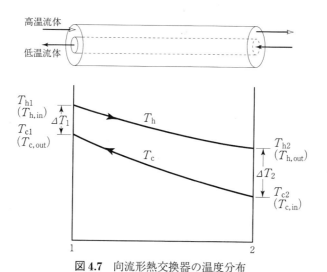

図 4.7　向流形熱交換器の温度分布

4.2.2 交換熱量と対数平均温度差

図4.6に示される並流の2重管式の熱交換器における高温流体と低温流体との間の交換熱量を計算してみる。

流体の温度を T [K], 質量流量を m [kg/s], 定圧比熱を c_p [J/(kg·K)] とし, 高温, 低温流体をそれぞれ添字 h, c で表す。また, 熱交換器の一端（高温流体の入口部）を添字1で, 他端（高温流体の出口部）を添字2で表し, 1から2までの長さを L [m] とする。いま, 熱交換器から外部への放熱はないとし, 熱交換器の一端1から他端2の方向に向かって距離 x の位置における微小区間 dx を考え, この微小区間内での交換熱量を dQ とすると, dQ はこの微小区間で高温流体が失う熱量（＝低温流体が得る熱量）であり, 温度分布の勾配から $dT_h/dx < 0$, $dT_c/dx > 0$ であるから,

$$dQ = -m_h c_{ph} dT_h = -C_h dT_h \longrightarrow dT_h = -\frac{dQ}{C_h} \quad (a)$$

$$dQ = m_c c_{pc} dT_c = C_c dT_c \longrightarrow dT_c = \frac{dQ}{C_c} \quad (b)$$

と表される。ここに, C_h, C_c, [W/K] ($C = m c_p$) は単位時間当たりに流れる流体の熱容量であり, 水当量ともよばれる。位置 x における高温, 低温流体の間の温度差を $\Delta T (= T_h - T_c)$ とすると, 微小区間 dx における ΔT の変化は, 式(a), (b)を使って,

$$d(\Delta T) = dT_h - dT_c = -\frac{dQ}{C_h} - \frac{dQ}{C_c}$$

$$= -\left(\frac{1}{C_h} + \frac{1}{C_c}\right) dQ \quad (c)$$

と表される。一方, 位置 x における熱通過率を K, 両流体を隔てている管の直径を D とすると, 区間 dx における交換熱量 dQ は, 式(4.2)より,

$$dQ = K \pi D dx \Delta T \quad (d)$$

とも表される。したがって, 式 (c), (d) より dQ を消去すれば,

$$d(\Delta T) = -\left(\frac{1}{C_h} + \frac{1}{C_c}\right) K \pi D dx \Delta T$$

となり, これを変数分離して積分すると（熱通過率 K は x によらず一定とす

る），

$$\frac{1}{\Delta T}\,\mathrm{d}(\Delta T) = -\left(\frac{1}{C_{\mathrm{h}}}+\frac{1}{C_{\mathrm{c}}}\right)K\pi D\,\mathrm{d}x$$

$$\ln(\Delta T) = -\left(\frac{1}{C_{\mathrm{h}}}+\frac{1}{C_{\mathrm{c}}}\right)K\pi Dx + C$$

が得られ，$x=0$ において $\Delta T = \Delta T_1 (= T_{\mathrm{h}1} - T_{\mathrm{c}1})$，$x=L$ において $\Delta T = \Delta T_2 (= T_{\mathrm{h}2} - T_{\mathrm{c}2})$ という境界条件より，

$$\ln(\Delta T_2) = -\left(\frac{1}{C_{\mathrm{h}}}+\frac{1}{C_{\mathrm{c}}}\right)K\pi DL + \ln(\Delta T_1)$$

$$\ln(\Delta T_1) - \ln(\Delta T_2) = \left(\frac{1}{C_{\mathrm{h}}}+\frac{1}{C_{\mathrm{c}}}\right)K\pi DL \tag{e}$$

となる．ここで，

（1-2 間の全交換熱量）＝（熱通過率）×（全伝熱面積）×ΔT_{m}

と表し得るような，熱交換器内の全体にわたっての平均的な温度差 ΔT_{m} を定義する．交換熱量は高温流体が失った熱量および低温流体が得た熱量に等しいから，

$$C_{\mathrm{h}}(T_{\mathrm{h}1}-T_{\mathrm{h}2}) = K\pi DL\Delta T_{\mathrm{m}} \longrightarrow \frac{K\pi DL}{C_{\mathrm{h}}}\Delta T_{\mathrm{m}} = T_{\mathrm{h}1}-T_{\mathrm{h}2} \tag{f}$$

$$C_{\mathrm{c}}(T_{\mathrm{c}2}-T_{\mathrm{c}1}) = K\pi DL\Delta T_{\mathrm{m}} \longrightarrow \frac{K\pi DL}{C_{\mathrm{c}}}\Delta T_{\mathrm{m}} = T_{\mathrm{c}2}-T_{\mathrm{c}1} \tag{g}$$

となり，式 (f)，(g) の左，右辺それぞれを加え合わせると，

$$\left(\frac{1}{C_{\mathrm{h}}}+\frac{1}{C_{\mathrm{c}}}\right)K\pi DL\Delta T_{\mathrm{m}} = (T_{\mathrm{h}1}-T_{\mathrm{c}1}) - (T_{\mathrm{h}2}-T_{\mathrm{c}2})$$

$$= \Delta T_1 - \Delta T_2$$

が得られる．この式と式 (e) より，ΔT_{m} は次式で表されることになる．

$$\Delta T_{\mathrm{m}} = \frac{\Delta T_1 - \Delta T_2}{\ln(\Delta T_1) - \ln(\Delta T_2)}$$

$$= \frac{\Delta T_1 - \Delta T_2}{\ln\left(\frac{\Delta T_1}{\Delta T_2}\right)} \tag{4.12}$$

式 (4.12) で定義される温度差 ΔT_{m} を「対数平均温度差」とよんでいる．

以上は，図 4.6 の並流形の場合であるが，図 4.7 の向流形の場合にも式 (4.12) とまったく同じ式が導かれる[注1]．したがって，図 4.6，4.7 のような 2 重管式の熱交換器においては，式 (4.12) で定義される対数平均温度差を用

い，前節で述べたようにして熱通過率 K あるいは熱通過抵抗 R を計算すれば，ある区間における全交換熱量は，

(全交換熱量) = (熱通過率)×(全伝熱面積)×(対数平均温度差)

$$Q = KA\Delta T_\mathrm{m} \tag{4.13}$$

あるいは，

(全交換熱量) = (対数平均温度差)/(熱通過抵抗)

$$Q = \frac{\Delta T_\mathrm{m}}{R} \tag{4.14}$$

として，きわめて簡単に交換熱量が計算できることになる。

式 (4.12) の対数平均温度差の意味は，2章 (2.2節) で述べた管内流れにおける対数平均温度差と同じであり，ΔT_1 と ΔT_2 の値があまり違わない場合には，式 (4.13)，(4.14) の ΔT_m としては，近似的に ΔT_1 と ΔT_2 の算術平均値が使用されることもある。

式 (4.12) を使って対数平均温度差を計算する場合，式の導出過程から明らかなように，ΔT_1，ΔT_2 は並流，向流いずれの場合も，それぞれ熱交換器の一端(1)および他端(2)における高温，低温流体の温度差であり，添字1，2を熱交換器に流入する温度，流出する温度と誤解しないように注意する必要がある（並流形では両流体とも1，2がそれぞれ流入点，流出点と対応するが，向流形（図4.7）では，低温流体の流入点は2，流出点は1となる）。本書では，流体の流入，流出温度を表す場合にはそれぞれ in, out の添字を用い，上述の添字1，2と明確に区別することにする。

注1) 向流形（図4.7）の場合には，$\mathrm{d}T_\mathrm{h}/\mathrm{d}x < 0$, $\mathrm{d}T_\mathrm{c}/\mathrm{d}x < 0$ であるから，式 (b) は，

$$\mathrm{d}Q = -m_\mathrm{c}c_{p\mathrm{c}}\,\mathrm{d}T_\mathrm{c} = -C_\mathrm{c}\mathrm{d}T_\mathrm{c} \longrightarrow \mathrm{d}T_\mathrm{c} = -\frac{\mathrm{d}Q}{C_\mathrm{c}} \tag{b'}$$

となるため，式 (e) は，

$$\ln(\Delta T_1) - \ln(\Delta T_2) = \left(\frac{1}{C_\mathrm{h}} - \frac{1}{C_\mathrm{c}}\right) K\pi DL \tag{e'}$$

となる。また，式 (g) は，

$$C_\mathrm{c}(T_{\mathrm{c}1} - T_{\mathrm{c}2}) = K\pi DL\Delta T_\mathrm{m} \longrightarrow \frac{K\pi DL}{C_\mathrm{c}}\Delta T_\mathrm{m} = T_{\mathrm{c}1} - T_{\mathrm{c}2} \tag{g'}$$

となる。したがって，式 (f)，(g') の左，右辺それぞれを減算して得られる式と式 (e') より，最終的に ΔT_m は式 (4.12) とまったく同一に表される。

式 (4.13), (4.14) の交換熱量の計算式は2重管式の熱交換器を前提にして導かれたが, 2重管式以外の直交流形, 多重パス形の場合には, 式 (4.12) で計算される ΔT_m に修正係数 ψ を乗じ, 式 (4.13), (4.14) と同様に

$$Q = KA(\psi \Delta T_m) \tag{4.15}$$

あるいは,

$$Q = \frac{\psi \Delta T_m}{R} \tag{4.16}$$

という式によって交換熱量が計算される。修正係数 ψ の値は, 熱交換器の各形式別に, 高温, 低温流体の温度や流量などの条件をパラメータとして, データブックなどに詳細に掲載されている。

式 (4.13)〜(4.16) は, 熱交換器の設計において, 高温, 低温流体の流入, 流出の条件が与えられたときに必要な伝熱面積を求める目的で使用される。例えば, 流量 m_h, 温度 $T_{h,in}$ の高温流体を利用して, 流量 m_c, 温度 $T_{c,in}$ の低温流体を $T_{c,out}$ の温度まで加熱しようとする場合の必要伝熱面積を計算する場合がそれである。交換すべき熱量は

$$Q = C_c(T_{c,out} - T_{c,in}) = C_h(T_{h,in} - T_{h,out}) \tag{4.17}$$

であり, これより $T_{h,out}$ が決定されるから, 式 (4.12) によって対数平均温度差 ΔT_m が計算される。また, 隔壁の形状, 両流体と隔壁との間の熱伝達率, 隔壁の熱伝導率などをもとにして, 前節で述べたようにして熱通過率 K が計算される。したがって, 式 (4.13) より,

$$A = \frac{Q}{K \Delta T_m} \tag{4.18}$$

にて, 必要な伝熱面積を求めることができる。

[例題 4.5]

> 2重管式の熱交換器において, 内管 (内径 16 mm, 外径 20 mm の銅パイプ) に 15 °C の水 200 kg/h を, 内管の外側に 750 °C の高温ガス 100 kg/h を送入して, 75 °C の温水を得ようとする。両流体の流れを並流および向流とした場合のそれぞれについて, 必要な管の長さを求め

よ。

ただし，水およびガスの定圧比熱はそれぞれ 4.18 kJ/(kg·K)，1.10 kJ/(kg·K) とし，銅パイプの水側およびガス側の熱伝達率はそれぞれ 2.3 kW/(m²·K)，65 W/(m²·K)，銅パイプの熱伝導率は 380 W/(m·K) とする。

また，この熱交換器から外部への熱損失は無視できるとする。

【解 答】

この熱交換器における全交換熱量 Q は，

$$Q = m_c c_{pc}(T_{c,out} - T_{c,in}) = m_h c_{ph}(T_{h,in} - T_{h,out})$$

であり，

$$m_c = \frac{200}{3600} \text{ kg/s}, \quad c_{pc} = 4.18 \text{ kJ/(kg·K)},$$

$$T_{c,out} = 75\,°\text{C}, \quad T_{c,in} = 15\,°\text{C},$$

$$m_h = \frac{100}{3600} \text{ kg/s}, \quad c_{ph} = 1.10 \text{ kJ/(kg·K)},$$

$$T_{h,in} = 750\,°\text{C}$$

である。したがって，

$$Q = \frac{200}{3600} \times 4.18 \times (75-15) = 13.9 \text{ kW}$$

$$T_{h,out} = T_{h,in} - \frac{Q}{m_h c_{ph}}$$

$$= 750 - \frac{13.9}{\frac{100}{3600} \times 1.10} = 295\,°\text{C}$$

となるから，並流および向流の場合の対数平均温度差をそれぞれ $\varDelta T_{m,A}$，$\varDelta T_{m,B}$ とすると，式 (4.12) より，

$$\varDelta T_{m,A} = \frac{(750-15) - (295-75)}{\ln\left(\frac{750-15}{295-75}\right)} = 427\,°\text{C}$$

$$\varDelta T_{m,B} = \frac{(750-75) - (295-15)}{\ln\left(\frac{750-75}{295-15}\right)} = 449\,°\text{C}$$

ここで，水と高温ガスとの間の熱通過抵抗 R は，銅パイプの長さを L 〔m〕として，式 (4.4) より，

$$\begin{aligned}
R &= \frac{1}{h_1 \cdot 2\pi r_1 L} + \frac{1}{2\pi \lambda L} \ln\left(\frac{r_2}{r_1}\right) + \frac{1}{h_2 \cdot 2\pi r_2 L} \\
&= \frac{1}{L}\left\{\frac{1}{2\,300 \times 2\pi \times \frac{0.016}{2}} + \frac{1}{2\pi \times 380}\ln\left(\frac{20}{16}\right) + \frac{1}{65 \times 2\pi \times \frac{0.020}{2}}\right\} \\
&= \frac{2.54 \times 10^{-1}}{L}\left[\frac{1}{\text{W/K}}\right]
\end{aligned}$$

となる。したがって，式 (4.14) より，

$$Q = \frac{\varDelta T_\text{m}}{R} \longrightarrow Q = \frac{\varDelta T_\text{m}}{\frac{2.54 \times 10^{-1}}{L}} \longrightarrow L = \frac{Q}{\varDelta T_\text{m}} \times 2.54 \times 10^{-1}$$

となるから，並流および向流の場合の必要な銅パイプの長さ L_A，L_B は，

$$\begin{aligned}
L_\text{A} &= \frac{Q}{\varDelta T_\text{m,A}} \times 2.54 \times 10^{-1} \\
&= \frac{13.9 \times 10^3}{427} \times 2.54 \times 10^{-1} = 8.27 \text{ m}
\end{aligned}$$

$$L_\text{B} = \frac{13.9 \times 10^3}{449} \times 2.54 \times 10^{-1} = 7.86 \text{ m}$$

4.2.3 熱交換器の性能，評価

熱交換器の性能を評価するものとして温度効率 η とエネルギー効率（熱通過有効度）ε がある。

温度効率とは，熱交換器における高温，低温流体間の温度差の最大値（すなわち $T_\text{h,in} - T_\text{c,in}$）に対する高温流体の温度降下（$T_\text{h,in} - T_\text{h,out}$）あるいは低温流体の温度上昇（$T_\text{c,out} - T_\text{c,in}$）の割合として定義される。すなわち，高温流体の温度効率を η_h，低温流体の温度効率を η_c とすると，

（高温流体の温度効率）＝（高温流体の温度降下）／（両流体の流入温度の差）

$$\eta_\text{h} = \frac{T_\text{h,in} - T_\text{h,out}}{T_\text{h,in} - T_\text{c,in}} \tag{4.19}$$

（低温流体の温度効率）＝（低温流体の温度上昇 ）／（両流体の流入温度の差）

$$\eta_\text{c} = \frac{T_\text{c,out} - T_\text{c,in}}{T_\text{h,in} - T_\text{c,in}} \tag{4.20}$$

である。

　エネルギー効率（あるいは熱通過有効度ともよぶ）とは，熱力学的に達成可能な最大交換熱量に対する実際の交換熱量の割合として定義される。いま，高温流体の熱容量（水当量）C_h ($C_h = m_h c_{ph}$) と低温流体のそれ C_c ($C_c = m_c c_{pc}$) のうち，小さいほうを C_{min} とすると，熱交換器において最大限に交換可能な熱量は $C_{min}(T_{h,in} - T_{c,in})$ である。例えば，$C_c < C_h$ の場合，最大限に熱を交換すれば，低温流体の温度は $T_{c,in}$ から $T_{h,in}$ にまで上昇させ得るので（温度差がなくては熱が移動しないので，実際には，低温流体の流出温度を $T_{h,in}$ に近づけることはできても，$T_{h,in}$ と同一温度にすることはできないが），最大限の交換熱量は $C_c(T_{h,in} - T_{c,in})$ となる。これに対して，実際に交換される熱量は $C_c(T_{c,out} - T_{c,in})$ ($= C_h(T_{h,in} - T_{h,out})$) である。したがって，エネルギー効率 ε は，

　　（エネルギー効率）＝（実際の交換熱量）／（達成できる最大限の交換熱量）

$$\varepsilon = \frac{C_h(T_{h,in} - T_{h,out})}{C_{min}(T_{h,in} - T_{c,in})} = \frac{C_c(T_{c,out} - T_{c,in})}{C_{min}(T_{h,in} - T_{c,in})} \tag{4.21}$$

と表される。いま，高温，低温流体の水当量のうち，大きいほうを C_{max}，小さいほうを C_{min} とし，水当量比 Λ を次式で定義すると，

$$\Lambda = \frac{C_{min}}{C_{max}} \tag{4.22}$$

エネルギー効率 ε は，温度効率と水当量比を使って，次式のように表すこともできる。

$$\left. \begin{array}{l} C_{min} = C_h \text{ のとき}: \varepsilon = \eta_h = \dfrac{\eta_c}{\Lambda} \\ C_{min} = C_c \text{ のとき}: \varepsilon = \dfrac{\eta_h}{\Lambda} = \eta_c \end{array} \right\} \tag{4.23}$$

　エネルギー効率 ε は熱交換器の形式や伝熱面積，流体の流入条件などに依存して変化するが，ε の変化に対する支配的なパラメータとして，次式で定義される NTU（伝熱単位数；Number of Heat Transfer Unit）という無次元数がある。

$$NTU = \frac{KA}{C_{min}} \tag{4.24}$$

ここに，K は熱通過率，A は熱交換器の伝熱面積である．一例として，図 4.6 のような並流の 2 重管式熱交換器について，NTU と ε の間の関係を考えてみる．いま，$C_{\min}=C_c$ ($\Lambda=C_{\min}/C_{\max}=C_c/C_h$) とすると，

$$NTU = \frac{KA}{C_c}$$

であり，交換熱量を表す式

$$Q = KA\Delta T_m = C_c(T_{c,out} - T_{c,in})$$

より，

$$KA = \frac{C_c(T_{c,out} - T_{c,in})}{\Delta T_m}$$
$$= \frac{C_c(T_{c,out} - T_{c,in})}{\dfrac{(T_{h,in} - T_{c,in}) - (T_{h,out} - T_{c,out})}{\ln\left(\dfrac{T_{h,in} - T_{c,in}}{T_{h,out} - T_{c,out}}\right)}}$$

となるから，

$$NTU = \frac{(T_{c,out} - T_{c,in})}{(T_{h,in} - T_{c,in}) - (T_{h,out} - T_{c,out})} \ln\left(\frac{T_{h,in} - T_{c,in}}{T_{h,out} - T_{c,out}}\right) \tag{a}$$

と表される．一方，エネルギー効率 ε は，式 (4.21) より，

$$\varepsilon = \frac{1}{\Lambda} \cdot \frac{(T_{h,in} - T_{h,out})}{(T_{h,in} - T_{c,in})} = \frac{(T_{c,out} - T_{c,in})}{(T_{h,in} - T_{c,in})} \tag{b}$$

と表される．上記の式 (a)，(b) より，次式のような $\varepsilon - NTU$ の関係式が得られる[注1]．

$$\varepsilon = \frac{1 - \exp\{-(1+\Lambda) \cdot NTU\}}{1+\Lambda} \tag{4.25}$$

上式は $C_{\min} = C_c$ と仮定して導かれたが，$C_{\min} = C_h$ の場合でもまったく同じ式が導出される．式 (4.25) は並流形の場合であり，向流形の場合には，上述と同様の導出過程をたどって次式が導かれる[注2]．

$$\varepsilon = \frac{1 - \exp\{-(1-\Lambda) \cdot NTU\}}{1 - \Lambda \exp\{-(1-\Lambda) \cdot NTU\}} \tag{4.26}$$

$C_h = C_c$ ($\Lambda = 1$) の場合，並流についての式 (4.25) はそのまま使用できるが，向流の場合の式 (4.26) では ε の値が発散してしまうため，そのまま使用することはできない．これは，$C_h = C_c$ の場合には $T_{h,in} - T_{h,out} = T_{c,out}$

$-T_{c,in}$，すなわち $T_{h,in} - T_{c,out} = T_{h,out} - T_{c,in}$ となるために，対数平均温度差 ΔT_m を式（4.12）で定義できなくなるからである．この場合，熱交換器内のどの位置においても，高，低温流体の温度差は $T_{h,in} - T_{c,out}$（あるいは $T_{h,out} - T_{c,in}$）で一定であるから，$\Delta T_m = T_{h,in} - T_{c,out}$（あるいは $\Delta T_m = T_{h,out} - T_{c,in}$）とすればよく，

$$NTU = \frac{T_{c,out} - T_{c,in}}{T_{h,in} - T_{c,out}} = \frac{\varepsilon(T_{h,in} - T_{c,in})}{(1-\varepsilon)(T_{h,in} - T_{c,in})} = \frac{\varepsilon}{1-\varepsilon}$$

と表されるので，

$$\varepsilon = \frac{NTU}{1+NTU} \tag{4.27}$$

式（4.25），（4.26），（4.27）より，$\varepsilon - NTU$ の関係を線図にして表すと，図4.8となる．

2重管式以外のいろいろな形式の熱交換器についても，$\varepsilon - NTU$ の関係式や線図が明らかにされており，データブックなどに詳細に掲載されている．これらの $\varepsilon - NTU$ の関係は，実際の熱交換器の設計において大変重要なものである．例えば，ある熱交換器（伝熱面積は決められている）において，ある与

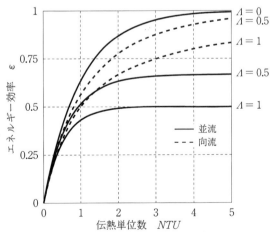

注）$\Lambda = 0$（$C_{min} \ll C_{max}$）の場合には，並流と向流は同一の曲線となる．

図4.8 2重管式熱交換器における $\varepsilon - NTU$ 線図

えられた高温，低温両流体の流量および流入温度の条件を与えたときに，実際に交換される熱量および両流体の流出温度を求めようとする場合に，この $\varepsilon - NTU$ の関係が拠りどころとなる．すなわち，A は既知であり，熱交換器の形状，材質，両流体の流入条件などから熱通過率 K が計算できるから，式 (4.24) にて NTU の値が決まる．そこで，その熱交換器についての $\varepsilon - NTU$ の関係より，エネルギー効率 ε が求められる．すると，式 (4.21) より $T_{h,out}$ や $T_{c,out}$ が計算され，式 (4.17) にて交換熱量も計算されることになる．また，既存の熱交換器に改良を施して K の値を大きくしたり，フィン付き面を適用して A を大きくするなどして，NTU の値を変更するような場合にも，上述と同様の手順をたどれば，その熱交換器の性能がどのように変化するかを予測し評価することができるわけである．

注 1) 式 (a) を再掲する．
$$NTU = \frac{(T_{c,out} - T_{c,in})}{(T_{h,in} - T_{c,in}) - (T_{h,out} - T_{c,out})} \ln\left(\frac{T_{h,in} - T_{c,in}}{T_{h,out} - T_{c,out}}\right) \quad \text{(i)}$$

式 (b) より，
$$\varepsilon \Lambda (T_{h,in} - T_{c,in}) = T_{h,in} - T_{h,out} \quad \text{(ii)}$$
$$\varepsilon (T_{h,in} - T_{c,in}) = T_{c,out} - T_{c,in} \quad \text{(iii)}$$

であり，式 (ii)，(iii) の左，右辺それぞれを加算すると，
$$\varepsilon (1+\Lambda)(T_{h,in} - T_{c,in}) = (T_{h,in} - T_{c,in}) - (T_{h,out} - T_{c,out}) \quad \text{(iv)}$$

したがって，式 (iii)，(iv) より，式 (i) の右辺第 1 項は
$$\frac{(T_{c,out} - T_{c,in})}{(T_{h,in} - T_{c,in}) - (T_{h,out} - T_{c,out})} = \frac{\varepsilon (T_{h,in} - T_{c,in})}{\varepsilon (1+\Lambda)(T_{h,in} - T_{c,in})} = \frac{1}{1+\Lambda}$$

となる．また，式 (b) より，
$$1 - \varepsilon - \varepsilon\Lambda = \frac{T_{h,in} - T_{c,in}}{T_{h,in} - T_{c,in}} - \frac{T_{c,out} - T_{c,in}}{T_{h,in} - T_{c,in}} - \frac{T_{h,in} - T_{h,out}}{T_{h,in} - T_{c,in}} = \frac{T_{h,out} - T_{c,out}}{T_{h,in} - T_{c,in}}$$

であるから，式 (i) の右辺第 2 項は
$$\ln\left(\frac{T_{h,in} - T_{c,in}}{T_{h,out} - T_{c,out}}\right) = \ln\left(\frac{1}{1-\varepsilon-\varepsilon\Lambda}\right) = \ln\left\{\frac{1}{1-\varepsilon(1+\Lambda)}\right\}$$

となる．したがって，式 (i) は，
$$NTU = \frac{1}{1+\Lambda} \ln\left\{\frac{1}{1-\varepsilon(1+\Lambda)}\right\}$$
$$\ln\left\{\frac{1}{1-\varepsilon(1+\Lambda)}\right\} = (1+\Lambda) \cdot NTU$$
$$\frac{1}{1-\varepsilon(1+\Lambda)} = \exp\{(1+\Lambda) \cdot NTU\}$$
$$1 - \varepsilon(1+\Lambda) = \exp\{-(1+\Lambda) \cdot NTU\}$$

となり，これを整理すれば，

$$\varepsilon = \frac{1-\exp\{-(1+\Lambda)\cdot NTU\}}{1+\Lambda}$$

となり，式 (4.25) が導出される。

$C_{\min} = C_\mathrm{h}$ の場合には，

$$NTU = \frac{KA}{C_\mathrm{h}}, \quad Q = KA\Delta T_\mathrm{m} = C_\mathrm{h}(T_{\mathrm{h,in}} - T_{\mathrm{h,out}})$$

であるから，式 (a)，(b) は以下のようになる。

$$NTU = \frac{(T_{\mathrm{h,in}} - T_{\mathrm{h,out}})}{(T_{\mathrm{h,in}} - T_{\mathrm{c,in}}) - (T_{\mathrm{h,out}} - T_{\mathrm{c,out}})} \ln\left(\frac{T_{\mathrm{h,in}} - T_{\mathrm{c,in}}}{T_{\mathrm{h,out}} - T_{\mathrm{c,out}}}\right) \quad (\mathrm{a'})$$

$$\varepsilon = \frac{(T_{\mathrm{h,in}} - T_{\mathrm{h,out}})}{(T_{\mathrm{h,in}} - T_{\mathrm{c,in}})} = \frac{1}{\Lambda}\frac{(T_{\mathrm{c,out}} - T_{\mathrm{c,in}})}{(T_{\mathrm{h,in}} - T_{\mathrm{c,in}})} \quad (\mathrm{b'})$$

この場合にも，上述とまったく同様の過程をたどって，式 (4.25) が導出される。

注 2) 流れが向流の場合は，以下のようにして式 (4.26) が導かれる（以下では，$C_{\min}=C_\mathrm{c}$ の場合を考えるが，$C_{\min}=C_\mathrm{h}$ の場合でもまったく同じ式が導出される）。
向流の場合の対数平均温度差は，

$$\Delta T_\mathrm{m} = \frac{(T_{\mathrm{h,in}} - T_{\mathrm{c,out}}) - (T_{\mathrm{h,out}} - T_{\mathrm{c,in}})}{\ln\left(\dfrac{T_{\mathrm{h,in}} - T_{\mathrm{c,out}}}{T_{\mathrm{h,out}} - T_{\mathrm{c,in}}}\right)}$$

であるから（図 4.7 と式 (4.12) を参照），NTU は次式で表される。

$$NTU = \frac{(T_{\mathrm{c,out}} - T_{\mathrm{c,in}})}{(T_{\mathrm{h,in}} - T_{\mathrm{c,out}}) - (T_{\mathrm{h,out}} - T_{\mathrm{c,in}})} \ln\left(\frac{T_{\mathrm{h,in}} - T_{\mathrm{c,out}}}{T_{\mathrm{h,out}} - T_{\mathrm{c,in}}}\right) \quad (\mathrm{a''})$$

前記の注 1) の式 (iii) より，

$$\varepsilon(T_{\mathrm{h,in}} - T_{\mathrm{c,in}}) = T_{\mathrm{c,out}} - T_{\mathrm{c,in}} \quad (\mathrm{iii})$$

であり，注 1) の式 (ii)，(iii) の左，右辺それぞれを減算すると，

$$\varepsilon(\Lambda - 1)(T_{\mathrm{h,in}} - T_{\mathrm{c,in}}) = (T_{\mathrm{h,in}} - T_{\mathrm{c,out}}) - (T_{\mathrm{h,out}} - T_{\mathrm{c,in}}) \quad (\mathrm{v})$$

が得られるから，式 (iii)，(v) より，式 (a″) の右辺第 1 項は，

$$\frac{(T_{\mathrm{c,out}} - T_{\mathrm{c,in}})}{(T_{\mathrm{h,in}} - T_{\mathrm{c,out}}) - (T_{\mathrm{h,out}} - T_{\mathrm{c,in}})} = \frac{\varepsilon(T_{\mathrm{h,in}} - T_{\mathrm{c,in}})}{\varepsilon(\Lambda - 1)(T_{\mathrm{h,in}} - T_{\mathrm{c,in}})} = \frac{1}{\Lambda - 1}$$

また，式 (b) より，

$$1 - \varepsilon = \frac{T_{\mathrm{h,in}} - T_{\mathrm{c,in}}}{T_{\mathrm{h,in}} - T_{\mathrm{c,in}}} - \frac{T_{\mathrm{c,out}} - T_{\mathrm{c,in}}}{T_{\mathrm{h,in}} - T_{\mathrm{c,in}}} = \frac{T_{\mathrm{h,in}} - T_{\mathrm{c,out}}}{T_{\mathrm{h,in}} - T_{\mathrm{c,in}}}$$

$$1 - \varepsilon\Lambda = \frac{T_{\mathrm{h,in}} - T_{\mathrm{c,in}}}{T_{\mathrm{h,in}} - T_{\mathrm{c,in}}} - \frac{T_{\mathrm{h,in}} - T_{\mathrm{h,out}}}{T_{\mathrm{h,in}} - T_{\mathrm{c,in}}} = \frac{T_{\mathrm{h,out}} - T_{\mathrm{c,in}}}{T_{\mathrm{h,in}} - T_{\mathrm{c,in}}}$$

となるから，式 (a″) の右辺第 2 項は，

$$\ln\left(\frac{T_{\mathrm{h,in}} - T_{\mathrm{c,out}}}{T_{\mathrm{h,out}} - T_{\mathrm{c,in}}}\right) = \ln\left(\frac{1 - \varepsilon}{1 - \varepsilon\Lambda}\right)$$

したがって，式 (a″) は，

$$NTU = \frac{1}{\Lambda - 1}\ln\left(\frac{1 - \varepsilon}{1 - \varepsilon\Lambda}\right)$$

$$\ln\left(\frac{1 - \varepsilon}{1 - \varepsilon\Lambda}\right) = -(1 - \Lambda)\cdot NTU$$

$$\frac{1-\varepsilon}{1-\varepsilon \Lambda} = \exp\{-(1-\Lambda)\cdot NTU\}$$

と表され，これを ε について整理すれば，

$$\varepsilon = \frac{1-\exp\{-(1-\Lambda)\cdot NTU\}}{1-\Lambda\exp\{-(1-\Lambda)\cdot NTU\}}$$

＜参考・引用文献＞
1) エネルギー管理技術［熱管理編］編集委員会編：エネルギー管理技術［熱管理編］，(1994)，省エネルギーセンター
2) 甲藤好郎：伝熱概論，(1971)，養賢堂
3) 日本機械学会編：伝熱工学資料，(1986)，日本機械学会
4) 日本機械学会編：機械工学便覧（A 6 編 熱工学），(1987)，日本機械学会
5) Incropera, F.P. and DeWitt, D.P.: Fundamentals of Heat Transfer, (1981), John Wiley & Sons
6) Irvine, T.F.Jr. and Hartnett, J. (Ed.) : Advances in Heat Transfer, (1976), Academic Press
7) Siegel, R. and Howell, J. R.: Thermal Radiation Heat Transfer, (1981), Hemisphere Publishing Co.

4章の演習問題

*解答は，編の末尾 (p.400) 参照

[演習問題 4.1]

　内径 d_1 が 80 mm，外径 d_2 が 90 mm，長さ L が 50 m の蒸気輸送鋼管があり，鋼管の熱伝導率 λ_s は 41 W/(m·K) である。外気温度が 15 °C のもとで，この鋼管に 100 °C の飽和水蒸気を毎時 40 kg 流すとき，75 %（質量）の水蒸気が途中で凝縮する。また，管内対流熱伝達率は非常に大きいため，管内表面温度は 100 °C とみなせる。

　(1) 管内外の熱伝達率はいずれも場所によらず一様であるものとして，管外表面における単位時間，単位面積当たりの損失熱量 Q_1 [W/m²] および熱伝達率 h_2 [W/(m²·K)] を求めよ。ただし，水蒸気の凝縮潜熱は 2.26×10^3 kJ/kg とする。

　(2) この損失熱量を極力減らすため，熱伝導率 λ_w が 0.035 W/(m·K) の断熱材を 150 mm の厚さで管の外側に巻くことにする。この場合，管内の熱伝達率は変わらず，かつ，断熱材外側の熱伝達率も (1) で求めた値と同じであるとすると，凝縮する水蒸気の量 G [kg/h] はいくらになるか。

　(3) 鋼管と断熱材との接触面での温度下降はないものとして，断熱材内外表面の温度差 ΔT を求めよ。　　　　　　　　　　（第 10 回エネルギー管理士試験）

[演習問題 4.2]

　80 °C の水（質量流量 $m_w = 0.398$ [kg/s]，比熱 $c_w = 4.19$ kJ/(kg·K)）を用いて，0 °C の空気（質量流量 $m_a = 2.5$ [kg/s]，比熱 $c_a = 1$ kJ/(kg·K)）を 100 kW で加熱する向流式熱交換器（水側伝熱面積 $A_w = 4$ m²）について，以下の各問に答えよ。

　ただし，放熱損失はないものとする。

　(1) 空気の出口温度を求めよ。
　(2) 水の出口温度を求めよ。
　(3) 空気側の温度効率を求めよ。

(4) 水側伝熱面積基準の熱通過率を求めよ。

(5) 水側伝熱面が汚れて，汚れ係数が 0.000 3 (m²・K)/W になった場合の熱通過率を求めよ。

3編の演習問題解答

[演習問題 1.1]

【解　答】

第1層の内表面温度をθ_1，第1層と第2層の接触面温度をθ_2，第2層と第3層の接触面温度をθ_3，第3層の外表面温度をθ_4とし，第1，2，3層の熱伝導率および厚さをそれぞれλ_1, λ_2, λ_3 および l_1, l_2, l_3と表す．3層のそれぞれについて，通過する熱流束 q は以下のように表される．

$$q = \lambda_1 \frac{(\theta_1 - \theta_2)}{l_1} \tag{a}$$

$$q = \lambda_2 \frac{(\theta_2 - \theta_3)}{l_2} \tag{b}$$

$$q = \lambda_3 \frac{(\theta_3 - \theta_4)}{l_3} \tag{c}$$

いま，第3層の厚さは与えられているから，第1層と第2層の厚さの和が最小になるようにすればよい．式（a），（b）より，

$$l_1 + l_2 = \frac{1}{q}\{\lambda_1(\theta_1 - \theta_2) + \lambda_2(\theta_2 - \theta_3)\}$$

であり，θ_3 は式（c）より計算され，

$$\theta_3 = \theta_4 + \frac{l_3}{\lambda_3}q$$

$$= 220 + \frac{0.014}{35} \times 5 \times 10^3 = 222\,°C$$

したがって，

$$l_1 + l_2 = \frac{1}{5 \times 10^3}\{1.7 \times (1\,350 - \theta_2) + 0.35 \times (\theta_2 - 222)\}$$

$$= \frac{1}{5 \times 10^3}(2.22 \times 10^3 - 1.35\theta_2)$$

となり，θ_2 が断熱材の最高使用温度 $1\,100\,°C$ となるときに炉壁の厚さが最小になる．その場合の l_1, l_2 は式（a），（b）より，

$$l_1 = \frac{\lambda_1}{q}(\theta_1 - \theta_2)$$

$$=\frac{1.7}{5\times 10^3}(1\,350-1\,100)=0.085\text{ m}$$

$$l_2=\frac{\lambda_2}{q}(\theta_2-\theta_3)$$

$$=\frac{0.35}{5\times 10^3}(1\,110-222)=0.061\text{ m}$$

耐火材の厚さは 85 mm, 断熱材の厚さは 61 mm となる.

[演習問題 1.2]

【解 答】
　保温材の内外表面温度が同じ場合に, 熱伝導抵抗が大きいほうが通過する熱量は小さく, 保温効果が良いことになる. したがって図A, Bのそれぞれの場合の熱伝導抵抗の大小を比較すればよい.
　単位長さの積層円筒を熱伝導によって通過する熱量 Q' は, 式 (1.19) より,

$$Q'=\frac{(T_1-T_{n+1})}{\sum_{i=1}^{n}\left\{\frac{1}{2\pi\lambda_i}\ln\left(\frac{r_{i+1}}{r_i}\right)\right\}}$$

であるから, 熱伝導抵抗 R は,

$$R=\sum_{i=1}^{n}\left\{\frac{1}{2\pi\lambda_i}\ln\left(\frac{r_{i+1}}{r_i}\right)\right\}$$

と表される. 図A, Bそれぞれの場合の熱伝導抵抗を R_A, R_B とすると,

$$R_A=\frac{1}{2\pi}\left\{\frac{1}{\lambda_1}\ln\left(\frac{18}{10}\right)+\frac{1}{\lambda_2}\ln\left(\frac{30}{18}\right)\right\}$$

$$R_B=\frac{1}{2\pi}\left\{\frac{1}{\lambda_2}\ln\left(\frac{26}{10}\right)+\frac{1}{\lambda_1}\ln\left(\frac{30}{26}\right)\right\}$$

ここで, R_A と R_B の大小を比較のために R_A-R_B を計算すると,

$$R_A-R_B=\frac{1}{2\pi}\left[\frac{1}{\lambda_1}\left\{\ln\left(\frac{18}{10}\right)-\ln\left(\frac{30}{26}\right)\right\}+\frac{1}{\lambda_2}\left\{\ln\left(\frac{30}{18}\right)-\ln\left(\frac{26}{10}\right)\right\}\right]$$

$$=\frac{1}{2\pi}\left\{\frac{1}{\lambda_1}\ln\left(\frac{18\times 26}{10\times 30}\right)+\frac{1}{\lambda_2}\ln\left(\frac{30\times 10}{18\times 26}\right)\right\}$$

$$=\frac{1}{2\pi}\left(\frac{1}{\lambda_1}-\frac{1}{\lambda_2}\right)\ln\left(\frac{18\times 26}{10\times 30}\right)$$

$$=\frac{1}{2\pi}\left(\frac{\lambda_2-\lambda_1}{\lambda_1\lambda_2}\right)\ln\left(\frac{18\times 26}{10\times 30}\right)$$

$$= \frac{1}{2\pi}\left(\frac{\lambda_2-\lambda_1}{\lambda_1\lambda_2}\right)\ln 1.56$$

λ_1，λ_2，$\ln 1.56$ はいずれも正の値であり題意より $\lambda_1 < \lambda_2$ であるから，$R_A - R_B$ は正となり，$R_A > R_B$ が示される。したがって，図Aのほうが保温効果が良い。

［演習問題 3.1］

【解　答】

1 - ×　吸収率

キルヒホッフの法則により，単色放射率と単色吸収率は同じ値である。灰色体では，放射率の値が波長や温度に依存せずに一定と仮定されるので，一般的に放射率と吸収率が等しくなる。

2 - ○

放射率は表面の物性，性状によって変わり，例えば同一の金属でも，表面が研磨されている場合と酸化した場合とでは放射率の値は異なる。

3 - ×　0.5

表面1から表面2を見た場合の形態係数とは，表面1から射出された熱放射エネルギーのうち表面2に入射する割合を意味する。平行平板間に置かれた小さな物体から射出される熱放射エネルギーの1/2ずつが2つの平板のそれぞれに到達する。

4 - ×　受けない

窒素ガスは熱放射線を吸収しない（透過させる）ので，放射伝熱に影響しない。

5 - ×　1

平行平板間の放射熱流束は，式（3.20）より

$$q = \frac{Q_{12}}{A_1} = \frac{\sigma(T_1^4 - T_2^4)}{\dfrac{1}{\varepsilon_1} + \left(\dfrac{1}{\varepsilon_2} - 1\right)}$$

と表される。いま，

$$\frac{1}{\dfrac{1}{\varepsilon_1} + \left(\dfrac{1}{\varepsilon_2} - 1\right)} = 0.5$$

であるから，$\varepsilon_1 = 0.5$ とすると，$\varepsilon_2 = 1$ となる。

[演習問題 3.2]

【解 答】

金属棒，炉内壁面をそれぞれ添字 1，2 で表す。炉壁面から金属棒への放射伝熱量 Q は，

$$\frac{Q}{A_1} = \frac{\sigma(T_2^4 - T_1^4)}{\frac{1}{\varepsilon_1} + \left(\frac{1}{\varepsilon_2} - 1\right)\frac{A_1}{A_2}}$$

と表され，炉壁面の面積 A_2 は金属棒の表面積 A_1 に比べて十分に大きい（$A_1/A_2 \fallingdotseq 0$）と考えられるから，

$$Q = \varepsilon_1 \sigma (T_2^4 - T_1^4) A_1$$

となる。ここに，

$$\begin{aligned}
A_1 &= \pi D L + 2 \times \frac{\pi}{4} D^2 \\
&= \pi \left\{ 0.15 \times 0.8 + \frac{1}{2} \times (0.15)^2 \right\} \\
&= 0.412 \text{ m}^2
\end{aligned}$$

であるから，金属棒温度が 700 K のときの Q は，

$$\begin{aligned}
Q &= 0.70 \times 5.67 \times 10^{-8} \times (1\,400^4 - 700^4) \times 0.412 \\
&= 5.89 \times 10^4 \text{ W}
\end{aligned}$$

金属棒の熱容量 V 〔J/K〕は，

$$\begin{aligned}
V &= \frac{\pi}{4} D^2 L c \rho \\
&= \frac{\pi}{4} \times (0.15)^2 \times 0.8 \times 0.39 \times 10^3 \times 8\,500 \\
&= 4.69 \times 10^4 \text{ J/K}
\end{aligned}$$

したがって，金属棒の温度上昇率は，

$$\frac{Q}{V} = \frac{5.89 \times 10^4}{4.69 \times 10^4} = 1.26 \text{ K/s}$$

[演習問題 3.3]

【解 答】

(1) A 面から B 面への放射伝熱量 q_r は，

$$q_r = \frac{\sigma(T_A^4 - T_B^4)}{\dfrac{1}{\varepsilon_A} + \left(\dfrac{1}{\varepsilon_B} - 1\right)} \tag{a}$$

$$= \frac{5.67 \times 10^{-8} \times (600^4 - 400^4)}{\dfrac{1}{0.4} + \left(\dfrac{1}{0.4} - 1\right)}$$

$$= \frac{5.67 \times (6^4 - 4^4)}{\dfrac{1}{0.4} + \left(\dfrac{1}{0.4} - 1\right)}$$

$$= 1.47 \times 10^3 \text{ W/m}^2$$

(2) 金属板を挿入して定常状態になれば,放射伝熱量のバランスより,A面から金属板および金属板からB面への放射伝熱量(それぞれ q_{rA},q_{rB} とする)は等しくなる。金属板の温度および放射率をそれぞれ T_M,ε_M とすると,

$$q_{rA} = \frac{\sigma(T_A^4 - T_M^4)}{\dfrac{1}{\varepsilon_A} + \left(\dfrac{1}{\varepsilon_M} - 1\right)} \tag{b}$$

$$q_{rB} = \frac{\sigma(T_M^4 - T_B^4)}{\dfrac{1}{\varepsilon_M} + \left(\dfrac{1}{\varepsilon_B} - 1\right)} \tag{c}$$

いま,題意より $q_{rA} = q_{rB} = 0.2 q_r$ であるから,

$$q_{rA} + q_{rB} = 0.4 q_r$$

となり,式(a),(b),(c)より,

$$\frac{\sigma(T_A^4 - T_M^4)}{\dfrac{1}{\varepsilon_A} + \left(\dfrac{1}{\varepsilon_M} - 1\right)} + \frac{\sigma(T_M^4 - T_B^4)}{\dfrac{1}{\varepsilon_M} + \left(\dfrac{1}{\varepsilon_B} - 1\right)} = 0.4 \frac{\sigma(T_A^4 - T_B^4)}{\dfrac{1}{\varepsilon_A} + \left(\dfrac{1}{\varepsilon_B} - 1\right)}$$

ここで,$\varepsilon_A = \varepsilon_B$ であるから上式左辺の2つの項の分母は等しく,

$$\frac{\sigma(T_A^4 - T_B^4)}{\dfrac{1}{\varepsilon_A} + \left(\dfrac{1}{\varepsilon_M} - 1\right)} = 0.4 \frac{\sigma(T_A^4 - T_B^4)}{\dfrac{1}{\varepsilon_A} + \left(\dfrac{1}{\varepsilon_B} - 1\right)}$$

したがって,

$$0.4 \left(\frac{1}{\varepsilon_A} + \frac{1}{\varepsilon_M} - 1\right) = \frac{1}{\varepsilon_A} + \frac{1}{\varepsilon_B} - 1$$

$\varepsilon_A = \varepsilon_B = 0.4$ を代入して ε_M を計算すると,

$$\varepsilon_M = 0.118$$

金属板の温度 T_M は式(b),(c)にて $q_{rA} - q_{rB} = 0$ の関係より求めることができる。

$$\frac{\sigma(T_A{}^4 - T_M{}^4)}{\dfrac{1}{\varepsilon_A} + \left(\dfrac{1}{\varepsilon_M} - 1\right)} - \frac{\sigma(T_M{}^4 - T_B{}^4)}{\dfrac{1}{\varepsilon_M} + \left(\dfrac{1}{\varepsilon_B} - 1\right)} = 0$$

ここに，$\varepsilon_A = \varepsilon_B$ だから，

$$\sigma(T_A{}^4 - T_M{}^4) - \sigma(T_M{}^4 - T_B{}^4) = 0$$

$$T_A{}^4 - 2T_M{}^4 + T_B{}^4 = 0$$

$$T_M = \left\{\frac{1}{2}(T_A{}^4 + T_B{}^4)\right\}^{\frac{1}{4}}$$

$$= \left\{\frac{1}{2}(6^4 + 4^4)\right\}^{\frac{1}{4}} \times 100$$

$$= 528 \text{ K}$$

[演習問題 4.1]

【解　答】

(1) 蒸気輸送管の入口では100 °Cの飽和水蒸気，出口では100 °Cの飽和水蒸気と飽和水であるから，管外表面からの放熱量は飽和水蒸気の凝縮による潜熱の放出量 Q に等しい。

$$Q = 40 \times 0.75 \times 2.26 \times 10^3 = 6.78 \times 10^4 \text{ kJ/h}$$

したがって，管外表面の単位面積当たりの損失熱量 Q_1 は，

$$Q_1 = \frac{Q}{\pi d_2 L}$$

$$= \frac{\dfrac{6.78 \times 10^4}{3600} \times 10^3}{\pi \times 90 \times 10^{-3} \times 50} = 1.33 \times 10^3 \text{ W/m}^2$$

鋼管を通過する熱量 Q は式 (4.2)，(4.4) より，

$$Q = \frac{T_s - T_0}{\dfrac{1}{h_1 \pi d_1 L} + \dfrac{1}{2\pi \lambda_s L} \ln\left(\dfrac{d_2}{d_1}\right) + \dfrac{1}{h_2 \pi d_2 L}}$$

と表される。ここに，h_1 は鋼管内表面における熱伝達率，T_s は飽和水蒸気温度，T_0 は外気温度である。いま，h_1 が非常に大きいので，上式の分母の第1項は他の項に比べて小さいために無視できるから，

$$Q_1 = \frac{Q}{\pi d_2 L} = \frac{T_s - T_0}{\dfrac{d_2}{2\lambda_s} \ln\left(\dfrac{d_2}{d_1}\right) + \dfrac{1}{h_2}}$$

$$1.33 \times 10^3 = \frac{100-15}{\dfrac{90 \times 10^{-3}}{2 \times 41} \ln\left(\dfrac{90}{80}\right) + \dfrac{1}{h_2}}$$

$$h_2 = 15.7 \, \text{W/(m}^2\cdot\text{K)}$$

(2) 断熱材を巻いた場合の全通過熱量 Q' は式 (4.4) より，

$$Q' = \frac{(T_s - T_0)}{\dfrac{1}{2\pi \lambda_s L}\ln\left(\dfrac{d_2}{d_1}\right) + \dfrac{1}{2\pi \lambda_w L}\ln\left(\dfrac{\dfrac{d_2}{2}+t}{\dfrac{d_2}{2}}\right) + \dfrac{1}{h_2 \cdot 2\pi \left(\dfrac{d_2}{2}+t\right) L}}$$

$$= \frac{(100-15)}{\dfrac{1}{2\pi \times 41 \times 50}\ln\left(\dfrac{90}{80}\right) + \dfrac{1}{2\pi \times 0.035 \times 50}\ln\left(\dfrac{\dfrac{90}{2}+150}{\dfrac{90}{2}}\right)}$$

$$+ \dfrac{1}{15.7 \times 2\pi \times \left(\dfrac{90}{2}+150\right) \times 10^{-3} \times 50}$$

$$= 6.32 \times 10^2 \, \text{W}$$

凝縮によって放出される潜熱が，この全通過熱量に等しいから，凝縮する水蒸気量 G は，

$$G = \frac{6.32 \times 10^2 \times 10^{-3} \times 3600 \, \text{kJ/h}}{2.26 \times 10^3 \, \text{kJ/kg}} = 1.01 \, \text{kg/h}$$

(3) 熱伝導によって断熱材を通過する熱量（(2)で求めた Q' と同一）は次式で表される。

$$Q' = \frac{\Delta T}{\dfrac{1}{2\pi \lambda_w L}\ln\left(\dfrac{\dfrac{d_2}{2}+t}{\dfrac{d_2}{2}}\right)}$$

したがって，

$$6.32 \times 10^2 = \frac{\Delta T}{\dfrac{1}{2\pi \times 0.035 \times 50}\ln\left(\dfrac{\dfrac{90}{2}+150}{\dfrac{90}{2}}\right)}$$

$$\Delta T = 84.3 \, \text{K}$$

[演習問題 4.2]

【解　答】

(1) 交換熱量を Q とすると，
$$Q = m_a c_a (T_{a,out} - T_{a,in}) = m_w c_w (T_{w,in} - T_{w,out})$$
したがって，空気の出口温度 $T_{a,out}$ は，
$$T_{a,out} = T_{a,in} + \frac{Q}{m_a c_a}$$
$$= 0 + \frac{100}{2.5 \times 1} = 40.0\ °C$$

(2) (1)と同様にして，
$$T_{w,out} = T_{w,in} - \frac{Q}{m_w c_w}$$
$$= 80 - \frac{100}{0.398 \times 4.19} = 20.0\ °C$$

(3) 空気側の温度効率 η_a は式 (4.20) より，
$$\eta_a = \frac{T_{a,out} - T_{a,in}}{T_{w,in} - T_{a,in}} = \frac{40.0 - 0}{80 - 0} = 0.500$$

(4) 求める熱通過率を K，対数平均温度差を ΔT_m とすると，
$$Q = K A_w \Delta T_m$$
より，
$$K = \frac{Q}{A_w \Delta T_w}$$

$$= \frac{Q}{A_w \dfrac{(T_{w,in} - T_{a,out}) - (T_{w,out} - T_{a,in})}{\ln\left(\dfrac{T_{w,in} - T_{a,out}}{T_{w,out} - T_{a,in}}\right)}}$$

$$= \frac{100}{4 \times \dfrac{(80 - 40.0) - (20.0 - 0)}{\ln\left(\dfrac{80 - 40.0}{20.0 - 0}\right)}}$$

$$= 0.866\ kW/(m^2 \cdot K)$$
$$= 866\ W/(m^2 \cdot K)$$

(5) 伝熱面が汚れる前の熱通過率，および熱通過抵抗をそれぞれ K および R とし，汚れた後では K' および R' とする。汚れ係数を r_s とすると，

$$R' = R + \frac{r_s}{A_w}$$

あるから，

$$K' = \frac{1}{R'A_w} = \frac{1}{RA_w + r_s}$$

となる。ここで，

$$RA_w = \frac{1}{K}$$

だから，

$$K' = \frac{1}{\frac{1}{K} + r_s}$$
$$= \frac{1}{\frac{1}{866} + 0.0003} = 687 \text{ W/(m}^2\cdot\text{K)}$$

索　引

【ア　行】

圧縮液 …………………………………… 82
圧縮機 …………………………………… 240
圧縮比 …………………………………… 115
圧送式 …………………………………… 226
圧力 ……………………………………… 170
——上昇比 ……………………………… 115
——損失エネルギー …………………… 188
——比 …………………………… 122, 123
——ヘッド ……………………………… 180
アネルギー ……………………………… 77
アボガドロの法則 ……………………… 26
亜臨界圧域 ……………………………… 83
案内羽根 ………………………………… 243
位置ヘッド ……………………………… 180
一般ガス定数 …………………………… 26
入口損失係数 …………………………… 193
ウィーンの変位則 ……………………… 343
運動量保存則 …………………………… 182
液体熱 …………………………………… 83
エクセルギー …………………………… 77
SI 単位系 ………………………………… 7
NTU ……………………………………… 392
エネルギー効率 ………………… 391, 392
エネルギー保存則 ……………………… 178
エリクソンサイクル …………………… 122
遠心式 …………………………………… 242
エンタルピー …………………………… 19
エントロピー …………………………… 64
——線図 ………………………………… 72
往復ポンプ ……………………………… 229
オットーサイクル ……………………… 114
オリフィス ……………………………… 211
音速 ……………………………………… 216
温度境界層 ……………………………… 316
温度効率 ………………………………… 391
温度伝導率 ……………………… 303, 315, 324
温度比 …………………………………… 123

温度放射 ………………………………… 340

【カ　行】

開口比 …………………………… 211, 212
回転ポンプ ……………………………… 229
外燃機関 ………………………………… 113
回復温度 ………………………………… 213
回復係数 ………………………………… 213
外部蒸発熱 ……………………………… 84
開放系（開いた系） …………………… 6
可逆サイクル …………………………… 56
可逆変化 ………………………………… 16
拡大伝熱面 ……………………………… 375
核沸騰 …………………………… 333, 334
可視光線の波長 ………………………… 340
ガスサイクル …………………………… 113
ガス定数 ………………………………… 25
過熱蒸気 ………………………………… 82
——表 …………………………………… 85
過熱度 …………………………… 82, 333
——，伝熱面 …………………………… 333
カルノーサイクル ……………………… 60
乾き圧縮 ………………………………… 137
乾き空気 ………………………………… 101
乾き度 …………………………… 84, 225
——の測定 ……………………………… 95
乾き飽和蒸気 …………………………… 82
環状流 …………………………………… 223
完全機関 ………………………………… 114
完全気体 ………………………………… 25
管摩擦係数 ……………………………… 190
気液二相流 ……………………………… 221
機械効率 ………………………………… 114
機関効率 ………………………………… 114
気体体積率 ……………………………… 224
気体の熱放射 …………………………… 360
気泡流 …………………………………… 222
基本単位 ………………………………… 7
キャビテーション ……………… 206, 238

吸引式	226
急拡大管	196
球殻の熱伝導	293
吸収器	140
吸収剤	140
吸収率	341
吸収冷凍サイクル	136
急縮小管	196
給水ポンプ	126
境界層	184, 314
強制対流伝熱	270
強制対流熱伝達	270, 322
強制対流沸騰	335
強制通風	253
強度性状態量	6
局所熱伝達率	317
キルヒホッフ（Kirchhoff）の法則	348
クォリティー	224
組立単位	7
クラウジウスサイクル	126
クラジウスの積分	63
―――の不等式	64
グラスホフ数	324
系	5
形式数	234
形態係数	350
ゲイリュサックの法則	25
ゲージ圧力	9, 170
ケントの式	257
顕熱	4
高圧給水加熱器	131
工学単位系	7
行程体積	115
向流形	384, 385
固液二相流	221
固気二相流	221
黒体	341
――空洞	342
――の単色放射（射出）能	342
黒体放射	341, 342
黒体炉	342
混合給水加熱器	131
混合平均温度	318
混相流	221

【サ 行】

サージング	239, 252
サイクル	56
再生器	122, 140
再生サイクル	131
最大仕事	76
再熱サイクル	132
再熱再生サイクル	134
作業機	57
作動流体	56
サバテサイクル	120
サブクール度	335
――沸騰	335
算術平均温度差	321
軸流式	242
軸流ファン	243
――の特性曲線	251
軸流ポンプ	231
次元	322
次元解析	322
自然対流伝熱	270
――熱伝達	270, 324, 333
自然通風	253
実在気体	81
失速現象	237
湿度	102
質量保存則	177
絞り熱量計	95
絞り膨張	47
締切比	119
湿り圧縮	137
湿り空気	101
――線図	107
湿り蒸気	82
湿り度	84
シャールの法則	25
射出能	342
収縮係数	204, 209, 212
十分発達した流れ	185
ジュールサイクル	121
ジュールの法則	28
縮流	204
縮流係数	211

索　引 **411**

縮流部	211
主流	184, 314
蒸気	81
蒸気圧縮冷凍サイクル	136
蒸気原動機	126
蒸気原動所	126
蒸気サイクル	113
蒸気線図	85
蒸気タービン	126
蒸気表	85
蒸気プラント	126
状態量	6
蒸発潜熱	82
蒸発熱	4, 82
正味熱効率	114
初状態	128
助走区間	185, 315
シロッコファン	242
水撃作用	239
吸込み比速度	239
水頭	172
水力直径	203
すき間体積	115
スターリングサイクル	125
ステファン・ボルツマン（Stefan-Boltzmann）の法則	344
ステファン・ボルツマン定数	344
ストローク体積	115
スラグ流	223
スリップ比	224
静温度	213
成績係数（COP）	57
性能曲線	235
静翼	243
積層円筒	290, 291, 370
積層平板	283, 285, 370
絶対圧力	9, 170
絶対温度	5, 102
絶対単位系	7
セルシウス温度	5, 271
遷移沸騰	334
遷移レイノルズ数	174
全エンタルピー	213
全温度	213
潜熱	4
全放射（射出）能	342
全放射（射出）率	345
全揚程，ポンプの	230
相対湿度	102
相当厚さ	361
相当直径	203
相当長さ	198
送風機	240
───の比速度	248
層流	174, 315
層流境界層	186, 315
速度境界層	316
速度係数	204
速度ヘッド	180
損失ヘッド	200

【タ　行】

タービンの断熱効率	92
───内部効率	128
ターボ形送風機	240, 242
ターボ形ポンプ	229
ターボファン	242
第一種永久機関	14
対向流形	384
対数平均温度差	321, 387
体積膨張係数	324
第二種の永久機関	55
代表速度	174
代表長さ	174
体膨張係数	324
体膨張率	324
対流伝熱	269
多重パス形	384
多翼ファン	242
ダルトンの法則	46
単色吸収率	346
単色放射（射出）能	342
単色放射（射出）率	345
単相流	221
断熱効率	45
断熱熱落差	92
断熱変化	30
断熱飽和温度	106

抽気‥‥‥‥‥‥‥‥‥‥‥‥‥ 131
抽気タービン‥‥‥‥‥‥‥‥‥ 135
超臨界圧域‥‥‥‥‥‥‥‥‥‥ 83
直交流形‥‥‥‥‥‥‥‥‥‥‥ 384
通風‥‥‥‥‥‥‥‥‥‥‥‥‥ 253
通風抵抗‥‥‥‥‥‥‥‥‥‥‥ 254
通風力‥‥‥‥‥‥‥‥‥‥‥‥ 253
低圧給水加熱器‥‥‥‥‥‥‥‥ 131
定圧比熱‥‥‥‥‥‥‥‥‥‥ 3,20
ディーゼルサイクル‥‥‥‥‥‥ 118
定常状態‥‥‥‥‥‥‥‥‥‥‥ 270
定容サイクル‥‥‥‥‥‥‥‥‥ 114
定容比熱‥‥‥‥‥‥‥‥‥‥ 3,20
滴状凝縮‥‥‥‥‥‥‥‥‥‥‥ 335
伝導伝熱‥‥‥‥‥‥‥‥‥‥‥ 269
伝熱単位数‥‥‥‥‥‥‥‥‥‥ 392
伝熱抵抗‥‥‥‥‥‥‥‥‥‥‥ 370
伝熱面過熱度‥‥‥‥‥‥‥‥‥ 333
等温変化‥‥‥‥‥‥‥‥‥‥‥ 30
等価相対粗さ‥‥‥‥‥‥‥ 190,191
等価直径‥‥‥‥‥‥‥‥‥‥‥ 203
透過率‥‥‥‥‥‥‥‥‥‥‥‥ 341
動作係数‥‥‥‥‥‥‥‥‥‥‥ 57
動粘性係数‥‥‥‥‥‥‥‥ 315,324
動粘性率‥‥‥‥‥‥‥‥‥‥‥ 315
動粘度‥‥‥‥‥‥‥‥‥‥‥‥ 169
等容変化‥‥‥‥‥‥‥‥‥‥‥ 30
動翼‥‥‥‥‥‥‥‥‥‥‥‥‥ 243

【ナ 行】

内燃機関‥‥‥‥‥‥‥‥‥‥‥ 113
内部エネルギー‥‥‥‥‥‥‥‥ 15
内部蒸発熱‥‥‥‥‥‥‥‥‥‥ 84
2重管式の熱交換器‥‥‥‥‥ 386,393
ニュートン流体‥‥‥‥‥‥‥‥ 169
ヌセルト数‥‥‥‥‥‥‥‥‥‥ 324
熱貫流‥‥‥‥‥‥‥‥‥‥‥‥ 368
─── 率‥‥‥‥‥‥‥‥‥‥ 370
熱機関‥‥‥‥‥‥‥‥‥‥‥‥ 56
熱効率，カルノーサイクルの‥‥ 60
熱線図‥‥‥‥‥‥‥‥‥‥‥‥ 72
熱通過‥‥‥‥‥‥‥‥‥‥‥‥ 368
─── 抵抗‥‥‥‥‥ 370,378,382,388
─── 有効度‥‥‥‥‥‥‥ 391,392

─── 率‥‥‥‥‥‥‥‥‥ 370,388
熱伝達‥‥‥‥‥‥‥‥‥‥ 269,314
─── 抵抗‥‥‥‥‥‥‥‥ 318,379
─── 率‥‥‥‥‥‥‥ 317,322,335
熱伝導‥‥‥‥‥‥‥‥‥‥‥‥ 269
─── 抵抗‥‥‥‥‥‥‥ 279,285,289
─── 率‥‥‥‥‥‥‥ 275,277,323
熱輻射‥‥‥‥‥‥‥‥‥‥‥‥ 270
熱放射‥‥‥‥‥‥‥‥‥‥ 270,340
熱容量‥‥‥‥‥‥‥‥‥‥‥ 3,303
熱落差‥‥‥‥‥‥‥‥‥‥‥‥ 92
熱力学温度‥‥‥‥‥‥‥‥‥‥ 271
熱力学の第一法則‥‥‥‥‥‥ 13,179
───── 第二法則‥‥‥‥‥‥ 55
熱流束‥‥‥‥‥‥‥‥‥‥‥‥ 275
粘性係数‥‥‥‥‥‥‥‥‥ 168,322
粘性率‥‥‥‥‥‥‥‥‥‥‥‥ 168
粘度‥‥‥‥‥‥‥‥‥‥‥‥‥ 168
ノズル効率‥‥‥‥‥‥‥‥‥‥ 218
ノズルの速度係数‥‥‥‥‥‥‥ 218
─── 流量係数‥‥‥‥‥‥‥ 217
のど部‥‥‥‥‥‥‥‥‥‥‥‥ 208

【ハ 行】

ハーゲン・ポアズイユの式‥‥‥ 189
バーンアウト（burn out）点‥‥ 333
─────熱流束‥‥‥‥‥‥ 333
背圧タービン‥‥‥‥‥‥‥‥‥ 134
灰色体‥‥‥‥‥‥‥‥‥‥ 346,352
歯車ポンプ‥‥‥‥‥‥‥‥‥‥ 229
波状流‥‥‥‥‥‥‥‥‥‥‥‥ 223
発達した管内流‥‥‥‥‥‥‥‥ 315
反射率‥‥‥‥‥‥‥‥‥‥‥‥ 341
反応熱‥‥‥‥‥‥‥‥‥‥‥‥ 4
ヒートポンプ‥‥‥‥‥‥‥‥‥ 57
──────サイクル‥‥‥‥‥ 135
──────の動作係数‥‥‥ 57,137
比エンタルピー‥‥‥‥‥‥‥‥ 179
比較湿度‥‥‥‥‥‥‥‥‥‥‥ 103
比重‥‥‥‥‥‥‥‥‥‥‥‥‥ 167
比速度‥‥‥‥‥‥‥‥‥‥‥‥ 234
比体積‥‥‥‥‥‥‥‥‥‥‥ 9,167
非定常状態‥‥‥‥‥‥‥‥‥‥ 271
非定常熱伝導‥‥‥‥‥‥‥‥‥ 271

索　引　**413**

非ニュートン流体　169
比熱　3
比熱比　29
標準気圧　8
表面給水加熱器　131
ファン　240
フィン効率　376,377
フィン付き面　376,377
フーリエの式　275
プール沸騰　335
不可逆サイクル　56
不可逆変化　16
複合サイクル　119
復水器　126
復水タービン　134
沸騰　332
沸騰曲線　333
プランクの定数　344
────法則　342
プラントル数　213,315,324
ブレイトンサイクル　121
フロス流　223
ブロワ　240
分岐管　198
噴霧流　223
平均熱伝達率　317
平均有効圧力　116
並行流形　384
閉鎖系（閉じた系）　5
閉そく状態　216
並流形　384,385
ベーンポンプ　229
ヘッド　172
ベルヌーイの式　180
弁　198
変圧変化　30
ベンチュリー管　208
ベンド　198
ボイド率　224
ボイラ　126
ボイルの法則　25
放射強度　351
放射伝熱　270,340
放射能　342

放射率　346
飽和圧力　82,206
飽和液　82
────線　83
飽和温度　82,206
飽和限界線　83
飽和湿り空気　102
飽和蒸気線　83
飽和蒸気表　85
飽和度　102
飽和沸騰　335
ポリトロープ指数　40
────変化　30
ポンプの駆動動力　230
────性能曲線　235
────全揚程　230

【マ　行】

膜状凝縮　335
膜沸騰　334
摩擦損失係数　218
マリオットの法則　25
水当量　386,392
────比　392
水の三重点　69,85
密度　9,167
ムーディー線図　191
無効エネルギー　74
無次元数　322
モリエ線図　86

【ヤ　行】

融解熱　4
有効エネルギー　74
有効吸込み揚程　238
容積形送風機　242
容積形ポンプ　229
容量性状態量　6
翼形ファン　243
汚れ係数　382,383
よどみ点　212

【ラ　行】

ラジアルファン……………………… 243
ランキンサイクル…………………… 126
─────の理論熱効率…… 128
乱射面………………………… 346,352
乱流…………………………… 174,315
乱流境界層…………………… 186,315
力積……………………………………182
理想気体…………………………………25
─────に対する状態式………………25
─────に対する熱力学の第一法則…29
流出係数……………………… 204,209
流動様式……………………………… 221
流量係数……………………… 209,212

理論サイクル………………………… 114
理論熱効率…………………………… 114
臨界圧力 ……………………… 83,216
臨界圧力比…………………………… 217
臨界状態……………………………… 216
臨界点……………………………………83
臨界レイノルズ数…………………… 174
ルーツブロワ………………………… 244
冷凍機……………………………………57
─────の動作係数……………57,137
冷凍効果……………………………… 137
冷凍サイクル………………………… 135
冷凍トン…………………………………58
レイノルズ数………………… 174,324
露点…………………………………… 106

【著者紹介】

高村淑彦（1編，2編担当）
東京電機大学　名誉教授

山崎正和（3編担当）
独立行政法人　産業技術総合研究所
名誉リサーチャー　元理事

[改訂] エネルギー管理士試験講座
[熱分野] Ⅱ　熱と流体の流れの基礎

2019年8月20日　改訂第1版第1刷発行
2025年5月10日　改訂第1版第7刷発行

【編　者】一般財団法人省エネルギーセンター
【発行者】奥村和夫

【発行所】一般財団法人省エネルギーセンター
東京都港区芝浦2-11-5 五十嵐ビルディング
Telephone：03-5439-9775
郵便番号：108-0023
https://www.eccj.or.jp/book/

【印刷・製本】康印刷株式会社

©2025 Printed in Japan
ISBN978-4-87973-477-8 C2053
編集協力：聚珍社　装丁：坂東次郎

平易で実用的な「ガス燃焼」の入門書 20年ぶりの大改訂!!

新版
ガス燃焼の理論と実際

仲町 一郎 編著

本書の特徴
① 環境問題の対策——「燃料転換」他、の追加
② バーナの選定に便利なデータを掲載
③ 豊富な「実測データ」による解説

A5判/324頁
定価(本体4,400円+税)

工場の第一線で燃焼に関わる方々、燃焼機器・設備メーカー、エネルギー管理者必携の書。

主な目次

第1編 ガス燃焼の理論

1 ガス燃料
- 1.1 ガス燃料の動向
- 1.2 ガス燃料の種類
- 1.3 ガス燃料の性質

2 燃焼計算
- 2.1 発熱量
- 2.2 理論空気量および空気比
- 2.3 燃焼生成物

3 効率および熱勘定
- 3.1 燃焼設備の性能
- 3.2 熱効率
- 3.3 ボイラ効率
- 3.4 炉効率
- 3.5 熱原単位
- 3.6 燃焼効率
- 3.7 熱勘定

4 ガスの燃焼機構と火炎構造
- 4.1 火炎の分類と火炎構造
- 4.2 燃焼の化学反応
- 4.3 火炎の安定化理論

5 火炎の安定化
- 5.1 バーナの役割
- 5.2 燃焼線図
- 5.3 火炎の安定化

6 ガスバーナ
- 6.1 燃焼方式の分類と特徴
- 6.2 ガスバーナの分類
- 6.3 ガスバーナの構造と性能

第2編 ガス燃焼の実際

7 省エネルギー燃焼技術
- 7.1 燃焼設備の省エネルギー
- 7.2 熱の流れ
- 7.3 燃焼設備における省エネルギー対策
- 7.4 コージェネレーションシステム
- 7.5 燃焼管理
- 7.6 廃熱回収
- 7.7 リジェネレイティブバーナシステム
- 7.8 レキュペレイティブバーナ
- 7.9 輝炎燃焼
- 7.10 ガラス溶解炉の燃焼技術
- 7.11 酸素燃焼
- 7.12 液加熱
- 7.13 潜熱回収

8 燃焼と環境問題
- 8.1 CO_2低減と燃料転換
- 8.1.1 燃焼と環境問題のかかわり
- 8.1.2 燃料の特性
- 8.1.3 燃焼設備
- 8.1.4 ボイラの燃料転換
- 8.1.5 工業炉の燃料転換
- 8.2 大気汚染防止と低NO_x燃焼技術
- 8.2.1 NO_xの生成
- 8.2.2 低NO_x燃焼技術

9 配管設計・関連機器およびガスの供給
- 9.1 配管
- 9.2 関連機器
- 9.3 ガス・空気混合装置および空気比制御方式
- 9.4 ガスの供給

10 伝熱
- 10.1 伝熱の3形態
- 10.2 炉壁からの放散熱量
- 10.3 熱交換器

11 燃焼設備の安全・保守点検
- 11.1 世界の安全規格制定の歴史
- 11.2 安全の基本項目
- 11.3 燃焼安全装置
- 11.4 安全制御機器
- 11.5 わが国の燃焼安全基準・規格等
- 11.6 保守点検

付表
索引

一般財団法人 省エネルギーセンター

〒108-0023 東京都港区芝浦2-11-5 五十嵐ビルディング
TEL.03-5439-9775　FAX.03-5439-9779　http://www.eccj.or.jp

|新|刊|案|内|

エネルギー管理のためのデータシート

現場技術者必携

省エネルギー推進の技術的な判断の指標がひと目でわかる!!

シートは、1タイトル1～2ページを原則とし、「解説」、「図表」に「例題」を加えた大変使いやすい構成。各シートには出所を明記し、データの信頼性を高めている。

3大特徴

❶ 省エネ推進の技術的な判断の指標がひと目でわかるシート集

❷ エネルギー管理・設備設計・生産技術者にとり平易で便利な編集

❸ 月刊誌「省エネルギー」連載のオリジナルなデータを中心に再構成

書 名 『エネルギー管理のためのデータシート』
編 著 高村淑彦(東京電機大学教授)／村田博(INS総合設備代表)
体 裁 B5判／上製／320頁
定 価 8,000円＋税

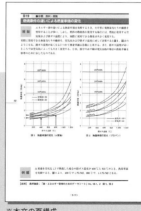

※本文の頁構成

シートの10分類

- Sheet **A** 伝熱・熱交換器
- Sheet **B** 燃料・燃焼
- Sheet **C** 工業炉
- Sheet **D** ボイラ
- Sheet **E** 蒸気設備
- Sheet **F** 空気圧縮機
- Sheet **G** 空調設備
- Sheet **H** 電気設備
- Sheet **I** 物性・データ
- Sheet **J** 単位換算・他

ECC 一般財団法人 省エネルギーセンター

〒108-0023 東京都港区芝浦2-11-5 五十嵐ビルディング
TEL.03-5439-9775 FAX.03-5439-9779 http://www.eccj.or.jp